한국의 버섯대백과사전

한국의
버섯대백과사전

초판 1쇄 인쇄 – 2019년 01월 20일
편집 제작 출판 – 행복을 만드는 세상
발행인 – 이영달
발행처 – 꿈이있는집플러스
출판등록 – 제2018-14호
서울시 도봉구 해등로 12길 44 (205-1214)
마케팅부 – 경기도 파주시 탄현면 금산리 345-10(고려물류)
전화 – 02) 902-2073
Fax – 02) 902-2074

ISBN 979-11-963780-5-9 (03480)

한국의
버섯대백과사전
동의보감 약초사랑
꿈이있는집플러스

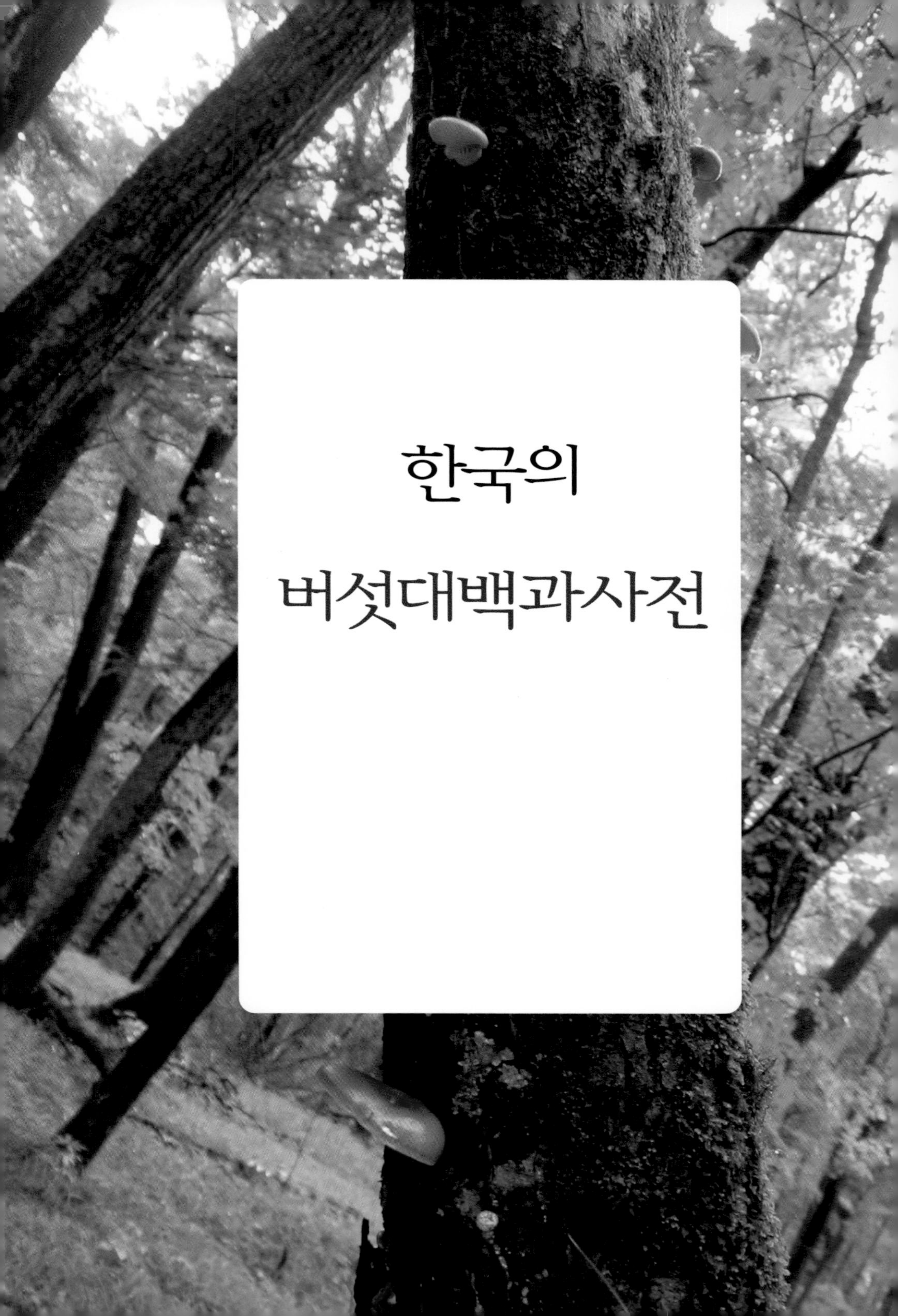

한국의

버섯대백과사전

중독증상을 일으키는 독버섯의 종류

뇌증형(환각)을 일으키는 버섯

중독시에 심한 복통과 구토에 이어 환각현상이 4~5시간 지속되다가 깊은 잠에 빠져 든다.

솔미치광이버섯

갈황색미치관이버섯

알코올과 함께 섭취하면 중독되는 버섯

술이나 알코올이 함유된 음료수와 함께 먹으면 구토와 두통이 일어난다.

배불뚝이깔때기버섯

두엄먹물버섯

비늘버섯

소화기와 신경계 장해를 일으키는 버섯

환각, 착란, 근육경련 및 구토와 설사 혼수상태를 일으키며 먹은 량에 따라 위험도가 높아진다.

삿갓땀버섯

솔땀버섯

마귀광대버섯

콜레라 중독과 사망으로 이어지는 버섯

출혈성 위염과 급성신부전 및 간부전을 초래하고 심하면 사망을 하게 된다.

알광대버섯

독우산광대버섯

흰알광대버섯
개나리광대버섯
큰주머니광대버섯

위장에 장해를 주는 버섯

심한 설사와 소화장해를 유발한다. 중독된 뒤 대부분은 3~4시간 후에 호전되는데 많은 량을 섭취할 경우 생명이 위험할 수도 있다.

노란다발
삿갓외대버섯
화경버섯
붉은싸리버섯
흰독큰갓버섯

독버섯을 섭취시 증상 및 응급조치 방법

보통 30분에서 12시간 안에 두통, 구토, 발진, 메스꺼움 등의 중독 증상이 있을 경우

즉시 보건소나 119에 신고하고 병원에서 치료한다.

환자가 의식은 있으나 경련이 없다면 물을 마시고 손가락을 입안에 넣어 코하게 한다.

섭취하고 남은 독버섯은 치료에 도움이 될 수 있으므로 병원에 가지고 간다.

독버섯 식용버섯 구별법

독우산광대버섯(독버섯)

대는 표면에 인편이 있고 위에는 턱받이, 밑종에는 큰 대주머니가 있다.
여름, 가을에 자란다.
소나무 등의 침엽수림이나 활엽수림
한라산, 지리산, 오대산, 속리산, 가야산 등에 분포한다.

흰주름버섯(식용)

갓은 흰색에서 유백색으로 손에 닿는 부분이 노란색으로 변색이 된다. 대나 갓 가장자리에 턱받이가 남는다.
여름과 가을에 자란다.
대나무 밭 등의 흙에서 단생 도는 군생한다.
지리산, 발왕산, 어래산, 가야산 등에 분포한다.

화경버섯(독버섯)

주름살과 대의 경계에 고리 모양의 턱받이가 있다.
자르면 갓과 대 사이에 검은 얼룩이 있고 어둠속에서는 푸르스름하게 빛난다.
여름, 가을에 자란다. 활엽수의 고목에 겹쳐서 군생한다.
지리산, 광릉 등에 분포 한다.

느타리(식용버섯)

갓은 회색에서 갈색, 주름살은 백색이며 약간 빽빽하며 대는 흰색으로 갓 한쪽에 붙어있다.
늦가을부터 겨울, 봄까지 자란다.
활엽수의 고목, 쓰러진 나무, 그루터기에 중생한다.
속리산, 한라산 등 전국에 분포 한다.

흰독큰갓버섯(독버섯)

갓의 크기가 작고 갓 위에 사마귀 점이 없거나 불규칙 하고 대에는 뱀 껍질 모양의 무늬가 없다.
버섯에 상처를 내면 적갈색으로 변한 후에 암갈색으로 변한다. 여름과 가을에 자란다.
숲속이나 대나무숲, 풀밭에 자란다.
소백산, 한라산 등에 분포 한다.

큰갓버섯(식용버섯)

갓이 피면서 큰 인편이 생기고 대에는 고리모양의 턱받이가 있다.
뱀껍질 모양의 무늬가 있다.
여름과 가을에 자란다.
숲속, 대나무숲, 풀밭에 있다.
소백산, 한라산 등에 분포 한다.

노란다발(독버섯)

노란색을 띄는 옅은 갈색이다.
주름살은 자라면 파란색이 띈다.
봄, 여름, 가을까지 자란다.
고목나무, 대나무의 그루터기에 있다.
지리산, 가야산 등에 분포 한다.

개암버섯(식용버섯)

갓은 적갈색으로 찐빵모양에서 거의 평평하게 자란다.
주름살은 유백색에서 자갈색이 된다.
가을에 자란다.
활엽수의 쓰러진 나무, 그루터기 등에 속생한다.
한라산, 모악산, 가야산 등에 분포 한다.

두엄먹물버섯(독버섯)

갓은 옅은 회갈색으로 자라면 가장자리부터 녹아 없어진다.
봄, 여름, 가을에 자란다.
밭과 썩은 나무 근처에서 군생한다.
한라산, 지리산 등에 분포 한다.

갈색먹물버섯(식용버섯)

표면은 연한 황갈색을 띠고 주름살은 흰색에서 검은색으로 변한다. 큰 것은 독성분이 있어서 어린것만 식용이 가능하다.
봄, 여름, 가을까지 자란다.
활엽수의 그루터기나 땅에 묻힌 나무에서 군생한다.
가야산, 발왕산 등에 분포 한다.

개나리광대버섯(독버섯)

표면은 거무스름한 노란색이고 주름살은 흰색이다.
대에는 작은 인편이 있고 흰색 턱받이와 대주머니가 있다.
여름과 가을까지 자란다.
침엽수, 활엽수림 등의 흙에 단생 또는 군생 한다.
지리산, 오대산, 소백산 등에 분포 한다.

달걀버섯(식용버섯)

갓은 빨간색으로 가장자리에는 방사상의 홈선이 있다.
밑동에는 큰 대주머니와 대에는 턱받이가 있다.
여름과 가을에 자란다.
활엽수, 전나무의 흙에 군생한다.
한라산, 속리산, 지리산, 소백산 등에 분포 한다.

붉은싸리버섯(독버섯)

버섯 전체가 퇴색한 주홍색 또는 분홍색이며 가지 끝은 황색이다. 상처를 입으면 자갈색에서 검은색으로 변한다. 가을에 자란다.
활엽수림의 땅에 군생한다.
한라산, 지리산, 속리산 등에 분포 한다.

싸리버섯(식용버섯)

대는 가늘게 갈라져서 나뭇가지 모양이 되고 끝은 옅은 빨간색이고 잘 부러진다.
여름과 가을에 자란다.
활엽수림의 땅에 군생한다.
만덕산, 가야산 등에 분포 한다.

담갈색송이(독버섯)

갓은 습한 환경에서는 점액이 나오고 마르면 광택이 난다.
가을에 자란다.
소나무 숲이나 혼합림의 땅위에 자란다.
지리산, 광릉 등에 분포 한다.

송이버섯(식용버섯)

갓 표면은 다갈색으로 갈색 섬유상의 가느다란 인피로 덮여 있다.
가을에 자란다.
소나무 숲의 땅에 군생한다.
지리산, 주왕산, 강원도 등에 분포 한다.

마귀곰보버섯(독버섯)

갓은 불규칙한 둥근모양과 주름진 뇌모양이며 표면은 매끈하고 황토색 또는 적갈색이다.
봄과 초여름에 자란다.
침엽수의 땅에 단생 또는 군생 한다.
지리산 등에 분포 한다.

곰보버섯(식용버섯)

갓은 달걀모양이며 성긴 그물모양으로 패여 있고 파인곳은 비어 있다.
봄에 자란다.
숲속이나 전나무, 가문비나무 등에 단생 한다.
지리산 등에 분포 한다.

한국의 버섯 대백과

차 례

Part 1
식용버섯 198가지

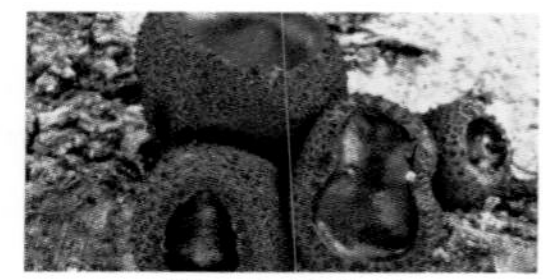
62 • 고무버섯

63 • 동충하초

64 • 갈색균핵동충하초

66 • 마귀곰보버섯

67 • 주름안장버섯

68 • 긴대안장버섯

69 • 눈꽃동충하초

70 • 키다리곰보버섯

71 • 굵은대곰보버섯

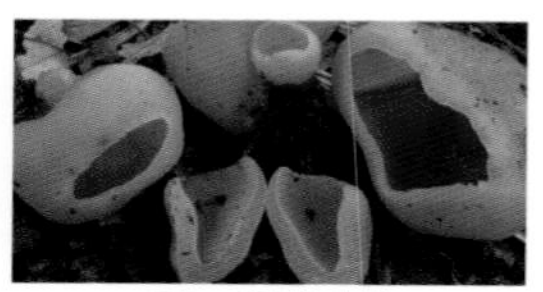
72 • 주발버섯

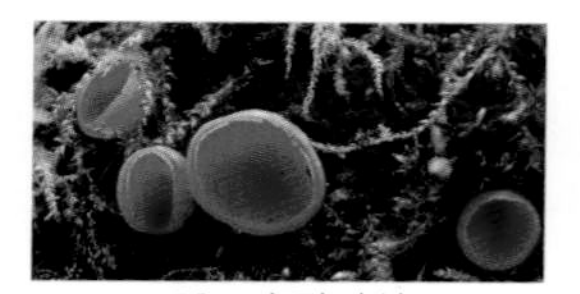
73 • 술잔버섯

74 • 상황버섯

75 • 털목이버섯

76 • 주름목이버섯
77 • 좀목이버섯
78 • 혓바늘목이
79 • 흰목이버섯
80 • 미역흰목이
81 • 꽃흰목이버섯
82 • 황금흰목이
83 • 단색구름버섯
84 • 말굽버섯
85 • 잔나비불로초
86 • 영지버섯(불로초)
88 • 노란조개버섯
89 • 주름가죽버섯
90 • 붉은덕다리버섯
91 • 구멍장이버섯
92 • 병꽃나무진흙버섯
93 • 구름버섯
94 • 수실노루궁뎅이
95 • 노루궁뎅이
96 • 긴수염버섯
97 • 흰턱수염버섯

98 • 좀나무싸리버섯
99 • 자주싸리국수버섯
100 • 국수버섯
101 • 볏싸리버섯
102 • 붉은방망이싸리버섯
103 • 싸리버섯
104 • 꾀꼬리버섯
105 • 애기꾀꼬리버섯
106 • 나팔버섯
107 • 뿔나팔버섯
108 • 등색주름버섯
109 • 흰주름버섯
110 • 숲주름버섯
111 • 주름버섯
112 • 숲긴대들버섯
113 • 낙엽송주름버섯
114 • 진갈색주름버섯
115 • 볏짚버섯
116 • 버들볏짚버섯
117 • 보리볏짚버섯
118 • 점박이광대버섯

119 • 달걀버섯
120 • 뽕나무버섯
121 • 배불뚝이연기버섯
122 • 무리벚꽃버섯
123 • 노랑쥐눈물버섯
124 • 키다리끈적버섯
125 • 하늘색깔때기버섯
126 • 먹물버섯
127 • 보라끈적버섯
128 • 풍선끈적버섯
129 • 솜털못버섯
130 • 깔대기버섯
131 • 그늘버섯
132 • 흰보라끈적버섯
133 • 고깔쥐눈물버섯
134 • 재흙물버섯
135 • 끈적버섯속
136 • 차양풍선끈적버섯
137 • 노란띠끈적버섯
138 • 두엄흙물버섯
139 • 낭피버섯

140 • 귤낭피버섯
141 • 갈색쥐눈물버섯
142 • 노란털돌버섯
143 • 팽나무버섯
144 • 오렌지밀버섯
145 • 붉은산꽃버섯
146 • 개암다발버섯
147 • 붉은무명버섯
148 • 달맞이꽃갓버섯
149 • 화병벚꽃버섯
150 • 만가닥버섯
151 • 다색벚꽃버섯
152 • 벚꽃버섯속
153 • 눈빛꽃버섯
154 • 자루비늘버섯
155 • 자주졸각버섯
156 • 배젖버섯
157 • 큰살색깔때기버섯
158 • 독젖버섯
159 • 민맛젖버섯
160 • 애잣버섯

161 • 가시갓버섯
162 • 광릉자주방망이버섯
163 • 민자주방망이버섯
164 • 표고
165 • 잿빛만가닥버섯
166 • 모래배꼽버섯
167 • 대형흰우산버섯
168 • 선녀낙엽버섯
169 • 큰갓버섯
170 • 애주름버섯
171 • 잣버섯
172 • 끈적긴뿌리버섯
173 • 갈색난민뿌리버섯
174 • 족제비눈물버섯
175 • 침비늘버섯
176 • 빨간난버섯
177 • 주름우단버섯
178 • 노란갓비늘버섯
179 • 느타리버섯
180 • 검은비늘버섯
181 • 꽈리비늘버섯

182 • 재비늘버섯
183 • 금빛비늘버섯
184 • 큰눈물버섯
185 • 산느타리버섯
186 • 흰비늘버섯
187 • 노란난버섯
188 • 땅비늘버섯
189 • 나도느타리버섯
190 • 넓은옆버섯
191 • 갈색비늘난버섯
192 • 노란느타리
193 • 분홍느타리
194 • 노루버섯
195 • 살구버섯
196 • 외대덧버섯
197 • 점박이버터버섯
198 • 청머루무당버섯
199 • 기와버섯
200 • 졸각무당버섯
201 • 애기버터버섯
202 • 절구버섯

203 • 구리빛무당버섯
204 • 혈색무당버섯
205 • 땅송이
206 • 장식솔버섯
207 • 치마버섯
208 • 방패비늘광대버섯
209 • 황갈색송이
210 • 솔버섯
211 • 제주비단털버섯
212 • 흰비단털버섯
213 • 왕그물버섯
214 • 붉은그물버섯
215 • 흑자색그물버섯
216 • 방망이황금그물버섯
217 • 껄껄이그물버섯
218 • 노란소름그물버섯
219 • 거친껄껄이그물버섯
220 • 흰둘레그물버섯
221 • 젖비단그물버섯
222 • 노란길민그물버섯
223 • 큰비단그물버섯

224 • 비단그물버섯

225 • 솜귀신그물버섯

226 • 솔비단그물버섯

227 • 제주쓴맛그물버섯

228 • 노란대쓴맛그물버섯

229 • 바다말미잘버섯

230 • 말징버섯

231 • 말불버섯(마발)

232 • 망태버섯

233 • 망태말뚝버섯

234 • 가시말불버섯

235 • 새주둥이버섯

236 • 좀말불버섯

237 • 말불버섯

238 • 말뚝버섯

239 • 모래밭버섯

240 • 검뎅이황색

241 • 덕다리버섯

242 • 잣뽕나무버섯

243 • 연잎낙엽버섯

244 • 반구독청버섯

245 • 갈색솔방울버섯

246 • 회색깔때기버섯

247 • 단풍밀버섯

248 • 붉은비단그물버섯

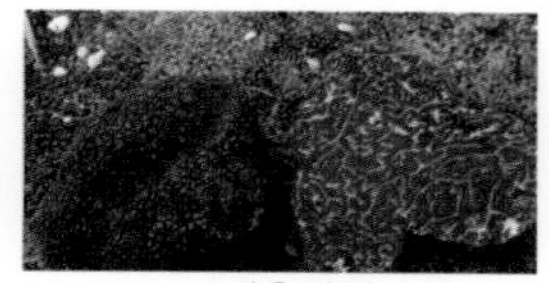
249 • 검은덩이버섯

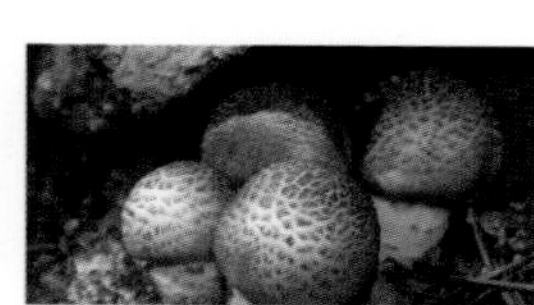
250 • 송이

252 • 목이버섯

253 • 털목이버섯

254 • 노란털벚꽃버섯

255 • 그물버섯아재비

256 • 아가리쿠스버섯

257 • 나도팽나무버섯

258 • 양송이

259 • 무리송이

260 • 풀버섯

261 • 잎새버섯

262 • 곰보버섯

Part 2

먹을 수 없는 독버섯 122가지

264 • 동충하초속

265 • 변형술잔녹청균

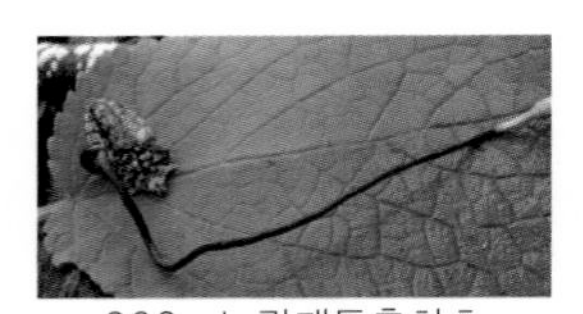
266 • 노린재동충하초

267 • 노란투구버섯

268 • 투구버섯

269 • 콩버섯

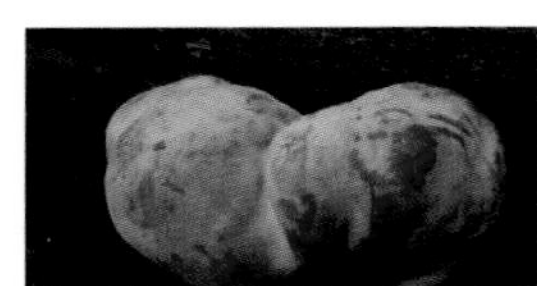
270 • 광택뺨버섯

271 • 안장마귀곰보버섯

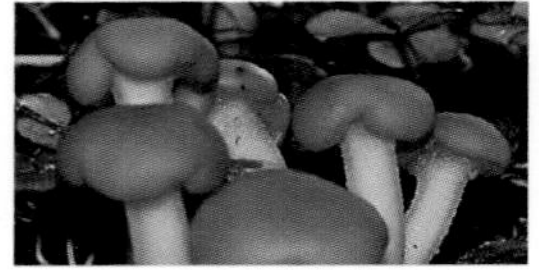
272 • 콩두건버섯 009

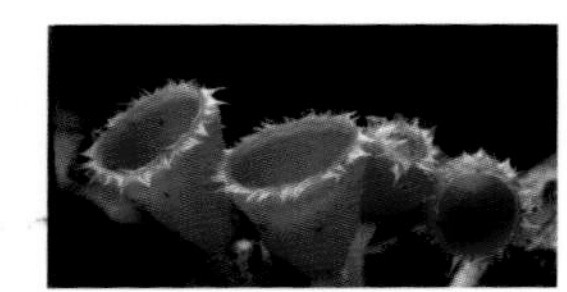
273 • 털작은입술잔버섯

274 • 균생사슴뿔버섯

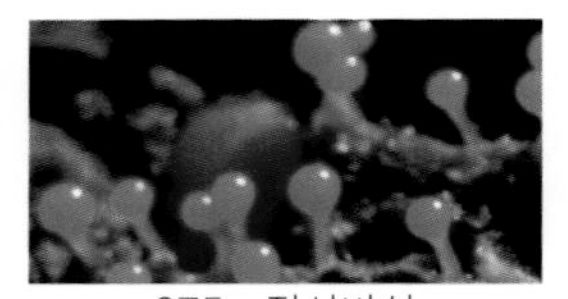
275 • 접시버섯

276 • 마귀숟갈버섯

277 • 다형콩꼬투리버섯

278 • 등황색끈적싸리버섯

279 • 털미로목이

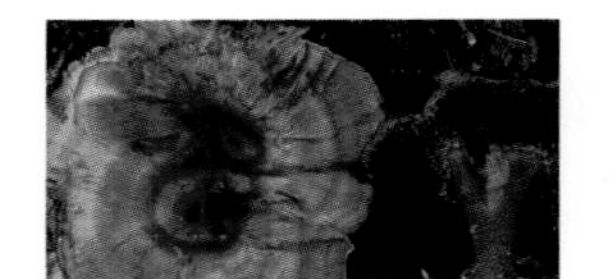
280 • 톱니겨우살이버섯

281 • 좀벌집버섯

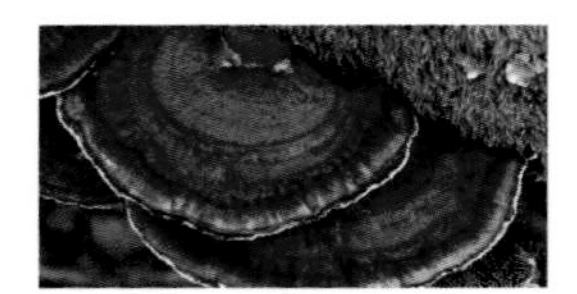
282 • 삼색도장버섯

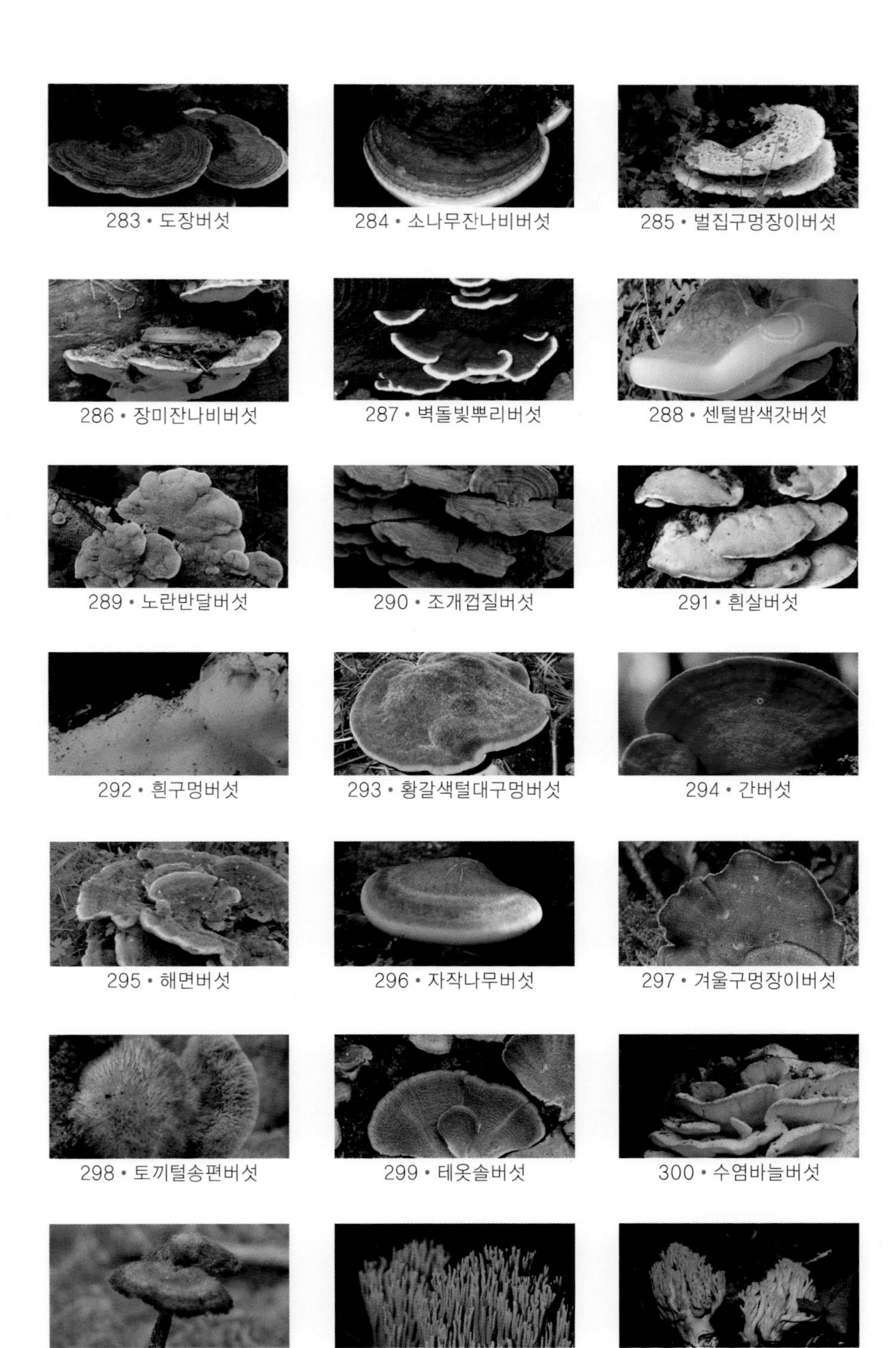
283 • 도장버섯
284 • 소나무잔나비버섯
285 • 벌집구멍장이버섯
286 • 장미잔나비버섯
287 • 벽돌빛뿌리버섯
288 • 센털밤색갓버섯
289 • 노란반달버섯
290 • 조개껍질버섯
291 • 흰살버섯
292 • 흰구멍버섯
293 • 황갈색털대구멍버섯
294 • 간버섯
295 • 해면버섯
296 • 자작나무버섯
297 • 겨울구멍장이버섯
298 • 토끼털송편버섯
299 • 테옷솔버섯
300 • 수염바늘버섯
301 • 솔방울털버섯
302 • 직립싸리버섯
303 • 노랑싸리버섯

304 • 청자색모피버섯
305 • 단풍사마귀버섯
306 • 아교버섯
307 • 큰주머니광대버섯
308 • 광대버섯아재비
309 • 붉은점갓닭알독버섯
310 • 암회색광대버섯
311 • 붉은점박이광대버섯
312 • 알광대버섯
313 • 마귀광대버섯
314 • 알광대버섯아재비
315 • 큰우산광대버섯
316 • 우산버섯
317 • 흰가시광대버섯
318 • 독우산광대버섯
319 • 덧부치버섯
320 • 연보라솔방울버섯
321 • 백황색깔대기버섯
322 • 종버섯속
323 • 소녀두엄먹물버섯
324 • 전나무끈적버섯아재비

325 • 솔미치광이버섯
326 • 갈황색미치광이버섯
327 • 무자갈버섯
328 • 꾀꼬리큰버섯
329 • 노란다발버섯
330 • 이끼꽃버섯
331 • 애기흰땀버섯
332 • 땀버섯
333 • 침투미치광이버섯
334 • 큰붉은버섯
335 • 잿빛헛대젖버섯
336 • 갈색털느타리
337 • 갈색고리갓버섯
338 • 흰주름각시버섯
339 • 종이꽃낙엽버섯
340 • 적갈색애주름버섯
341 • 솔잎애주름버섯
342 • 큰낭상체버섯
343 • 넓은솔버섯
344 • 맑은애주름버섯
345 • 화경버섯

346 • 말똥버섯
347 • 헛깔때기버섯
348 • 비늘버섯
349 • 노란귀느타리
350 • 꽃잎버짐버섯
351 • 꽃무늬애버섯
352 • 깔때기무당버섯
353 • 냄새무당버섯
354 • 노란이끼버섯
355 • 흙무당버섯
356 • 기생덧부치버섯
357 • 독청버섯
358 • 은행잎버섯
359 • 좀은행잎버섯
360 • 이끼살이버섯
361 • 요정털버섯
362 • 먼지버섯
363 • 붉은바구니버섯
364 • 찻잔버섯
365 • 주름찻잔버섯
366 • 좀주름찻잔버섯

367 • 갈색공방귀버섯
368 • 방귀버섯
369 • 가는꼴망태버섯
370 • 비늘말불버섯
371 • 뱀버섯
372 • 황토색어리알버섯
373 • 점박이어리알버섯
374 • 공버섯
375 • 긴송곳버섯
376 • 검은대낙엽버섯
377 • 소녀먹물버섯
378 • 좀환각버섯
379 • 노란각시갓버섯
380 • 황토버섯속
381 • 갈색균핵술잔버섯
382 • 기계충버섯
383 • 흰알광대버섯
384 • 웃음버섯
385 • 부채버섯

Part 3
식독여부를 알 수 없는 식독불명 버섯81가지

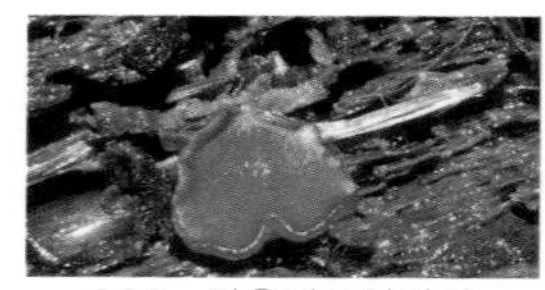
388 • 짧은대꽃잎버섯

389 • 들주발버섯

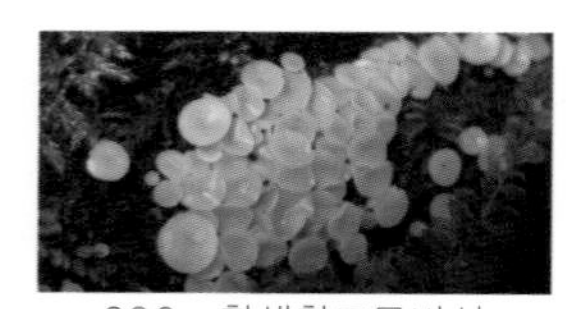
390 • 황색황고무버섯

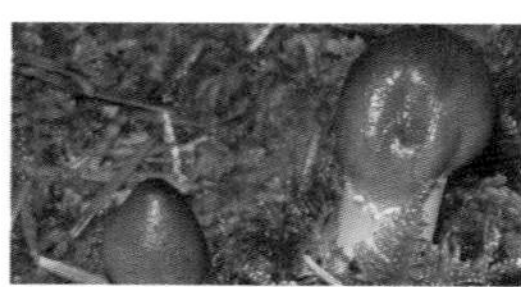
391 • 둥근머리 균핵동충하초

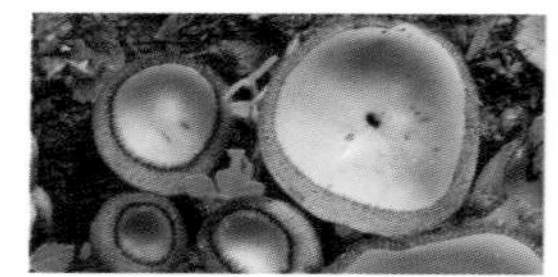
392 • 갈색사발버섯

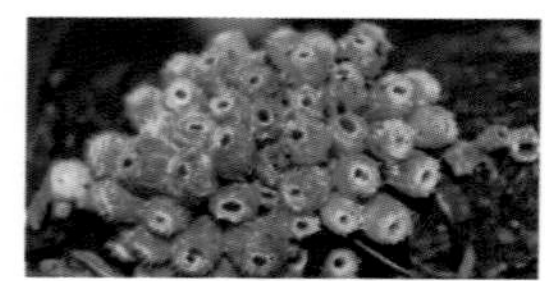
393 • 작은입술잔버섯

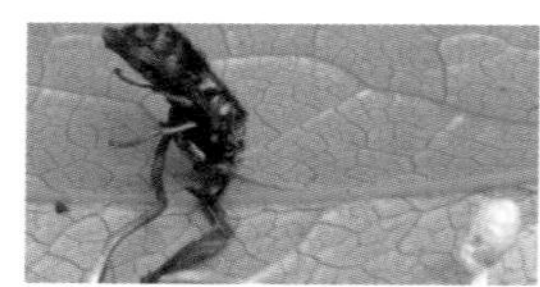
394 • 벌동충하초

395 • 녹슨비단그물버섯

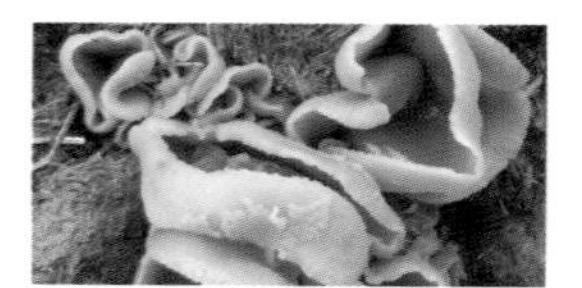
396 • 집주발버섯

397 • 파상땅해파리

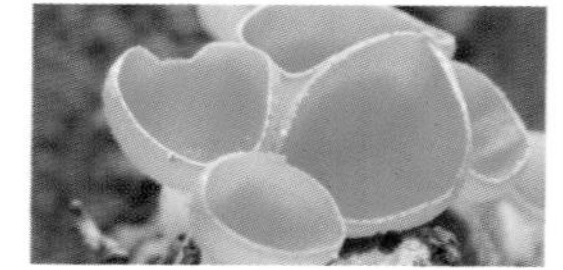
398 • 붉은대술잔버섯

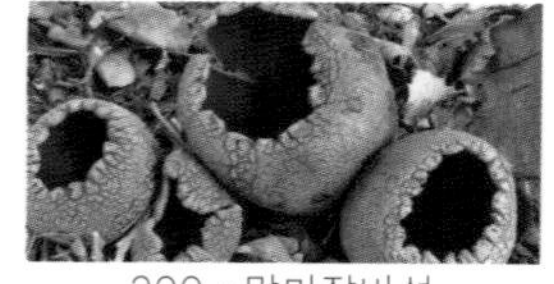
399 • 말미잘버섯

400 • 황금넓적콩나물버섯

401 • 콩꼬투리버섯

402 • 주황혀버섯

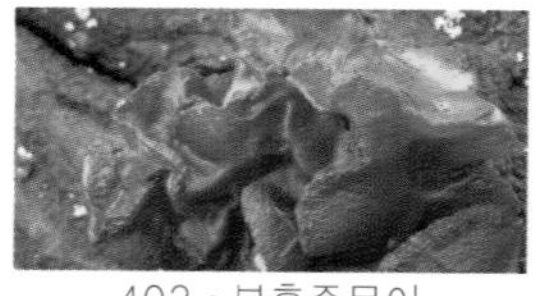
403 • 분홍좀목이

404 • 주걱혀버섯

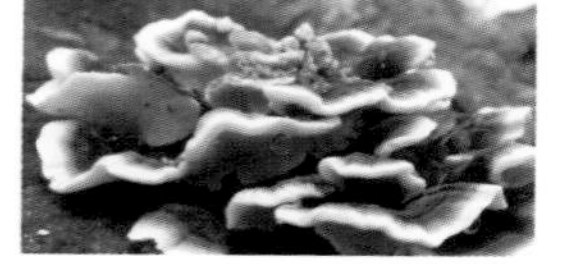
405 • 줄버섯

406 • 겨우살이버섯

531 • 갈황색미치광이버섯
532 • 노란다발버섯
533 • 이끼꽃버섯
534 • 화경버섯
535 • 흙무당버섯
536 • 은행잎버섯
537 • 좀은행잎버섯
538 • 먼지버섯
539 • 주름찻잔버섯
540 • 좀주름찻잔버섯
541 • 갈색공방귀버섯
542 • 황토색어리알버섯
543 • 중국벌동충하초
544 • 벌동충하초
545 • 등갈색미로버섯
546 • 꽃구름버섯
547 • 진노랑비늘버섯
548 • 목도리방귀버섯
549 • 종떡따리버섯
550 • 복령

머리말

이 책은 약용버섯 79가지와 식용버섯 198가지, 독버섯 122가지, 식독불명 81가지, 자료없는 버섯 74가지로 구성되어 있어 누구나 손쉽게 볼 수 있게 하였다.

어느 황금 같은 가을, 어깨엔 사진기를 메고, 혼자 숲속을 걷는다. 눈앞에 쓰러진 나무 위, 낙엽 위, 마른 나무 위, 지면상의 모양과 색이 다른 버섯 등을 보고 내심은 흥분되고 평소에 받던 스트레스를 잊고 조심해서 버섯을 본다.

몇 년이 흘렀다. 나는 이 초원에서 태어난 진정한 버섯(균물)학의 일을 하는 학자로 성장하였다. 장기간의 강의와 연구 과정 중 적지 않은 버섯의 자료와 사진 자료가 쌓이고, 마음속에 많은 버섯과 관련된 에피소드가 남게 되었다. 어느 날 갑자기 좋은 것은 마땅히 친구들과 같이 나누어야 된다는 생각이 났다. 그래서 책을 써야겠다는 생각이 생겼다. 일반 깊은 지식을 갖고 있는 사람부터 어린아이까지 모두 알아볼 수 있는 버섯 책을 쓸 생각을 하였다.

생물류 도감 중에 동식물의 도감이 절대다수를 차지하고 있다. 버섯류 도감 특히 버섯류에 대한 읽을 만한 것은 너무 적다. 만약 나의 조그마한 일이 이 부족함을 채워줬으면 하며 동시에 사람들이 대자연을 좋아하는 마음이 일깨워졌으면 하고, 당신으로 하여금 다시 대자연을 접할 때 당신 수중에 충분히 들어왔으면 한다. 발밑의 작은 버섯 세계로 들어와 그에 대한 흥미가 생겨나고 당신의 일부분 정력을 쏟아 버섯 사업에 심취하다면 내 미래의 가장 큰 행복이며 이 책을 출판하는 의미가 있겠다.

1 먹을 수 있는 식용버섯 198가지

001 고무버섯

자낭균류 고무버섯목 두건버섯과의 버섯

Bulgaria inquinans (Pers.) Fr.

분포지역

한국, 중국, 일본, 유럽, 북아메리카, 러시아

서식장소 / 자생지

활엽수의 그루터기나 통나무 등의 나무껍질 틈

크기

자실체 지름 1~4cm, 높이 1~2.5cm

생태와 특징

여름부터 가을에 썩은 활엽수의 그루터기나 통나무 등의 나무껍질 틈에 무리를 지어 난다. 자실체는 지름 1~4cm, 높이 1~2.5cm로 처음에는 둥근 모양이나 자라면서 차츰 오므라져 얕은 접시 모양이 된다. 윗면은 처음에는 갈색이며 완전히 자라면 흑갈색이 되고 아랫면은 진한 갈색이다.

조직은 연한 갈색이며 탄력이 있는 한천질이다. 옆면에는 불규칙한 주름들이 있다. 포자는 10~17×6~7.5μm로 타원형이며, 포자무늬는 갈색이다.

약용, 식용여부

맛과 냄새는 거의 없다.
식용버섯이다.

동충하초(번데기동충하초, 붉은동충하초) 002

자낭균류 맥각균목 동충하초과의 버섯

Cordyceps militaris(Vull.)Fr.

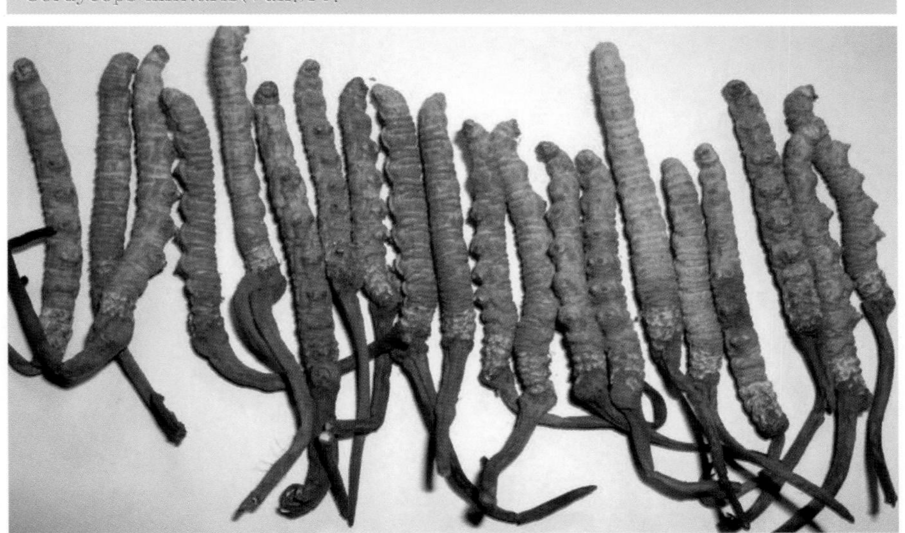

분포지역

전세계

서식장소 / 자생지

산림내 낙엽, 땅속에 묻힌 인시류의 번데기, 유충등에 기생

크기

자실체는 3~6㎝의 곤봉형

생태와 특징

번데기버섯이라고도 한다. 여름에서 가을에 걸쳐 잡목림의 땅 속에 있는 곤충체에서 발생한다. 나비목 곤충의 번데기에 기생하며 자실체는 번데기 시체의 머리 부분에서 발생하고 곤봉 모양이다. 버섯 대는 둥근 기둥 모양으로 조금 구부러지며 오렌지색이고 머리 부분은 방추형으로 선명한 주황색이다. 피자세포는 머리부분의 표피 속에 파묻혀 있고, 그 속의 홀씨주머니 안에 가는 실 모양의 홀씨가 있고, 성숙하면 다시 갈라져서 2차 홀씨를 만든다.

약용, 식용여부

식용할 수 있다.

003 갈색균핵동충하초

자낭균류 맥각균목 동충하초과의 버섯

Elaphocordyceps ophioglossoides (Ehrh.) G. Sung, J. Sung & Spat.

분포지역

전세계

서식장소/ 자생지

소나무나 너도밤나무 밑 땅 속에서 돋는 균핵 Elaphomyces류에 기생

크기

1-4㎝

생태와 특징

일반 동충하초의 학명 가운데 속명 Cordyceps라는 이름은 '곤봉(club)'을 뜻하는 그리스어 kordyle이라는 말과 '머리, 두부'를 뜻하는 ceps라는 말이 합하여 생긴 것이다. 즉 '균핵에서 돋아난 동충하초'라는 뜻이다.

동충하초는 다른 생물에 기생하는 버섯으로 갈색균핵동충하초의 경우 땅 속에서 돋는 균핵 Elaphomyces류에 기생하여 돋은 것이다. 균핵(Elaphomyces granulatus Fr.)은 여름에서 가을까지 소나무나 너도밤나무 밑 땅속에서 발생하는데 그 크기가 1-4㎝의 둥그런 구형인데 표면은 갈황색이고 아주 미세하게 오톨도톨한 과립상이다. 소나무나 너도밤나무와 균근을 형성하는 균근균이다.

갈색균핵동충하초의 전통 의학적 사용에서 갈색균핵동충하초는 그 맛이 약간 맵거나 온화한 편이다. 중국에서 폐와 신장의 강장제로 사용한다. 또 갈색균핵동충하초는 적혀루와 정자 생산을 증가시켜 몸의 기를 높여준다고 한다. 또 생리불순에 좋은 식용 오이풀 뿌리와도 잘 어울려 갈색균핵동충하초와 함께 사용한다. 이러한 생리불순 조절작용은 이 버섯의 균사체에서 추출할 수 있는 두 가지 성분 때문인 것으로 알려졌는데 이 성분은 여성호르몬 에스트로겐의 활성 작용과 같은 작용이 있다고 한다.

갈색균핵동충하초의 화학성분은 항진균 성분인 ophiocordin과 항종양 성분인 galactosaminoglycans 3종이 들어 있다. 또 둥근 머리를 가지고 있는 또 다른 균핵동충하초 Elaphocordyceps capitata에는 indole alkaloids와 베타(103) 글로겐이 들어있다.

갈색균핵동충하초의 약리작용은 갈색균핵동충하초의 ophiocordin 성분에는 염증을 치료하는 소염성 및 항균 성분을 포함하고 있고, 또 말초혈류를 자극하는 polysaccharide CO-1도 함유하고 있다. 뿐만 아니라 항생물질도 포함하고 있어 항진균 작용을 가지고 있고 면역성을 활성화하여 인체의 유해 물질 제거력이 있는 대식세포를 활성화한다고 한다.

항종양 성분인 galactosaminoglycans에는 항종양 작용을 하는 CO-N, SN-C, CO-1 등 3종의 항종양 성분이 들어 있다. CO-N을 예로 들면 수용성 글리칸으로 sarcoma 180에 대한 높은 억제율을 보여 98.7%라는 놀라운 억제율을 기록하고 있다. 또 SN-C는 표고의 lentinan이나 구름송편버섯(=구름버섯=운지)에서 추출한 것 보다 더 광범위한 항종양 작용이 있다고 한다. 또 이 SN-C 성분은 세포독작용과 면역 활성 성분이기도 하다. CO-1 성분은 SN-C안에 들어 있는 중요 다당체로 표고의 lentinan 구조와 아주 흡사한 구조를 가지고 있는 성분이다. 물에는 녹지 않으나 구연산, 식초, 젖산에는 좋은 반응을 보여준다고 한다. 바로 이 성분이 sarcoma 180에 대한 강한 억제율을 보여주는 것이다.

약용, 식용여부

약용, 식용할 수 있다.

004 마귀곰보버섯

자낭균류 주발버섯목 안장버섯과의 버섯

Gyromitra esculenta (Pers.) Fr.

분포지역

한국, 일본, 유럽, 북아메리카

서식장소 / 자생지

침엽수의 그루터기나 톱밥더미 위

크기

자실체는 지름 5~20㎝, 높이 5~12㎝, 버섯 대 길이 약 10㎝

생태와 특징

여름에서 가을까지 침엽수의 그루터기나 톱밥더미 위에 무리를 지어 자라거나 한 개씩 자란다. 자실체는 지름 5~20㎝, 높이 5~12㎝로 머리 부분은 갈색 또는 흑갈색이며 얇게 파인 주름이 있다. 버섯 대는 길이 약 10㎝이며 흰색이고 속이 비어 있다. 홀씨는 16~21×8~10㎛로 무색의 타원형이며 밋밋하고 기름방울이 2개 들어 있다. 살은 쉽게 부서진다.

약용, 식용여부

유독성분인 지로미트린을 함유하고 있어 날로 먹으면 위험하다. 지로미트린은 말리거나 삶으면 유독성분이 없어지는데, 외국에서는 식용으로 하고 있다.

주름안장버섯

자낭균류 주발버섯목 안장버섯과의 버섯

Helvella crispa (Scop.) Fr

분포지역

한국, 북한(백두산), 일본, 중국, 유럽, 북아메리카

서식장소 / 자생지 숲 속 또는 정원의 땅

크기

자실체 높이 10cm 정도, 버섯 대 길이 3~6cm

생태와 특징

여름에서 가을까지 숲 속 또는 정원의 땅에 무리를 지어 자란다. 자실체는 높이 10cm 정도이며 머리 부분과 자루 부분으로 나눌 수 있다. 머리 부분인 버섯 갓은 말안장처럼 생겼지만 모양이 일정하지 않으며 가장자리가 물결 모양이거나 갈라져 있다. 버섯 갓 표면은 연한 누런 잿빛인데 고르지 않다. 버섯 갓 뒷쪽 면에 홀씨를 만드는 자낭이 늘어서 있다. 버섯 대는 길이 3~6cm의 기둥 모양이고 속이 비어 있다. 버섯 대 표면은 흰색이며 세로로 융기된 맥이 불규칙한 간격을 이루고 있다. 홀씨는 18~20×9~13㎛이고 타원 모양이다.

약용, 식용여부

식용할 수 있다.

006 긴대안장버섯

자낭균류 주발버섯목 안장버섯과의 버섯

Helvella elastica B

분포지역

한국(월출산, 지리산, 가야산, 만덕산, 한라산), 북한(백두산), 일본, 유럽, 북아메리카

서식장소 / 자생지

숲 속의 땅 위

크기

자실체 지름 2~4㎝, 높이 4~10㎝

생태와 특징

여름에서 가을까지 숲 속의 땅 위에 한 개씩 자란다. 자실체는 지름 2~4㎝, 높이 4~10㎝로 머리 부분은 말안장 모양인데, 자루의 윗부분을 양쪽에 끼고 그 표면에 자실층이 발달한다. 자실층은 연한 노란빛을 띤 회백색이다. 자루는 너비 약 5㎜인 원기둥 모양이며 가늘고 길다. 포자는 19~22×10~12㎛이고 무색의 타원형이다. 측사는 실 모양이다.

약용, 식용여부

식용할 수 있다.

혈전용해 작용이 있으며, 민간에서는 기침, 가래 제거 등에 이용되기도 한다.

눈꽃동충하초

자낭균류 맥각균목 동충하초과의 버섯

Isaria tenuipes Peck. (Isaria

분포지역

한국, 일본, 네팔

서식장소 / 자생지

산지나 숲 등의 낙엽 속

크기 자실체 높이 10~40㎜

생태와 특징

나방꽃동충하초라고도 부른다. 자실체 높이 10~40㎜이다. 전체적으로 산호처럼 생겼으며 눈꽃처럼 보이기도 한다. 분생자자루가 다발을 이루고 있다. 자루는 주황색이고 머리는 흰색의 밀가루처럼 생긴 분생포자 덩어리로 덮여 있으며 나뭇가지 모양이다. 머리에 있는 분생포자는 흔들리거나 외부적인 자극을 주면 쉽게 날아간다. 불완전세대형의 대표적인 동충하초이다. 숙주는 나비류와 나방류에 속하는 곤충의 어른벌레와 애벌레, 번데기 등이며 이들의 몸에 들어가 기생한다. 9~10월에 산지나 숲 등의 낙엽 속에서 흔히 볼 수 있다.

약용, 식용여부

식용할 수 있다. 혈전용해 작용이 있으며, 민간에서는 기침, 가래 제거 등에 이용되기도 한다.

008 키다리곰보버섯

곰보버섯과 곰보버섯속 버섯

Morchella conica Persoon(Morchella elata Fr.)

분포지역

북미, 유럽, 전세계

서식장소/ 자생지

녹림의 초지나 떨어진 잎의 퇴적한 지상

크기

높이 15cm전후

생태와 특징

초봄에서 봄에 걸쳐 발생하는 곰보버섯류로서, 녹림의 초지나 떨어진 잎의 퇴적한 지상에 단생 또는 군생한다. 높이는 15cm전후이며, 갈색의 두부는 원추형으로 다른 곰보버섯류보다 더 돌기되어 있으며, 벌집형 망구조로 늑맥을 지니며, 늑맥은 세로로 잘 발달되어 있다. 담황토색으로 데쳐서 먹는다. 곰보버섯류는 세계적으로 넓게 분포하지만 각종을 구분한다는 것은 쉬운 일이 아니다. 이유는 세계적으로 종류가 다양한 것도 있겠지만, 포자의 생김새와 자낭의 구조 등이 서로 비슷비슷해 구분이 어렵기 때문이다. 하지만 DNA검사로 분류한다면 정확한 종 구분이 가능할 수도 있다.

약용, 식용여부

식용할 수 있으나 독이 있어 위장장애를 일으킬 수 있으니 날로 먹지 않는 것이 좋다.

굵은대곰보버섯

주발버섯목 곰보버섯과 곰보버섯속

Morchella crassipes(Vent.) Pers.

분포지역

한국, 중국 등

서식장소/ 자생지

숲속 땅 위

크기

자실체 길이 약 6cm~15cm, 지름 5cm정도

생태와 특징

여름에 숲속땅 위에서 발생한다. 자실체 길이는 약 6cm~15cm, 지름은 5cm 정도이다. 봄에 발생하며, 대는 백색, 갓은 엷은 노란색을 띄고 있다. 홀씨 크기는 230-260㎛×18-21㎛이다.

약용, 식용여부

식용할 수 있으나, 독이 있다. 소화불량과 가래가 많은 데 좋다.

010 주발버섯

자낭균류 주발버섯목 주발버섯과의 버섯

Peziza vesiculosa

분포지역

한국, 북한(백두산) 등 전 세계

서식장소 / 자생지

썩은 짚이나 밭의 땅

크기

자실체 지름 3~10㎝

생태와 특징

일 년 내내 썩은 짚이나 밭의 땅에 무리를 지어 자란다. 자실체는 지름 3~10㎝이고 주발처럼 생겼다. 자실체의 바깥 면은 흰색이고 안쪽 면은 연한 갈색이며 여러 개가 모여 나므로 서로 눌려서 불규칙하게 비뚤어져 있다. 버섯 대는 없다. 홀씨는 20~24×11~14㎛이고 타원 모양이다. 홀씨 표면은 색이 없고 밋밋하다.

약용, 식용여부

식용할 수 있다.

술잔버섯

자낭균류 주발버섯목 술잔버섯과 버섯

Sarcoscypha cocc

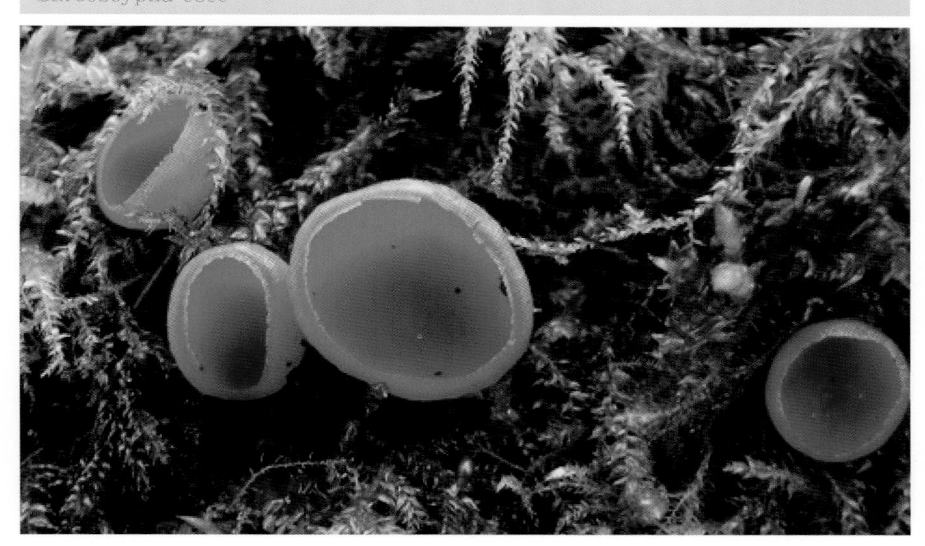

분포지역

한국 등 전세계

서식장소 / 자생지

썩은 나뭇가지

크기

자실체 지름 1~8㎝

생태와 특징

여름에서 가을까지 썩은 나뭇가지 등에 무리를 지어 자란다. 자실체는 지름 1~8㎝로 술잔 모양이며 바깥 면은 흰색 또는 연한 홍색으로 작은 털로 덮여 있고 술잔 안쪽의 자실층은 선홍색이다. 버섯 대는 길게 나무속에 묻혀있는 것도 있고 버섯 대가 아예 없는 것도 있다. 홀씨는 29~39×9~13㎛로 타원형이고 색이 없으며 표면이 밋밋하며, 양끝 속에 작은 알맹이가 많이 들어있다. 목재부후균이다.

약용, 식용여부

맛은 좋지만 날것은 독이 있기 때문에 반드시 익혀 먹어야 한다.

012 상황버섯

담자균류 민주름버섯목 진흙버섯과의 버섯.
Phellinus linteus)

분포지역

한국, 일본, 오스트레일리아, 북아메리카

서식장소/ 자생지

다년생 뽕나무류의 나무에서 자라지만 요즘은 대량재배된다.

크기

지름 6~12cm, 두께 2~10cm로, 반원 모양, 편평한 모양, 둥근 산 모양, 말굽 모양 등 여러 가지 모양을 하고 있다.

생태와 특징

초기에는 진흙 덩어리가 뭉쳐진 것처럼 보이다가 다 자란 후에는 나무 그루터기에 혓바닥을 내민 모습이어서 수설(樹舌)이라고도 한다.

갓은 표면에는 어두운 갈색의 털이 짧고 촘촘하게 나 있다가 자라면서 없어지고 각피화한다. 검은빛을 띤 갈색의 고리 홈이 나 있으며 가로와 세로로 등이 갈라진다. 가장자리는 선명한 노란색이고 아랫면은 황갈색이며 살도 황갈색이다. 자루가 없고 포자는 연한 황갈색으로 공 모양이다.

약용, 식용여부

상황버섯은 면역세포를 증가시키고 활성화시켜 암세포를 죽이며, 항암제의 작용을 증강시켜 준다. 또한 방사선 치료와 항암제 부작용을 낮춰주며 암 전이를 막아주기도 한다.

털목이버섯

담자균류 목이목 목이과의 버섯

Auricularia po

분포지역

한국, 일본, 아시아, 남아메리카, 북아메리카

서식장소 / 자생지 활엽수의 죽은 나무 또는 썩은 나뭇가지

크기 버섯 갓 지름 3~6cm, 두께 2~5mm

생태와 특징

봄에서 가을까지 활엽수의 죽은 나무 또는 썩은 나뭇가지에 무리를 지어 자란다. 버섯 갓은 지름 3~6cm, 두께 2~5mm이고 귀처럼 생겼다. 버섯 갓이 습하면 아교질로 부드럽고 건조해지면 연골질로 되어 단단하다. 버섯 갓 표면에는 잿빛 흰색 또는 잿빛 갈색의 잔털이 있다. 갓 아랫면은 연한 갈색 또는 어두운 자줏빛 갈색이고 밋밋하지만 자실층이 있어 홀씨가 생기며 흰색 가루를 뿌린 것처럼 보인다. 홀씨는 크기 8~13×3~5μm의 신장모양이고 색이 없다. 홀씨무늬는 흰색이다. 목재부후균으로 나무를 부패시킨다.

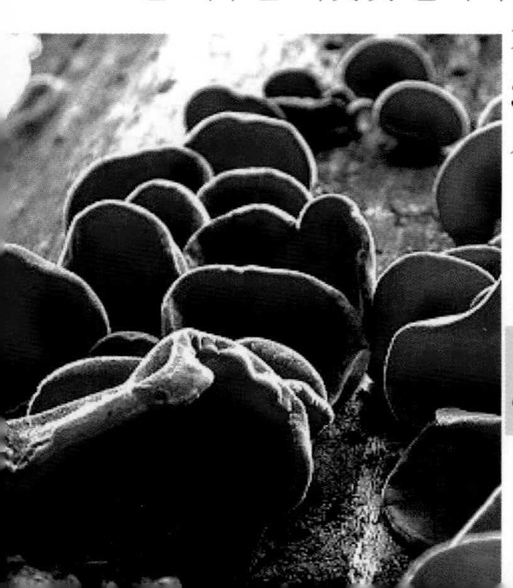

약용, 식용여부

식용할 수 있다.

인공 재배되고 있고 중국요리에서 목이와 함께 이용된다.

014 주름목이버섯

담자균류 목이목 목이과의 버섯

Auricularia mesente

분포지역

한국, 일본, 중국, 시베리아, 유럽, 북아메리카, 오스트레일리아

서식장소 / 자생지

죽은 활엽수

크기 자실체 지름 5~15㎝, 두께 1.5~2.5㎜

생태와 특징

1년 내내 죽은 활엽수에 무리를 지어 자란다. 자실체는 지름 5~15㎝, 두께 1.5~2.5㎜이고 기주에 넓게 달라붙는다. 자실체는 대부분 버섯 갓처럼 생겨서 위로 뒤집혀 말리거나, 단단한 아교질로 이루어져서 가장자리가 얕게 갈라져 있다. 버섯 갓은 반원 모양이며 가장자리가 갈라진 것도 있고 밋밋한 것도 있다. 갓 표면에는 동심원처럼 생긴 고리무늬가 있으며, 검은색인 곳은 밋밋하고 잿빛 흰색인 곳에는 부드러운 털이 있다. 갓 안쪽은 붉은색 또는 어두운 갈색이고 방사상 주름벽이 있는데, 건조하면 검은색의 가루 같은 가죽질로 변하며 단단하다. 홀씨는 8.5~13.5×5~7㎛이고 달걀모양이거나 신장모양이며, 작은 알갱이가 표면에 붙어 있다.

약용, 식용여부

식용과 약용할 수 있다.

좀목이버섯

담자균류 흰목이목 좀목이과의 버섯 장미주걱목이

Exidia glandulosa

분포지역

한국 등 전세계

서식장소 / 자생지

각종 활엽수의 죽은 가지나 그루터기

크기

자실체 지름 10cm, 두께 0.5~2cm

생태와 특징

여름에서 가을에 걸쳐 각종 활엽수의 죽은 가지나 그루터기에 무리를 지어 자란다. 자실체는 지름 10cm로 자라 죽은 나무 위에 편평하게 퍼진다. 자실체 두께는 0.5~2cm로 연한 젤리질이며 작은 공 모양으로 무리를 지어 자라지만 차차 연결되어 검은색 또는 푸른빛이 도는 검은색으로 되고 뇌와 같은 주름이 생긴다. 마르면 종이처럼 얇고 단단해진다. 자실체 표면에는 작은 젖꼭지 같은 돌기가 있다. 홀씨는 12~15×4~5㎛의 소시지 모양이고 색이 없다. 담자세포는 흰목이 모양이다. 목재부후균이다.

약용, 식용여부

식용과 약용할 수 있다.

016 혓바늘목이버섯

목이목 좀목이과 혓바늘목이

Pseudohydnum gelatinosum (Scop. ex Fr) Karst

분포지역

한국, 일본, 북아메리카 등지에 분포

서식장소/ 자생지

침엽수림 내 썩은 나무, 그루터기 등

크기

갓의 형태 지름 2.5~7㎝, 높이 2.5~5㎝

생태와 특징

봄부터 가을에 걸쳐 침엽수림 내 썩은 나무, 그루터기 등에 무리지어 나며 목재부후균이다. 갓의 형태 지름 2.5~7㎝, 높이 2.5~5㎝로 혀 모양에서 부채형이며 젤라틴질이다. 갓의 색은 윗면은 회갈색~담갈색이고 아랫면에는 장원추상의 돌기가 밀집되어 있으며, 그 전면에 자실층이 발달되었고, 대는 있으면 편심생이다. 대 편심생형이고 짧다. 표면의 미세한 털은 고양이 혀처럼 바늘모양으로 백색이다. 포자 지름 3~7㎛로 구형이고 표면은 평활하고, 포자문은 백색이다.

약용, 식용여부

식용버섯이다.

뜨거운 물에 살짝 담갔다가 삶은 완두에 무를 넣고 꿀을 넣으면 되지만, 후르츠 펀치에 넣어도 좋다

흰목이버섯

017

담자균류 흰목이목 흰목이과의 버섯

Tremella fuciform

분포지역

한국, 일본, 중국 및 열대지방

서식장소 / 자생지

각종 활엽수의 고목 또는 나뭇가지

크기 자실체 크기 3~8×2~5㎝

생태와 특징

은이(銀?)라고도 한다. 여름과 가을에 각종 활엽수의 죽은 나무 또는 나뭇가지에서 자란다. 자실체는 크기가 3~8×2~5㎝이지만 건조해지면 작아지면서 단단해진다. 전체가 순백색의 반투명한 젤리 모양이며 기부에서 겹꽃 모양 또는 닭 볏 모양을 하고 있다. 자실층은 투명한 우무질의 두꺼운 층 속에 파묻혀 있다. 홀씨는 무색의 달걀 모양이나 타원 모양이며 우무질층 밖으로 형성되어 성숙하면 흩어져 날린다.

약용, 식용여부

식용할 수 있다.

018 미역흰목이버섯

담자균류 흰목이목 흰목이과의 버섯

Tremella fimbriata

분포지역

한국(한라산), 일본, 유럽, 남아메리카, 오스트레일리아

서식장소 / 자생지

죽은 활엽수

크기

자실체 지름 5~10㎝, 높이 3.5~5.5㎝

생태와 특징

여름에서 가을까지 죽은 활엽수에 자란다. 자실체는 지름 5~10㎝, 높이 3.5~5.5㎝이며 전체적으로 서로 겹쳐서 물결 모양 또는 꽃잎 모양의 갈라진 조각으로 이루어진 덩어리를 이룬다. 갈라진 조각은 두께 1㎜ 정도로 얇고 검은색 또는 흑갈색인데 건조하면 검고 단단한 연골질 덩이로 오그라든다. 이러한 자실체의 색깔 때문에 미역흰목이라는 이름이 붙었다. 담자세포는 달걀 모양 또는 세로격막으로 4개의 방으로 갈라져 있다. 홀씨는 10~16×12㎛로 무색의 달걀 모양이다.

약용, 식용여부

식용 가능하지만 유독종인 쿠로하나비라타케(자낭균류)와 유사하기 때문에 함부로 먹는 것은 금물이다.

잔나비불로초

담자균문 균심아강 민주름버섯목 불로초과 불로초속

Ganoderma applanatum (Pers.) Pat.

분포지역

한국 및 전 세계

서식장소/ 자생지 활엽수의 고사목이나 썩어가는 부위

크기 갓의 지름 5~50㎝, 두께 2~5㎝

생태와 특징 봄부터 가을 사이에 활엽수의 고사목이나 썩어가는 부위에 발생하며, 다년생으로 1년 내내 목재를 썩히며 성장한다. 잔나비불로초의 갓은 지름이 5~50㎝ 정도이고, 두께가 2~5㎝로 매년 성장하여 60㎝가 넘는 것도 있으며, 편평한 반원형 또는 말굽형이다. 갓 표면은 울퉁불퉁한 각피로 덮여 있으며, 동심원상 줄무늬가 있으며, 색깔은 황갈색 또는 회갈색을 띤다. 종종 적갈색의 포자가 덮여 있다.조직은 단단한 목질이며, 관공구는 원형으로 여러 층에 있으며, 지름이 1㎝ 정도이다. 대는 없고, 기주 옆에 붙어 생활한다. 포자문은 갈색이고, 포자모양은 난형이다.

북한명은 넙적떡다리버섯이며, 외국에서는 갓의 폭이 60㎝ 이상 되는 것도 있어 원숭이들이 버섯 위에서 놀기도 한다고 한다.

약용, 식용여부

약용으로 이용된다.

024 영지버섯(불로초)

담자균문 구멍장이버섯목 불로초과 불로초속의 버섯
Ganoderma lucidum(Curtis)P. Karst.

분포지역

전세계

서식장소 / 자생지

활엽수 뿌리밑동이나 그루터기

크기

버섯 갓 지름 5~15㎝, 두께 1~1.5㎝, 버섯 대 3~15×1~2㎝

생태와 특징

우리나라에서는 잔나비걸상과의 영지(Ganoderma lucidum Karsten) 또는 근연종의 자실체를 말한다. 중국에서는 영지를 비롯해서 자지(Ganoderma sinense Zhao. Xu et Zhang:紫芝)를 말한다. 일본에서는 공정생약으로 수재되지 않았다. 불로초라고도 한다.

여름에 활엽수 뿌리 밑동이나 그루터기에서 발생하여 땅 위에도 돋는다. 버섯 갓과 버섯 대 표면에 옻칠을 한 것과 같은 광택이 있는 1년생 버섯이다. 버섯 갓은 지름 5~15㎝, 두께 1~1.5㎝로 반원 모양, 신장 모양, 부채 모양이며 편평하고 동심형의 고리 모양 홈이 있다. 버섯 갓 표면은 처음에 누런빛을 띠는 흰색이다가 누런 갈색 또는 붉은 갈색으로 변하고 늙으면 밤갈색으로 변한다. 홀씨는 2중 막이고 홀씨 무늬는 연한 갈색이다.

생김새는 삿갓은 목질화 되어 딱딱하며 반원형 또는 콩팥모양이다. 바깥

면은 붉은색, 검은색, 푸른색, 흰색, 황색, 자색 등 각각 다른 색을 띠는 여러 가지 종류가 있다. 삿갓의 바깥 면은 칠(漆)과 같은 광택이 있고 안쪽 면의 관공면(管孔面)은 흰색 또는 엷은 갈색이다. 자루(柄)는 삿갓의 지름보다 길고 윤기가 있는 검은색이다.

약용, 식용여부

약용으로 쓰며 영지는 신체가 허약할 때 정기를 증강시키고 해수, 천식, 불면, 건망증에 쓰며 고혈압, 고지혈증, 관상동맥경화증, 간 기능 활성화에 사용한다. 약리작용으로 중추신경억제작용, 근육이완, 수면시간 연장, 혈압강하작용, 진해거담작용, 중독성간염경감효과, 장관흥분작용 등이 보고되었다. 이 약은 냄새가 거의 없고 맛은 달고 쓰며 성질은 약간 따듯하다.[甘苦微溫]

025 노란조개버섯

담자균류 민주름버섯목 구멍버섯과의 버섯

Gloephyllum sepiarium

분포지역

북한, 일본, 중국, 필리핀, 유럽, 북아메리카, 오스트레일리아

서식장소 / 자생지 여러 가지 침엽수의 잎

크기 버섯 갓 1~5×2~15×0.3~1cm, 버섯 대 굵기 1~2.5cm, 길이 5~7cm

생태와 특징 일 년 내내 여러 가지 침엽수의 잎에 자란다. 자실체는 버섯 대가 없고 반배착하며 가죽질 또는 코르크질이다. 버섯 갓은 1~5×2~15×0.3~1cm 크기로 반구 모양, 조가비 모양, 부채 모양이고 옆으로 붙어 난다. 갓 표면은 선명한 누런빛을 띤 붉은색, 녹슨 색 또는 검은색으로 원형 무늬와 빗살 모양의 주름이 있고 거친 털로 덮여 있다. 갓 가장자리는 날카롭고 진흙색이다. 살은 진흙 색 또는 검은 밤색으로 코르크질이며 두께는 2~6mm이다. 주름살은 간격이 0.5~1mm로서 빗살 모양을 하고 있으며 주름살의 높이는 2~10mm이다. 다 자라면 주름살이 찢어지고 엷게 흐린 색 또는 연한 재색의 막이 얇게 덮여 있다. 주머니모양체는 실북 모양이며 홀씨는 8~10.5×3~4㎛이고 원통 모양으로 밋밋하며 무색이다. 갈색부후균으로 밤색 부패를 일으킨다.

약용, 식용여부

약용으로 사용할 수 있다.

주름가죽버섯

담자균류 민주름버섯목 구멍버섯과의 버섯

Ischnoderma resinosum

분포지역

북한, 일본, 중국, 필리핀, 유럽, 북아메리카

서식장소 / 자생지 죽은 참나무

크기 버섯 갓 5~15×6~20×0.5~2.5㎝

생태와 특징

일 년 내내 죽은 참나무에 무리를 지어 자라며 한해살이이다. 자실체는 좌생이나 반배착 또는 전배착하여 기주에 달라붙는다. 버섯 갓은 5~15×6~20×0.5~2.5㎝이고 반원모양이인데, 어려서는 육질에 가까우며 축축하고 바니시 냄새가 나지만 건조하면 코르크질이 된다. 갓 표면은 밤색 바탕에 피막과 원 무늬가 있다. 갓 가장자리는 예리하고 아래로 휘어진다. 살은 두께 0.5~2㎝이고 연한 누른색 또는 연한 누른 밤색이며 고기처럼 생긴 코르크질이다. 관공은 길이 1~8㎜이고 공구는 둥글거나 모가 나 있으며 연한 누른색 또는 누른 밤색이고 1㎜ 사이에 평균 4~6개가 있다. 홀씨는 5~7×1~2㎛의 원통 모양이고 휘어 있다. 홀씨 표면은 밋밋하고 무색이다. 주머니모양체는 없다.

약용, 식용여부

약용으로 사용할 수 있다.

027 붉은덕다리버섯

담자균류 민주름버섯목 구멍장이버섯과의 버섯

Laetiporus sulphureus var. miniatus

분포지역

한국(지리산, 한라산), 북한(백두산), 일본, 아시아 열대 지방

서식장소 / 자생지

침엽수의 죽은 나무 또는 살아 있는 나무, 그루터기

크기

버섯 갓 지름 5~20cm, 두께 1~2.5cm

생태와 특징

1년 내내 침엽수의 죽은 나무 또는 살아 있는 나무, 그루터기에 무리를 지어 자란다. 버섯 갓은 지름 5~20cm, 두께 1~2.5cm로 표면은 선명한 주황색 또는 노란빛을 띤 주황색이고 건조하면 흰색으로 변한다. 부채 모양 또는 반원 모양의 버섯 갓이 한 곳에서 겹쳐서 나며 전체가 30~40cm에 이른다. 살은 육질로서 연한 연어살색이며 나중에 단단해지고 쉽게 부서진다.

아랫면에 있는 관공의 길이는 2~10mm로 구멍은 불규칙하고 1mm 사이에 2~4개 있다. 홀씨는 6~8×4~5μm로 타원형이고 색이 없다. 목재부후균이며 나무속을 갈색으로 부패시킨다.

약용, 식용여부

어린 것은 식용할 수 있다.

구멍장이버섯(개덕다리겨울우산버섯, 개덕다리버섯) 028

담자균류 민주름버섯목 구멍장이버섯과의 버섯.

Polyporus squamosus (Huds.) Fr.(Polyporellus squamosus (Huds.)

분포지역

한국, 일본, 타이완, 필리핀, 오스트레일리아, 아메리카

서식장소/ 자생지

활엽수의 마른나무

크기

갓 지름 5~15cm, 두께 0.5~2cm

생태와 특징

개덕다리버섯이라고도 한다. 활엽수의 마른 나무에서 생긴다. 갓은 지름 5~15cm, 두께 0.5~2cm로 부채 모양이고 자루는 한쪽으로 치우쳐 있으며 굵다. 갓 표면은 엷은 노란빛을 띤 갈색으로 짙은 갈색의 커다란 비늘껍질을 가진다. 살은 희고 강한 육질이며 마르면 코르크 모양으로 된다. 갓 뒷면에는 무수한 구멍이 있으며 담자기(擔子基)는 그 구멍의 내면에 생긴다.

자루는 단단하고 밑부분이 검다. 포자는 길이 11~14㎛, 나비 4~5㎛로 색이 없으며 긴 타원형이다. 어린 버섯은 식용한다. 목재에 붙어서 백색부후를 일으킨다.

약용, 식용여부

어릴 때는 식용가능하다.

029 병꽃나무진흙버섯

진정담자균강 민주름버섯목 꽃구름버섯과 꽃구름버섯속

Phellinus lonicericola Parmasto(=Inonotus lonicericola(Parmasto))

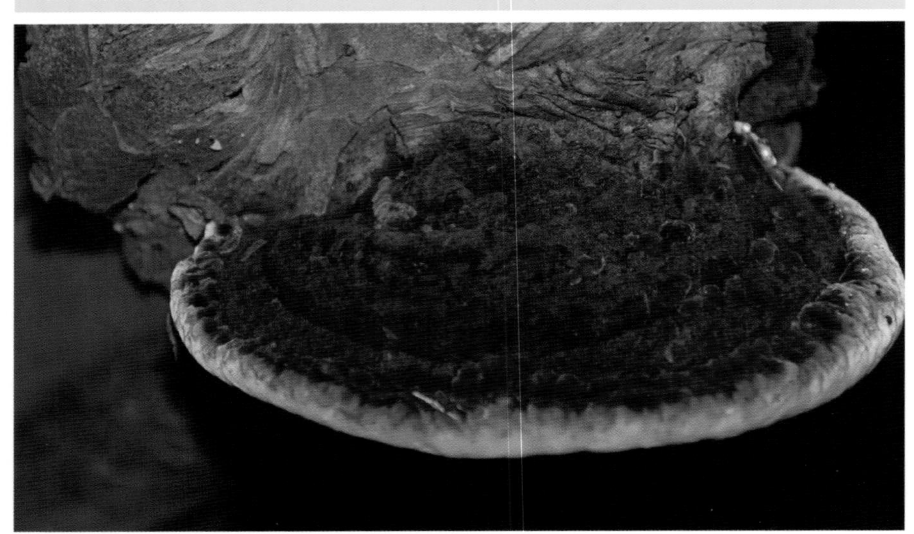

분포지역

한반도(백두대간 및 그 인근)

서식장소/ 자생지

썩은 병꽃나무 줄기

크기

지름 80㎜

생태와 특징

썩은 병꽃나무 줄기에 나는 버섯류로 자실체는 다년생이고 대부분 말굽형이며 지름이 80㎜까지 자란다. 목질이며 매우 단단하다. 표면은 갈색이며, 작은 융모가 나 있거나 반들반들하며, 동심원의 띠 모양을 하며 얇게 갈라진 모양을 한다. 구멍 표면은 갈색이고 가장자리는 뚜렷하고 황갈색을 띤다. 구멍은 ㎜당 7-10개이며 격벽은 얇다. 균사체계는 일균사형이고 생식균사는 얇거나 두터운 균사벽과 단순격막을 갖는다, 강모체는 두터운 세포벽을 갖는 송곳 모양이다. 담자포자는 타원형에서 준원형이고 부드럽고, 투명하다. 이 종은 Phellinus baumii와 혼동되기 쉬우나 P. baumii는 교목에서 발생하며 좀 더 큰 담자포자를 갖는다. 한반도에 분포한다.

약용, 식용여부

약용으로 타박상, 골절치료 및 신장염, 부종에 효과가 있다.

구름버섯

담자균문 균심아강 민주름버섯목 구멍장이버섯과 구름버섯속

Coriolus versicolor(L. ex Fr.) Quel.

분포지역

한국, 일본, 중국 등 전 세계

서식장소/ 자생지 침엽수, 활엽수의 고목 또는 그루터기, 등걸

크기 갓 너비 1~5㎝, 두께 0.1~0.2㎝

생태와 특징 갓은 너비 1~5㎝, 두께 0.1~0.2㎝로 반원형이며, 표면은 흑색~남흑색이고 회식, 황갈색, 암갈색, 흑갈색, 흑색 등의 환문을 이루고 짧은 털이 빽빽이 나 있다. 조직은 백색이고 강인한 혁질(革質)이며, 표면의 털 밑에 짙은 색의 하피(下皮)가 있다. 포자는 5~8×1.5~2.5㎛로 원통형이고, 표면은 평활하고 비아밀로이드이며, 포자문은 백색이다. 봄부터 가을에 걸쳐 침엽수, 활엽수의 고목 또는 그루터기, 등걸에 수십 내지 수백개가 중생형(重生形)으로 군생한다.

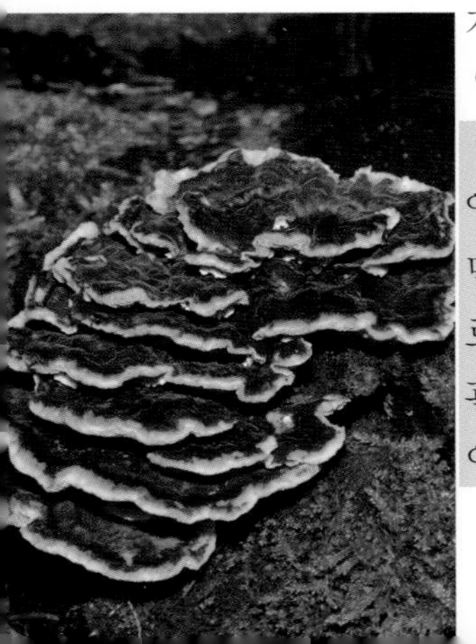

약용, 식용여부

약용으로 사용하며 성분은 유리아미노산 18종, 항그람양성균(Staphylococcus aureus), 항염증, 보체활성, 면역 효과, 콜레스테롤 저하, 혈당 증가억제. 적응증으로는 B형 간염, 천연성 간염, 만성활동성 간염, 만성 기관지염, 간암의 예방과 치료, 소화기계 암, 유암, 폐암이 있다.

031 수실노루궁뎅이(산호침버섯, 산호침버섯아재비)

산호침버섯과의 버섯

Hericium coralloides(Scop.) Pers.

분포지역

한국(북한산), 북아메리카, 유럽

서식장소/ 자생지

침엽수의 고목, 그루터기, 줄기

크기

자실체크기 직경 10~20㎝, 침의 길이 1~6㎜

생태와 특징

여름에서 가을에 걸쳐 침엽수의 고목, 그루터기, 줄기위에 단생한다. 산호모양으로 분지하고, 가지를 옆으로 분지하며 무수히 많은 침을 내리뜨린다. 자실체크기 직경 10~20㎝, 침의 길이 1~6㎜이다. 자실체 조직은 백색 또는 크림색으로 부드러운 육질로, 자실체표면은 전체가 백색이며, 건조하면 황적색~적갈색으로 변한다.

자실층은 침모양의 자실체 표면에 분포하고, 기부는 가지가 크나 상단은 소형 가지가 침으로 분지, 기부는 서로 융합하여 자실체 덩어리 형성, 백색, 건조하면 담황갈색 내지 갈색으로 변한다. 포자특징 유구형이고, 표면은 미세한 돌기가 분포한다.

약용, 식용여부

식용과 약용이다.

노루궁뎅이 032

민주름버섯목 산호침버섯과 산호침버섯속

Hericium erinaceus (Bull.) Pers.

분포지역

한국, 북반구 온대 이북

서식장소/ 자생지

활엽수의 줄기

크기

지름 5~20㎝

생태와 특징

여름에서 가을까지 활엽수의 줄기에 홀로 발생하며, 부생생활을 한다. 노루궁뎅이의 지름은 5~20㎝ 정도로 반구형이다. 윗면에는 짧은 털이 빽빽하게 나 있고, 전면에는 길이 1~5㎝의 무수한 침이 나 있어 고슴도치와 비슷해 보인다. 처음에는 백색이나 성장하면서 황색 또는 연한 황색으로 된다. 조직은 백색이고, 스펀지상이며, 자실층은 침 표면에 있다. 포자문은 백색이며, 포자모양은 유구형이다.

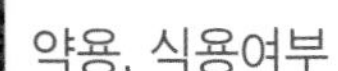

약용, 식용여부

식용과 약용이고 항암 버섯으로 이용하며, 농가에서 재배도 한다.

033 긴수염버섯

수염버섯과의 버섯
Mycoleptodonoides aitchisonii

분포지역

한국, 일본

서식장소 / 자생지

죽은 활엽수

크기

갓 3~8×3~10㎝

생태와 특징

여름에서 가을까지 죽은 활엽수에 자란다. 자실체는 자루가 없고 살이 부드럽지만 건조하면 단단해진다. 갓은 3~8×3~10㎝로 부채 또는 주걱 모양을 하고 있다. 갓 표면은 흰색이거나 연한 노란색이며 밋밋하고 가장자리는 이빨 모양이다. 살은 두께 2~5㎜이며 흰색이고 특유의 향기가 있지만 건조하면 향기는 사라진다. 갓 아랫면의 자실층막은 바늘 모양이며 바늘은 길이 3~10㎜로 날카롭고 건조하면 등황색으로 변한다. 포자는 2~2.5×5~6.5㎛이며 곱창처럼 생겼고 무색으로 매끈하다. 목재에 흰색 부패를 일으킨다.

약용, 식용여부

식용할 수 있다.

흰턱수염버섯

담자균류 민주름버섯목 턱수염버섯과의 버섯

Hydnum repandum var. album

분포지역

한국, 북한, 일본 등 전세계

서식장소 / 자생지

혼합림의 땅

크기

버섯 갓 지름 2~10㎝, 버섯 대 굵기 0.5~2㎝, 길이 2~7㎝

생태와 특징

여름에서 가을까지 혼합림의 땅에 무리를 지어 자란다. 버섯 갓은 지름 2~10㎝이고 비틀린 원형이며 물결치듯이 모양이 일정하지 않다. 갓 표면은 흰색이며 밋밋한 편이다. 살은 연한 육질이며 잘 부서진다. 갓 아랫면의 침은 길이 1~5㎜이고 흰색이며 내린주름살이다. 버섯 대는 굵기 0.5~2㎝, 길이 2~7㎝이고 비뚤어진 원기둥 모양이며 속이 차 있다. 홀씨는 7~9×6~7㎛이고 공 모양에 가까우며 색이 없다.

약용, 식용여부

식용할 수 있다.

035 좀나무싸리버섯

나무싸리버섯과 나무싸리버섯속

Artomyces pyxidatus(Pers.) Julich

분포지역

한국, 아시아, 유럽, 북아메리카

서식장소/ 자생지

침엽수의 썩은 나무, 그루터기 위

크기

자실체는 높이 5~13cm, 너비 5~12cm

생태와 특징

자실체는 높이 5~13cm, 너비 5~12cm로, 대 모양의 기부에서 나온 몇 개의 가지가 U자형으로 반복적으로 분기하여 산호형을 이루며, 상단부는 3~6개의 돌기로 갈라져 왕관 모양을 형성한다. 가지는 담황갈색에서 적갈색이 되며, 오래되면 거무스름해진다. 조직은 백색이며 질기지만, 건조하면 단단해진다. 포자는 4~5×2~3㎛로 타원형이며, 표면은 평활하고, 아밀로이드이며, 포자문은 백색이다. 여름~가을에 주로 침엽수의 썩은 나무, 그루터기 위에 군생하는 목재부후균이다. 한국, 아시아, 유럽, 북아메리카에 분포한다.

약용, 식용여부

식용 가능한 버섯이나, 설사를 일으킬 수 있다.

자주싸리국수버섯

국수버섯과 국수버섯속의 버섯

Clavaria zollingeri

분포지역

한국 (한라산, 속리산), 중국, 일본, 동남아, 호주, 유럽, 북미

서식장소 / 자생지

숲 속의 땅

크기

자실체의 높이 15~75㎜

생태와 특징

늦여름, 가을에 걸쳐 숲 속의 땅 위에 무리 지어 난다. 자실체의 높이는 1.5~7.5㎝이고, 산호형이다. 자실체는 위쪽으로 자라면서 여러 개의 분지가 계속 반복 형성되며 Y자 모양으로 갈라진다. 표면은 매끈하거나 다소 미세한 분말이 있으며 옅은 자주색이나, 진한 자주색, 회색 등 여러 색을 띤다. 살은 부서지기 쉽고 표면과 같은 색이며, 마르면 누런색으로 변한다. 맛은 부드럽다. 홀씨는 크기가 4.7~6.5×4.1~4.5㎛으로 광타원형이고 매끄러우며 비아미로이드반응이다.

약용, 식용여부

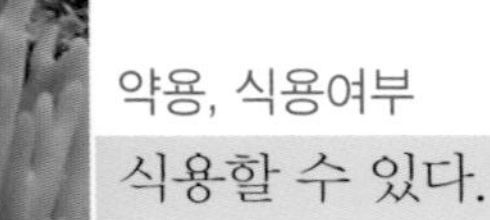

식용할 수 있다.

037 국수버섯

담자균류 민주름버섯목 국수버섯과의 버섯

Clavaria vermicularis

분포지역

전세계

서식장소 / 자생지 숲 속의 흙, 부식물 많은 야외

크기 자실체 높이 3~12㎝, 나비 3~5㎜

생태와 특징

가을에 숲속의 흙이나 부식물이 많은 야외에서 자란다. 자실체는 높이 3~12㎝로 고립 자실체이고, 때로는 군생을 하며 3~6개체가 서로 달라붙어서 나기도 한다. 표면은 흰색이나 나중에 연한 노란색으로 되고 편평하나 홈으로 된 줄이 있다. 살은 연하여 쉽게 부서진다. 나비는 3~5㎜이고 원통형이나 성숙하면서 양끝이 뾰족한 원기둥 모양으로 변한다. 자루는 짧아서 잘 구별되지 않으며, 약간의 흔적이 있을 정도이다. 살 부위의 균사는 나비가 3~16㎛이며 균반(菌盤)은 없다. 자실층(子實層)은 얇고 담자병(擔子柄)은 4개의 작은 자루가 있어서 4개의 담포자(擔胞子)를 생성한다. 포자는 타원형 또는 가지 모양이며 작은 주둥이가 있다. 표면은 빛깔이 없고 편평하며 포자무늬는 흰색이다.

약용, 식용여부

식용할 수 있다.

애기꾀꼬리버섯

담자균류 민주름버섯목 꾀꼬리버섯과의 버섯

Cantharellus minor

분포지역

한국, 일본, 미국 등지

서식장소 / 자생지 숲 속의 나무 밑 땅 위

크기 버섯 갓 지름 1.5~2㎝, 버섯 대 길이 2~3㎝

생태와 특징

여름에서 가을까지 숲 속의 나무 밑 땅 위에 자란다. 버섯 갓은 지름 1.5~2㎝로 처음에 둥근 산 모양이다가 나중에는 편평해지거나 모양이 불규칙해지며 가운데가 파인 것도 있다. 갓 표면은 등황색 또는 적황색으로 밋밋하며 가장자리가 안으로 감기거나 위로 뒤집히기도 하고 톱니가 없다. 살은 육질로서 연한 노란색이고 부드러운 맛이 난다. 주름살은 내린주름살로 갓 표면과 색이 같다. 버섯 대는 길이 2~3㎝로 원통 모양이며 위아래의 굵기가 같거나 아래쪽이 더 가늘다. 버섯 대 표면은 밋밋하고 오렌지색 또는 노란색이다. 홀씨는 7~7.5×4.5㎛로 타원 모양이나 거꾸로 선 달걀 모양이고 밋밋하다. 홀씨 무늬는 노란색이다.

약용, 식용여부

식용할 수 있다.

043 나팔버섯

담자균류 무엽편버섯목 나팔버섯과의 버섯

Gomphus floccosus

분포지역

한국(오대산, 월출산, 변산반도국립공원, 속리산), 일본, 동북아시아, 북아메리카

서식장소 / 자생지

침엽수림의 땅

크기

자실체 높이 10~20㎝, 버섯 갓 지름 4~12㎝

생태와 특징

여름부터 가을까지 침엽수림의 땅에 무리를 지어 자란다. 자실체의 높이는 10~20㎝에 이르는데, 버섯 갓은 지름 4~12㎝이고 처음에 뿔피리 모양이다가 자라면서 깊은 깔때기 또는 나팔 모양으로 변하며 가운데는 뿌리부근까지 파인다. 갓 표면은 황토색 바탕에 적홍색 반점이 있고 위로 뒤집힌 큰 비늘조각이 있다. 살은 흰색이다. 자실층면은 세로로 된 내린주름살로서 노란빛을 띤 흰색 또는 크림색이다.

버섯 대는 붉은색의 원통 모양으로 속이 비어 있다. 홀씨는 12~16×6~7.5㎛의 타원형으로 표면이 보통 밋밋하다. 홀씨 무늬는 크림색이다.

약용, 식용여부

식용할 수 있다.

뿔나팔버섯

담자균류 민주름버섯목 꾀꼬리버섯과의 버섯

Craterellus cornucopioides

분포지역

한국, 일본 등 전세계

서식장소 / 자생지

활엽수림 또는 혼합림 속의 부엽토

크기

버섯 갓 지름 1~5㎝, 버섯 높이 5~10㎝

생태와 특징

여름부터 가을에 걸쳐 활엽수림 또는 혼합림 속의 부엽토에 뭉쳐서 자란다. 버섯 갓은 지름 1~5㎝이고 버섯의 높이는 5~10㎝이며 나팔 모양 또는 깊은 깔때기 모양이며 가운데가 버섯 대의 기부까지 비어 있다. 갓 표면은 검은색 또는 흑갈색이며 비늘조각으로 덮여 있다. 갓의 가장자리는 고르지 않은 물결 모양이며 얕게 찢어진다. 살은 연한 회색이며 얇다. 버섯 대는 세로 주름이 있고 속이 비어 있다. 자실층은 표면에 생긴다. 포자는 11~13×6~8㎛로 넓은 긴 타원형이며 밋밋하다.

약용, 식용여부

식용할 수 있고 말려서 장기간 보관한다.

045 등색주름버섯

담자균류 주름버섯목 주름버섯과의 버섯

Agaricus abruptibulbus

분포지역

한국(지리산), 북미, 유럽

서식장소 / 자생지

활엽수림, 대나무밭 등의 혼합림 속 땅 위

크기

버섯 갓 지름 5~11cm, 버섯 대 9~13×1~1.5cm

생태와 특징

여름에서 가을까지 활엽수림, 대나무밭 등의 혼합림 속 땅 위에 자란다. 버섯 갓은 지름 5~11cm로 달걀 모양 또는 호빵 모양이다가 편평해진다. 갓 표면은 비단 광택이 나고 흰색 또는 연한 노란색으로 다른 것에 닿은 부분에 노란색 얼룩이 생긴다. 살은 흰색이고 공기 중에 오래 두면 노란색을 조금 띤다. 주름살은 먼주름살로 촘촘하고 처음에 흰색이다가 홍색을 거쳐 마지막에 자갈색이 된다. 버섯 대는 9~13×1~1.5cm로 기부가 불룩하고 흰색 또는 오렌지색을 띠고 속이 비어 있다. 버섯 대의 고리는 큰 편이고 흰색 또는 연한 노란색으로 막질이며 아랫면에 솜털처럼 생긴 것이 달려 있다. 홀씨는 타원형이고 6.5~7.5×3.5~5.2μm이다.

약용, 식용여부

식용할 수 있다.

흰주름버섯

담자균류 주름버섯목 주름버섯과의 버섯
Agaricus arvensis

분포지역

한국, 북한(백두산), 영국, 북아메리카

서식장소 / 자생지 숲 속, 대나무밭 등의 땅

크기 버섯 갓 지름 8~20㎝, 버섯 대 굵기 1~3㎝, 길이 5~20㎝

생태와 특징

북한명은 큰들버섯이다. 여름부터 가을까지 숲 속, 대나무밭 등의 땅에서 무리를 지어 자라거나 한 개씩 자란다. 버섯 갓은 지름 8~20㎝이고 처음에 둥근 산 모양이다가 나중에 편평해진다. 갓 표면은 크림빛을 띤 흰색이나 연한 누런 흰색이고 밋밋하며 가장자리에는 턱받이가 갈라진 조각이 붙어 있다. 살은 처음에 흰색이지만 나중에 노란색으로 변한다. 주름살은 떨

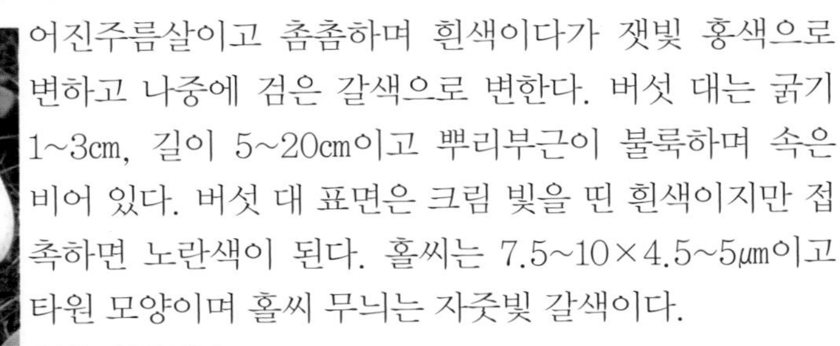

어진주름살이고 촘촘하며 흰색이다가 잿빛 홍색으로 변하고 나중에 검은 갈색으로 변한다. 버섯 대는 굵기 1~3㎝, 길이 5~20㎝이고 뿌리부근이 불룩하며 속은 비어 있다. 버섯 대 표면은 크림 빛을 띤 흰색이지만 접촉하면 노란색이 된다. 홀씨는 7.5~10×4.5~5㎛이고 타원 모양이며 홀씨 무늬는 자줏빛 갈색이다.

약용, 식용여부

식용할 수 있다.

047 숲주름버섯

담자균류 주름버섯목 주름버섯과의 버섯

Agaricus silvaticus

분포지역

한국, 일본, 중국, 영국, 유럽, 북아메리카

서식장소 / 자생지

침엽수림의 낙엽층 속의 땅

크기

버섯 갓 지름 4~8㎝, 버섯 대 굵기 8~15㎜, 길이 6~10㎝

생태와 특징

북한명은 숲들버섯이다. 여름과 가을에 침엽수림의 낙엽층 속의 땅에 무리를 지어 자란다. 버섯 갓은 지름 4~8㎝로 처음에 둥근 산 모양이다가 나중에 편평해지며 가운데에서 가장자리까지 방사상 비늘이 있다. 갓 표면은 가운데가 갈색이고 가장자리가 푸른빛을 띤 흰색이다. 살은 흰색이고 자르면 붉은색이 된다. 주름살은 끝붙은주름살로 처음에 분홍색이다가 검은 갈색으로 변한다. 버섯 대는 굵기 8~15㎜, 길이 6~10㎝로 흰색이고 아랫부분에 굵은 비늘이 있으며 속이 비어 있다. 홀씨는 5.5×4㎛로 타원형이며 표면이 자갈색이고 밋밋하다.

약용, 식용여부

식용할 수 있지만, 많이 섭취하면 위장 장애가 있다.
식용할 때는 독성을 우려내야 한다.

주름버섯

담자균류 주름버섯목 주름버섯과의 버섯

Agaricus campestris

분포지역

한국, 일본, 중국, 시베리아, 유럽, 북아메리카, 호주, 아프리카

서식장소 / 자생지 풀밭이나 밭

크기 버섯 갓 지름 5~10㎝, 버섯 대 크기 5~10㎝×7~20㎜

생태와 특징

북한명은 들버섯이다. 여름부터 가을까지 풀밭이나 밭에 무리를 지어 자라며 가끔 균륜(菌輪)을 만든다. 버섯 갓은 지름 5~10㎝로 공 모양에서 빵 모양을 거쳐 편평해진다. 갓 표면은 흰색이지만 노란색 또는 붉은색을 띠고 비단실 같은 광택이 있으며 가장자리는 어릴 때 안쪽으로 감긴다. 살은 두껍고 흰색인데 흠집이 생기면 약간 붉은색을 띤다. 주름살은 끝붙은주름살로 촘촘하며 처음에 보라색이다가 자갈색 또는 흑갈색으로 변한다. 버섯 대는 크기가 5~10㎝×7~20㎜로 기부가 가늘다. 버섯 대 표면은 흰색이며 손으로 만지면 갈색으로 변한다. 고리는 자루 상부 또는 중간에 붙어 있고 얇은 흰색 막질인데 쉽게 떨어진다.

약용, 식용여부

식용할 수 있다.

049 숲긴대들버섯

담자균류 주름버섯목 들버섯과의 버섯

Agaricus silvicola

분포지역

북한, 일본, 중국, 유럽, 북아메리카

서식장소 / 자생지 나무숲 속의 땅

크기 버섯 갓 지름 5~12cm, 버섯 대 지름 0.6~1.5cm, 길이 6~15cm

생태와 특징 여름에서 가을까지 나무숲 속의 땅에 한 개씩 자란다. 버섯 갓은 지름 5~12cm로 어릴 때는 둥글다가 차차 만두 모양으로 변한다. 갓 표면은 흰색 또는 젖빛 흰색을 띠며 가운뎃부분 또는 흠집이 생기면 연한 누런색으로 변하고 건조하면 진한 누런색으로 변한다. 또 밋밋하고 윤기가 나며 섬유 모양의 비늘 또는 섬유가 조금 있다. 갓 가장자리는 안으로 감긴다. 살은 두껍고 흠집이 생기면 누런색으로 변한다. 주름살은 끝붙은주름살로 촘촘하고 폭이 좁으며 처음에 연한 살구색 또는 연한 보라색이지만 나중에 보라빛 밤색으로 변한다. 버섯 대는 지름 0.6~1.5cm, 길이 6~15cm로 위쪽이 조금 더 가늘고 밑 부분은 둥근 뿌리모양이다. 버섯 대 표면은 처음에 흰색이다가 나중에 누런빛 밤색으로 변하고 밋밋하며 속이 비어 있다. 홀씨는 6~7×3~4μm의 타원형이고 표면이 밋밋하며 보랏빛 밤색이다. 홀씨 무늬는 어두운 밤색이다.

약용, 식용여부

식용할 수 있다. 맛과 냄새가 좋다.

낙엽송주름버섯

진정담자균강 주름버섯목 주름버섯과 주름버섯속

Agaricus excelleus (Moeller) Moeller

분포지역

한국(지리산), 유럽

서식장소/ 자생지

숲속의 땅에 군생

크기

자실체크기 10~15㎝, 대길이 10~14㎝

생태와 특징

여름에 숲속의 땅에 군생하며, 자실체형태는 둥근산 모양이다. 자실체크기 10~15㎝로, 자실체조직은 백색이나 핑크색으로 되며, 두껍다.

자실체표면 백색이고 비단결이며 가운데에 약간 노란색이다. 미세한 섬유상 이편이 있다. 자실층은 회홍색이고 밀생하며 떨어진 주름살이다. 대 길이는 10~14㎝이고 백색이고 턱받이는 백색이다. 포자는 타원형이고 9~12 x 5~7㎛이다.

약용, 식용여부

식용가능하다.

053 버들볏짚버섯

진정담자균강 주름버섯목 소똥버섯과 볏짚버섯속,
Agrocybe cylindracea (DC.:Fr.) Maire

분포지역

한국, 유럽

서식장소/ 자생지

활엽수림의 죽은 줄기나 살아 있는 나무의 썩은 부분

크기

균모의 지름은 5~10cm

생태와 특징

봄부터 가을 사이에 활엽수림의 죽은 줄기나 살아 있는 나무의 썩은 부분에 뭉쳐서 나며 부생생활을 한다. 북한명은 버들밭버섯이다. 흔히 버들송이라고도 하며 송이버섯류로 착각하기 쉽지만 소나무와 공생하는 송이와는 다른 버섯이다. 균모의 지름은 5~10cm이고 둥근 산 모양에서 편평해진다. 표면은 매끄럽고 황토 갈색(가장자리는 연한 색)이며 얕은 주름이 있다. 살은 백색이다. 주름살은 바른주름살로 밀생한다. 자루의 길이는 3~8cm, 굵기는 0.5~1.2cm로 섬유상의 줄무늬 선을 나타낸다. 백색이며 밑은 탁한 갈색이고 방추형으로 부풀어 있다. 턱받이는 막질이며 자루 위쪽에 있다. 표면은 섬유상으로 거의 백색이고 아래는 나중에 칙칙한 갈색이 된다.

약용, 식용여부

식용할 수 있다. 항암버섯이며, 인공 재배도 가능하다.

보리볏짚버섯

담자균류 주름버섯목 소똥버섯과의 버섯

Agrocybe erebia

분포지역

한국 등 북반구 온대 일대 및 오스트레일리아

서식장소 / 자생지 숲 속, 정원 속의 땅

크기 버섯 갓 지름 2~7㎝, 버섯 대 길이 3~6㎝, 굵기 4~10㎜

생태와 특징

여름부터 가을까지 숲 속, 정원 속의 땅에 뭉쳐서 자라거나 무리를 지어 자란다. 버섯 갓은 지름 2~7㎝로 처음에 둥근 산 모양이다가 나중에 편평해지며 가운데가 봉긋하다. 갓 표면은 축축할 때 점성이 있고 잿빛 흰색이며, 가장자리에 줄무늬가 나타나고 건조하면 줄무늬가 없어지면서 연한 육계갈색으로 변한다. 주름살은 바른주름살 또는 내린주름살로 성기다.

버섯 대는 길이 3~6㎝, 굵기 4~10㎜이며 섬유처럼 보이는데 윗부분은 흰색이고 아랫부분은 탁한 갈색이다. 버섯 대의 턱받이는 막질이며 버섯 대 위쪽에 있고 속이 차 있거나 비어 있다. 홀씨는 10.5~15×6~7㎛로 타원형이고 발아공이 뚜렷하지 않다.

약용, 식용여부

식용할 수 있다.

055 점박이광대버섯

광대버섯과 광대버섯속

Amanita ceciliae (Berk. & Br.) Bas

분포지역

한국, 일본, 중국, 유럽 및 미국

서식장소/ 자생지

숲속지상

크기

지름 5~12.5cm, 자루 5~15cm×1~1.5cm

생태와 특징

잿빛광대버섯이라고도 한다. 여름과 가을에 숲속 지상에 발생한다. 갓은 처음에는 반구형이지만 편평하게 펴지며 지름 5~12.5cm이다. 표면은 황갈색에서 암갈색이고 끈기가 있으며 회흑색의 사마귀점이 많이 붙어 있다. 갓 둘레에는 방사상의 홈줄이 있다. 주름살은 백색이다.

자루는 5~15cm×1~1.5cm이고, 표면은 회색의 가루 모양 또는 섬유 모양의 인피로 뒤덮여 있다. 자루테가 없고 자루 밑동에는 회흑색의 주머니의 흔적이 고리 모양으로 붙어 있다. 포자는 구형이며 포자무늬는 백색이다.

약용, 식용여부

식용하나, 설사 등의 위장 장애를 일으킨다. 약용으로는 습진 치료에 도움이 된다고 한다.

달걀버섯

담자균류 주름버섯목 광대버섯과의 버섯

Amanita hemibapha

분포지역

한국, 일본, 중국, 스리랑카, 북아메리카

서식장소 / 자생지

활엽수와 전나무 숲 속의 흙

크기 버섯 갓 지름 5.5~18cm, 버섯 대 높이 10~17cm, 굵기 0.6~2cm

생태와 특징

제왕(帝王)버섯이라고도 한다. 여름부터 가을까지 활엽수와 전나무 숲 속의 흙에 무리를 지어 자란다. 버섯 갓은 지름 5.5~18cm로 둥근 산 모양이다가 편평해지며 가운데가 튀어나온다. 갓 표면은 밋밋하지만 점성이 약간 있고 누런빛을 띤 짙은 붉은색으로 가장자리에는 방사상의 줄무늬 홈선이 있다. 살은 연한 노란색이며 주름살은 끝붙은주름살로 노란색이다. 버섯 대는 높이 10~17cm, 굵기 0.6~2cm이며 표면이 황갈색으로 얼룩 무늬가 있다. 버섯 대주머니는 흰색 막질의 주머니 모양이다. 홀씨는 7.5~10×6.5~7.5㎛로 넓은 타원형 또는 공 모양이다.

약용, 식용여부

식용할 수 있다.

057 뽕나무버섯

담자균문 균심아강 주름버섯목 송이과 뽕나무버섯속

Armillaria mellea (Vahl) P. Kumm.

분포지역

한국(발왕산, 한라산), 북한(백두산) 등 전세계

서식장소/ 자생지

활엽수와 침엽수의 그루터기, 풀밭 등

크기

갓 지름 3~15㎝

생태와 특징

북한명은 개암버섯이다. 여름에서 가을까지 활엽수와 침엽수의 그루터기, 풀밭 등에 무리를 지어 자란다. 버섯갓은 지름 4~15㎝로 처음에 반구 모양이다가 나중에는 거의 편평하게 펴지지만 가운데가 조금 파인다. 갓 표면은 황갈색 또는 갈색이고 가운데에 어두운 색의 작은 비늘조각이 덮고 있으며 가장자리에 방사상 줄무늬가 보인다. 살은 흰색 또는 노란색을 띠며 조금 쓴맛이 난다. 주름살은 바른주름살 또는 내린주름살로 약간 성기고 폭이 넓지 않으며 표면은 흰색이지만 연한 갈색 얼룩이 생긴다.

약용, 식용여부

우리나라에서는 식용으로 이용해 왔으나 생식하거나 많은 양을 먹으면 중독되는 경우가 있으므로 주의해야 되는 버섯이다. 지방명이 다양해서 강원도지역에서는 가다발버섯으로 부르고 있다.

배불뚝이연기버섯

담자균류 주름버섯목 벚꽃버섯과 연기버섯속의 버섯

Ampulloclitocybe clavipes(Pers.) Redhead, Lutzoni, Moncalvo&Vilgalys

분포지역

북반구 온대 이북

서식장소/ 자생지

숲속의 땅 위

크기 균모 지름 2.5~7cm

생태와 특징

봄, 가을에 각종 숲속의 땅 위에 군생 또는 단생한다. 균모는 지름 2.5~7cm로 편평하게 되며 주름살이 긴 내린주름살이기 때문에 전체가 거꾸로 된 원추형이다. 표면은 매끄럽고 회갈색이며 중앙부는 암색이고, 주변부는 안쪽으로 세게 감긴다. 주름살은 백~담크림색이며 내린주름살이다. 자루는 길이 3~6cm로 아래쪽으로 갈수록 부풀고, 균모보다 담색이며 속이 차 있다. 포자는 타원형이고 지름 5~7x3~4㎛이나, 이상형은 11x5.5㎛이다.

약용, 식용여부

식용하나, 알코올과 함께 섭취하면 두엄먹물버섯과 같이 안면홍조, 구토, 현기증, 두통, 심장이 두근거림이 있다. 버섯 섭취 3~4일 후에 술을 마셔도 증상이 나타난다. 독성분은 코푸린(coprine) 때문이다.

059 무리벚꽃버섯

담자균류 주름버섯목 벚꽃버섯과의 버섯

Camarophyllus pratensis

분포지역

한국(방태산, 가야산) 등 북반구 일대 및 남아메리카

서식장소 / 자생지

풀밭, 숲 속, 대나무밭

크기

버섯 갓 지름 2~7㎝, 버섯 대 길이 3~7㎝

생태와 특징

북한명은 귤빛갓버섯이다. 여름에서 늦가을까지 풀밭, 숲 속, 대나무밭 등의 땅 위에 자란다. 버섯 갓은 지름 2~7㎝이고 어려서는 호빵 모양이다가 차차 펴지면서 편평해지며 가운데가 불룩하다. 갓 표면은 점성이 없고 연한 붉은빛을 띤 누런색이다. 살은 연한 붉은빛을 띤 누런색이며 두꺼운 편이다. 주름은 버섯 대에 내린주름으로 붙으며 성기고 두껍다. 주름의 색은 갓의 색과 같다. 버섯 대는 길이 3~7㎝로 아랫부분이 가늘며 표면이 연한 붉은빛을 띤 누런색이다. 홀씨는 6.5~7.5×4~5㎛로 타원형, 달걀 모양이다.

약용, 식용여부

식용할 수 있다.

노랑쥐눈물버섯(노랑먹물버섯, 황갈색먹물버섯)

담자균문 주름버섯목 눈물버섯과 쥐눈물버섯속의 버섯

Coprinellus radians (Desm.) Vilgalys, Hopple & Jacq. Johnson

분포지역

한국(월출산, 모악산, 한라산) 등 북반구 일대

서식장소/ 자생지

나무의 이끼류, 활엽수의 썩은 나무 위

크기

버섯갓 지름 2~3cm, 버섯대 굵기 3~4mm, 길이 2~5cm

생태와 특징

여름부터 가을까지 나무의 이끼류, 활엽수의 썩은 나무에 뭉쳐서 자라거나 무리를 지어 자란다. 버섯갓은 지름 2~3cm로 처음에 달걀 모양이다가 종 모양이나 원뿔 모양으로 변하고 나중에 편평해지며 가장자리는 위로 감긴다. 갓 표면은 황갈색이고 솜털 모양 또는 껍질 모양의 비늘조각으로 덮여 있으며 가장자리에는 방사상의 줄무늬 홈이 있다. 주름살은 흰색에서 자줏빛을 띤 검은색으로 변한다.

한국(월출산, 모악산, 한라산) 등 북반구 일대에 분포한다.

약용, 식용여부

어린 것은 식용 가능하지만 맛이 없다.

061 키다리끈적버섯

끈적버섯과의 버섯

Cortinarius livido-ochraceus (Berk.) Berk.

분포지역

한국 등 북반구 온대 이북

서식장소/ 자생지

활엽수림 속의 땅

크기

버섯갓 지름 5~10㎝, 버섯대 굵기 1~2㎝, 길이 5~15㎝

생태와 특징

북한명은 기름풍선버섯이다. 가을철 활엽수림 속의 땅에 한 개씩 자라거나 무리를 지어 자란다. 버섯갓은 지름 5~10㎝이고 처음에 종 모양 또는 끝이 둥근 원뿔 모양이지만 나중에 편평해지며 가운데는 봉긋하다. 갓 표면은 매우 끈적끈적하고 올리브빛 갈색이나 자줏빛 갈색이며 건조하면 진흙빛 갈색 또는 황토색으로 변한다. 갓 가장자리에는 홈으로 된 주름이 있다. 살은 흰색이거나 황토색이다. 주름살은 바른주름살 또는 올린주림살이고 진흙빛 갈색이다.

한국 등 북반구 온대 이북에 분포한다.

약용, 식용여부

식용할 수 있다. 식용약용이다.

하늘색깔때기버섯

062

담자균류 주름버섯목 송이과의 버섯

Clitocybe odora

분포지역

한국 등 북반구 온대 이북

서식장소 / 자생지

활엽수림 속의 땅

크기 버섯 갓 지름 3~8cm, 버섯 대 굵기 4~6mm, 길이 3~8cm

생태와 특징

북한명은 하늘빛깔때기버섯이다. 늦여름부터 가을까지 활엽수림 속의 땅에 무리를 지어 자라거나 한 개씩 자란다. 버섯 갓은 지름 3~8cm이고 처음에 둥근 산 모양이다가 가운데가 봉긋하면서 편평해지며 나중에는 가운데가 파인다. 갓 표면은 밋밋하며 회색빛을 띤 녹색 또는 회청록색이다. 살은 흰색이고 표피 아래는 연한 녹색이며 독특한 냄새가 난다. 주름살은 바른

주름살 또는 내린주름살이고 처음에 흰색이다가 나중에 연한 노란색 또는 연한 녹색으로 변한다. 버섯 대는 굵기 4~6mm, 길이 3~8cm이고 밑부분이 휘어 있으며 흰색 솜털이 덮고 있다. 버섯 대 표면은 연한 녹색이고 섬유처럼 보인다.

약용, 식용여부

식용할 수 있다.

063 먹물버섯

담자균류 주름버섯목 먹물버섯과의 버섯

Coprinus comatus

분포지역

한국(지리산, 한라산), 일본, 중국, 시베리아, 북아메리카, 오스트레일리아, 아프리카

서식장소 / 자생지

풀밭, 정원, 밭, 길가

크기

버섯 갓 지름 3~5㎝, 높이 5~10㎝, 버섯 대 높이 15~25㎝, 굵기 8~15㎜

생태와 특징

북한명은 비늘먹물버섯이다. 봄부터 가을까지 풀밭, 정원, 밭, 길가 등에 무리를 지어 자란다. 버섯 갓은 지름 3~5㎝, 높이 5~10㎝이며 원기둥 모양 또는 긴 달걀 모양이다. 성숙한 주름살은 검은색인데, 버섯갓의 가장자리부터 먹물처럼 녹는다. 버섯 대는 버섯갓에 의해 반 이상에 덮여 있고 높이 15~25㎝, 굵기 8~15㎜로 고리가 있는데 위아래로 움직일 수 있다. 버섯 대 표면에 연한 회색을 띤 노란색 선이 있다. 홀씨는 12~15×7~8㎛로 타원형이다.

약용, 식용여부

어릴 때는 식용할 수 있다.

보라끈적버섯

담자균류 주름버섯목 끈적버섯과의 버섯

Cortinarius violaceus

분포지역

한국, 중국, 유럽, 북아메리카

서식장소 / 자생지 활엽수와 소나무숲의 혼합림

크기 버섯 갓 지름 5~10㎝, 버섯 대 6~10×0.7~1.5㎝

생태와 특징

북한명은 보라비로도풍선버섯이다. 여름에 활엽수와 소나무 숲의 혼합림에 여기저기 흩어져 있거나 한 개씩 자란다. 버섯 갓은 지름 5~10㎝로 처음에 반구 모양이다가 나중에 편평해진다. 버섯 대 표면은 짙은 자주색 또는 푸른빛이 나는 자주색 바탕에 거친 털이 촘촘하게 나 있다. 주름살은 바른주름살과 비슷하며 짙은 자주색이다. 버섯 대는 6~10×0.7~1.5㎝로 아래쪽이 더 굵어지고 뿌리부근은 둥근 뿌리처럼 되어 있는 것도 있다. 버섯 대 표면은 버섯 갓과 색이 같으며 살은 자주색이다. 홀씨는 12~16×8~10.5㎛로 긴 타원형 또는 타원형이고 사마귀와 같은 바늘 모양 돌기들이 나 있다.

약용, 식용여부

식용버섯이나 위장장애가 있기 때문에 주의가 필요하다.

065 풍선끈적버섯

진정담자균강 주름버섯목 끈적버섯과 끈적버섯속

Cortinarius purpurascens (Fr.) Fr.

분포지역

한국 등 북반구 온대 이북

서식장소/ 자생지

숲속의 땅

크기

버섯갓 지름 3~13㎝, 버섯대 굵기 8~13㎜, 길이 3~10㎝

생태와 특징

북한명은 풍선버섯이다. 여름부터 가을까지 숲 속의 땅에 무리를 지어 자란다. 버섯갓은 지름 3~13㎝이며 처음에 둥근 산 모양이다가 나중에 편평해진다. 갓 표면은 축축할 때 점성이 있고 섬유처럼 보이며 가운데는 갈색이나 황토빛 갈색이지만 가장자리는 연한 색에서 자주색으로 변한다. 살은 연한 자주색이고 맛과 냄새는 없다. 주름살은 올린 주름살이며 처음에 자주색이다가 나중에 검붉은 빛을 띤 누런갈색으로 변하고 흠집이 생기면 자주색이 된다.

버섯대는 굵기 8~13㎜, 길이 3~10㎝이고 밑부분이 불룩하다. 한국 등 북반구 온대 이북에 분포한다.

약용, 식용여부

식용할 수 있다.

고깔쥐눈물버섯

담자균문 주름버섯목 눈물버섯과 쥐눈물버섯속의 버섯

Coprinellus disseminatus(Pers.) J.E.Lange

분포지역

한국, 일본, 유럽, 북아메리카.

서식장소/ 자생지

썩은 짚더미 위나 썩은 고목

크기

갓 지름 1.5~2.5cm, 높이 2~3cm

생태와 특징

봄에서 가을에 썩은 짚더미 위나 썩은 고목에 군생 또는 속생한다. 갓은 지름 1.5~2.5cm, 높이 2~3cm로 난형 또는 원주형 후에 종형이 되고, 가장자리는 째져서 뒤집힌다. 처음에는 백색 솜털모양의 피막으로 덮였으나 후에 인편이 되어 떨어진다. 갓 표면은 회갈색 또는 회 ㄱ 이 되고 방사상의 줄선을 나타낸다. 주름살은 떨어진주름살로 흑색이나 곧 액화한다. 자루는 5~16cmx1.5~7mm로 기부가 부풀거나 방추형으로 표면은 담회색이며 비단모양 또는 섬유모양으로 속이 비어 있다. 포자는 유구형 또는 난형으로 민둥하고 큰 발아공이 있으며, 11~12.5x9.6~11㎛이다.

약용, 식용여부

식용할 수 있다.

071 재흙물버섯(재두엄먹물버섯)

담자균문 균심아강 주름버섯목 먹물버섯과 먹물버섯속

Coprinopsis cinerea (Schaeff.) Readhead, Vilg. & Monc.

분포지역

한국, 동남아시아, 북아메리카, 유럽, 오스트레일리아 등

서식장소/ 자생지

퇴비 또는 우분 위

크기

균모 지름 2~5cm, 높이 1.5~4.5cm

생태와 특징

봄에서 가을에 퇴비 또는 우분 위에 군생한다. 균모는 지름 2~5cm, 높이 1.5~4.5cm로이며 난형 또는 긴 난형 후 종형이 된다. 표면은 회색이고 꼭대기는 갈색인데, qortr 솜털 인피로 덮여 있다가 없어지며 방사상의 선이 있고, 주변부는 불규칙하며 뒤집혀서 액화한다. 주름살은 끝붙은주름살로 밀생하며, 백색에서 흑색이 되며 액화현상이 일어난다. 자루는 지상부의 높이가 3~10cm이고 백색, 어릴 때는 부드러운 털로 덮여 있으나 차츰 탈락한다. 포자는 타원형이며 7.5~11.5x6~8μm이다. 포자문은 흑색이다.

약용, 식용여부

어릴 때는 식용한다.

끈적버섯

담자균류 주름버섯목 끈적버섯과의 버섯

Cortinarius praestans(Codier) Gill.

분포지역

한국, 일본, 유럽, 북미

서식장소/ 자생지

활엽수림, 혼생림

크기

5~20㎝

생태와 특징

가을에 활엽수림, 혼생림에 단생 또는 군생한다. 균모는 둥근산모양에서 편평형이 되며, 크기 5~20㎝로 대형이다. 표면은 솜같은 내피막의 흔적이 많이 붙어 있고, 자주색~황갈색이다. 갓 가장자리에 골이 깊은 주름이 생긴다. 살은 백색이며, 주름살은 바른주름살로 빽빽하며 연자색~적갈색으로 변한다. 자루 길이는 약 5~10㎝정도, 굵기가 굵고 탄력이 있다.

약용, 식용여부

식용가능하다.

073 차양풍선끈적버섯

담자균류 주름버섯목 끈적버섯과의 버섯

Cortinarius armillatus

분포지역

한국, 일본, 유럽, 북아메리카

서식장소 / 자생지

혼합림 속의 땅

크기

버섯 갓 지름 5~10㎝, 버섯 대 9~13×1~1.5㎝

생태와 특징

북한명은 가락지풍선버섯이다. 가을에 혼합림 속의 땅에서 무리를 지어 자라거나 한 개씩 자란다. 버섯 갓은 지름 5~10㎝이고 처음에 반구처럼 생겼다가 나중에 편평해지며 가장자리는 안으로 말린다. 갓 표면은 붉은 벽돌색이고 가운뎃부분은 검은 갈색이며 흰빛을 띤 회갈색의 솜털 비늘이 구불거리면서 버섯 갓 표피에 붙어 있다. 살은 흰색이며 무와 비슷한 매운 맛이 난다. 주름살은 바른주름살이고 성기며 폭이 넓고 갈색 또는 흑갈색이다. 버섯 대는 9~13×1~1.5㎝이고 밑부분이 약간 불룩하다. 홀씨는 9~12×5.5~7.5㎛이고 타원형이며 사마귀처럼 생긴 작은 점이 있다. 홀씨 무늬는 적갈색이다.

약용, 식용여부

식용할 수 있다.

붉은산꽃버섯

담자균류 주름버섯목 벚꽃버섯과의 버섯

Hygrocybe conica (Scop. & Fr.) Kummer

분포지역

한국(가야산, 속리산, 한라산) 등 전세계

서식장소 / 자생지

풀밭, 길가, 숲 속, 대나무밭 등의 흙

크기 버섯 갓 지름 1.5~4cm, 버섯 대 길이 5~10cm, 굵기 4~10mm

생태와 특징

북한명은 붉은고깔버섯이다. 여름부터 가을까지 풀밭, 길가, 숲 속, 대나무밭 등의 흙에 무리를 지어 자라거나 한 개씩 자란다. 버섯 갓은 지름 1.5~4cm이고 처음에 원뿔 모양으로 끝이 뾰족하지만 나중에 편평해진다. 갓 표면은 축축하면 점성이 있고 붉은색, 오렌지색, 노란색 등이며 손으로 만지거나 늙으면 검은색으로 변한다. 주름살은 끝붙은 주름살로 연한 노란색이다. 버섯 대는 길이 5~10cm, 굵기 4~10mm로 노란색 또는 오렌지색이며 섬유처럼 보이는 세로줄이 있고 나중에 검은색으로 변한다. 홀씨는 10~14.5×5~7.5μm로 넓은 타원형이다.

약용, 식용여부

식용하기도 하지만 가벼운 중독을 일으키는 경우가 있으므로 주의해야 한다.

083 개암다발버섯(개암버섯 개칭, 속 변경)

주름버섯목 독청버섯과 개암버섯속

Hypholoma sublateritium (Schaeff.) Qu?l.

분포지역

한국(모악산, 한라산), 동아시아, 유럽, 북아메리카

서식장소/ 자생지

졸참나무, 참나무, 밤나무 등 활엽수의 벤 그루터기나 넘어진 나무 또는 흙에 묻혀 있는 나무

크기

갓 지름 3~8㎝, 자루 길이 5~10㎝, 지름 0.8~1㎝

생태와 특징

북한명은 밤버섯이다. 졸참나무, 참나무, 밤나무 등 활엽수의 그루터기나 넘어진 나무 또는 흙에 묻혀 있는 나무에서 뭉쳐난다. 갓은 지름 3~8㎝로 처음에 반구 모양 또는 둥근 산 모양에서 나중에 편평해진다. 표면은 밝은 다갈색이며 가장자리에 흰 외피막이 있다. 갓주름은 빽빽하고 처음에는 노란빛을 띤 흰색이나 포자가 익으면 연한 자줏빛을 띤 갈색으로 된다.

자루는 길이 5~10㎝, 지름 0.8~1㎝이며 윗부분은 엷은 노란색, 아랫부분은 엷은 다갈색이고 속은 비어 있다. 포자는 길이 5.5~8㎛, 나비 3~4㎛로 타원형이고 발아공이 있으며 표면은 매끄럽다.

약용, 식용여부

맛있는 버섯으로 널리 식용하며 목재부후균으로도 이용된다.

붉은무명버섯

담자균류 주름버섯목 벚꽃버섯과 버섯

Hygrocybe miniata

분포지역

한국 등 전세계

서식장소 / 자생지

숲 속의 습지나 풀밭 등의 땅

크기 버섯 갓 지름 1~3cm, 버섯 대 길이 5~8cm, 굵기 3~5mm

생태와 특징

북한명은 애기붉은꽃갓버섯이다. 여름부터 가을까지 숲 속의 습지나 풀밭 등의 땅에 무리를 지어 자란다. 버섯 갓은 지름 1~3cm로 처음에 둥근 산 모양이다가 나중에 편평해지며 가운데가 약간 파인다. 갓 표면은 점성이 없고 작은 비늘조각으로 덮여 있으며 붉은빛을 띤다. 살은 얇고 붉은색 또는 오렌지색이며 단단하지 않다. 주름살은 바른주름살, 올린주름살, 내린주름살로 붉은색 또는 오렌지색이다. 버섯 대는 길이 5~8cm, 굵기 3~5mm로 버섯 갓과 색이 같으며 단단하지 않다. 버섯 대 표면은 밋밋하거나 섬유상의 작은 털이 있다. 홀씨는 7.5~9×4~5㎛로 달걀 모양이나 타원 모양이다.

약용, 식용여부

식용할 수 있다.

085 달맞이꽃갓버섯

담자균류 주름버섯목 꽃갓버섯과 버섯

Hygrocybe chlorophana

분포지역

북한, 일본, 중국, 유럽, 북아메리카

서식장소 / 자생지

숲 속의 땅

크기

버섯 갓 지름 2~5㎝, 버섯 대 지름 0.4~0.8㎝, 길이 3~8㎝

생태와 특징

여름철 숲 속의 땅에 무리를 지어 자란다. 버섯 갓은 지름 2~5㎝로 처음에 만두 모양이다가 나중에 편평해진다. 갓 표면은 축축하면 끈적끈적한데, 노란색으로 털이 없으며 가장자리에 투명한 줄이 나타나고 일반적으로 깊게 찢어진다. 살은 얇고 쉽게 부스러지며 연한 노란색이다가 흠집이 나도 검은색으로 변하지 않는다. 주름살은 올린주름살 또는 홈파진주름살로 약간 성기고 갓 표면과 색이 거의 같다. 버섯 대는 지름 0.4~0.8㎝, 길이 3~8㎝로 위아래의 굵기가 같거나 비슷한 원기둥 모양이며 약간 구부러지거나 납작하게 눌린다. 버섯 대 표면은 끈적끈적하고 털이 없으며 갓과 색이 같고 때때로 줄이 있다.

약용, 식용여부

식용할 수 있다.

화병벚꽃버섯

담자균류 주름버섯목 벚꽃버섯과 버섯

Hygrocybe cantharellus

분포지역

한국 등 북반구 일대

서식장소 / 자생지

소나무 숲의 땅

크기

버섯 갓 지름 1~3.5㎝, 버섯 대 길이 4~9㎝, 굵기 1.5~4㎜

생태와 특징

북한명은 붉은꽃갓버섯이다. 여름부터 가을까지 소나무 숲의 땅에 무리를 지어 자라거나 한 개씩 자란다. 버섯 갓은 지름 1~3.5㎝로 둥근 산 모양이지만 가끔 가운데가 파인 것도 있다. 갓 표면은 점성이 없으며 붉은빛을 띠고 작은 비늘 조각으로 덮여 있지만 검은색으로 변하지 않는다. 주름살은 내린주름살로 성기며 노란색 또는 붉은빛을 띤 누런색이다. 버섯 대는 길이 4~9㎝, 굵기 1.5~4㎜로 붉은빛을 띠며 아래쪽이 약간 더 굵다. 홀씨는 9~12.5×6~7.5㎛로 타원형이다.

약용, 식용여부

식용할 수 있다.

087 만가닥버섯(느티만가닥버섯)

담자균류 주름버섯목 송이과 버섯

Hypsizygus marmoreus (Peck) H.E. Bigelow

분포지역

한국, 동남아시아, 유럽, 북아메리카 등

서식장소 / 자생지 느릅나무 등의 활엽수 고사목 그루터기

크기 버섯갓 지름 5~15㎝

생태와 특징

북한명은 느릅나무무리버섯이다. 만가닥이라는 명칭은 다발성이 매우 강해서 수많은 개체가 생긴다고 하여 붙여진 것이다. 가을철 느릅나무 등의 말라 죽은 활엽수나 그루터기에서 다발로 무리를 지어 자란다. 버섯갓은 지름 5~15㎝이며 처음에 둥근 단추 모양 또는 반구 모양으로 자라다가 성숙해지면 편평해진다. 초기의 갓 표면은 짙은 크림색을 띠다가 자라면서 차차 옅어진다. 날씨가 건조해지면 갓의 표면이 갈라져 거북의 등처럼 생긴 무늬가 나타나는 것이 특징이다.

약용, 식용여부

일본에서 인기가 매우 많은 버섯으로 야생의 특성인 쓴맛이 약간 남아 있지만 식감이 매우 좋고 부드러우면서도 다른 식재료의 맛을 해치지 않아 여러 가지 요리에 잘 어울린다. 체내 콜레스테롤 함량을 줄이고, 지방세포의 크기를 줄여 주는 효과가 밝혀졌고, 항산화, 항종양, 항통풍, 혈행개선, 피부미백 등의 효능이 있다

다색벚꽃버섯

담자균류 주름버섯목 벚꽃버섯과의 버섯

Hygrophorus russula

분포지역

한국, 북한 등 북반구 온대

서식장소 / 자생지

활엽수림의 흙

크기 버섯 갓 지름 5~12㎝, 버섯 대 길이 3~8㎝, 굵기 1~3㎝

생태와 특징

벚꽃버섯이라고도 하며 북한명은 붉은무리버섯이다. 여름에서 가을까지 활엽수림의 흙에 무리를 지어 자란다. 버섯 갓은 지름 5~12㎝로 처음에 둥근 산 모양이다가 나중에 편평해지지만 가운데가 봉긋하다. 갓 표면은 점성이 있지만 빨리 건조되는데, 가운데와 가장자리는 어두운 붉은색 또는 포도주색이고 약간 검은색의 작은 비늘조각이 있다. 살은 흰색으로 연한 홍색의 얼룩이 있다. 주름살은 바른주름살 또는 내린주름살로 약간 촘촘한 편이며 흰색 또는 연한 홍색이고 버섯갓과 같은 얼룩이 있다.

약용, 식용여부

식용할 수 있다.

089 벚꽃버섯속

주름버섯목 벚꽃버섯과 벚꽃버섯속

Hygrophorus pudorinus (Fr.) Fr.

분포지역

북미, 유럽, 일본

서식장소/ 자생지

침엽수의 수풀내의 지상

크기

갓 지름 5~12㎝, 버섯 대 길이 40-100×8-20㎜

생태와 특징

여름에서 가을에 걸쳐 솔송나무나 좀솔송나무, 시라비소(소나무과 상록수)등의 침엽수의 수풀내의 지상에 군생한다. 버섯전체의 독특한 송진냄새와 쓴맛이 있고, 독은 없다고 하나, 그다지 식욕이 생겨나지는 않는다. 또한 벚꽃버섯류 공통하고 있는 버섯을 채집해 하룻밤이나 이틀밤 방치하면 백색의 곰팡이로 덮힌다. 이 때문에 버섯은 채집한 날에 데치던가 소금에 절일 필요가 있다. 갓은 처음에는 반구형이나 후에 호빵형으로 편평하게 펼쳐진다. 표면은 미끈미끈하고, 색은 열은 살색이다.

약용, 식용여부

독은 없다고 하나, 그다지 식욕이 생겨나지는 않는다. 또한 벚꽃버섯류 공통하고 있는 버섯을 채집해 하룻밤이나 이틀 밤 방치하면 백색의 곰팡이로 덮인다. 이 때문에 버섯은 채집한 날에 데치던가 소금에 절일 필요가 있다.

눈빛꽃버섯(흰색처녀버섯)

진정담자균강 주름버섯목 벚꽃버섯과 꽃버섯속
Hygrocybe virginea (Wulfen) P.D. Orton

분포지역

전세계

서식장소 / 자생지

숲속이나 풀밭의 땅 위

크기

버섯 갓 지름 2~5㎝, 자루 길이 3~4×0.3~0.7㎝

생태와 특징

여름에서 가을에 숲속이나 풀밭의 땅위에 무리지어 발생한다. 자실체는 직경 2~5㎝로, 반구형에서 중앙이 볼록하지만 후에 거의 편평하게 전개한다. 자실체조직은 얇고 백색이며, 자실층의 주름살은 긴내린형으로 성글며 가로로 연락맥이 있다. 자루 길이 3~4×0.3~0.7㎝로, 아래쪽으로 가늘다. 포자는 타원형으로 표면은 평활하다.

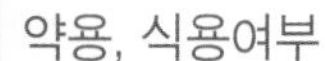

약용, 식용여부

식용가능하며, 초무침 등의 무침, 국거리로 이용하면 좋다.

091 자루비늘버섯

주름살버섯목 비늘가락지버섯과 버섯

Kuehneromyces mutabilis (Schaeff. ex Fr.) Sing. et A. H. Smith

분포지역

한국(묘향산, 원산), 동아시아(중국, 일본, 러시아 동부), 유럽, 북미

서식장소 / 자생지

활엽수 썩은 줄기 부분

크기

버섯 갓 지름 3~6㎝

생태와 특징

봄에서 가을까지 활엽수의 썩은 줄기나 그루터기 등에 무리지어 난다. 버섯 갓의 지름은 3~6㎝로 편평하며, 가운데 부분이 다소 볼록한 형태를 띤다. 겉은 진한 황갈색으로 건조한 때에는 매끈하며 색이 다소 연하고, 습할 때에는 색이 진해지며 끈적끈적하다. 살은 흰색, 밤색이다. 버섯 대는 아래위의 굵기가 같으며 길이는 3~7㎝, 두께는 3~5㎝으로 속이 비어 있다. 턱받침을 기준으로 위쪽은 누런 갈색이고, 아래쪽은 짙은 갈색으로 비늘이 많이 붙어 있다. 홀씨의 크기는 6.5~7.5×4~5㎛이며 난형 혹은 타원형이다.

약용, 식용여부

식용버섯이다.

자주졸각버섯

진정담자균강 주름버섯목 송이버섯과 졸각버섯

Laccaria amethystea (Bull.) Murr.

분포지역

한국(지리산, 한라산), 일본, 중국, 유럽 등 북반구 온대 이북

서식장소/ 자생지 양지바른 돌 틈이나 숲 속의 땅

크기 버섯갓 지름 1.5~3cm, 버섯대는 길이 3~7cm, 굵기 2~5mm

생태와 특징

북한명은 보라빛깔때기버섯이다. 여름부터 가을까지 양지바른 돌 틈이나 숲 속의 땅에 무리를 지어 자란다. 버섯갓은 지름 1.5~3cm로 처음에 둥근 산 모양이다가 나중에 편평해지지만 가운데가 파인다. 갓 표면은 밋밋하며 가늘게 갈라져 작 비늘조각처럼 변하고 자주색이다. 주름살은 올린주름살로 두껍고 성기며 짙은 자주색인데, 건조하면 주름살 이외에는 황갈색 또는 연한 회갈색이 된다. 버섯대는 길이 3~7cm, 굵기 2~5mm로 섬유처럼 보인다. 홀씨는 지름 7~9μm로 공 모양이며 가시가 돋아 있고 가시의 길이는 0.9~1.3μm이다. 식물과 공생하여 균근을 형성한다. 한국(지리산, 한라산), 일본, 중국, 유럽 등 북반구 온대 이북에 분포한다.

약용, 식용여부

식용과 항암버섯으로 이용한다.

093 배젖버섯

담자균류 주름버섯목 무당버섯과 버섯

Lactarius volemus

분포지역

북반구 온대 이북

서식장소 / 자생지

여름과 가을에 주로 활엽수가 우거진 임지

크기

자루 5~9cm×0.7~1.5cm

생태와 특징

젖버섯이라고도 한다. 여름과 가을에 주로 활엽수가 우거진 임지에 많이 발생한다. 갓은 처음에는 둥글지만 편평해지고 중앙부가 약간 들어가며 둘레는 안으로 말린다. 표면은 붉은 벽돌색과 비슷한 황적갈색이며, 습기가 있을 때는 끈적끈적하고 건조하면 윤이 난다. 주름은 밀생하고 처음에는 백색에서 담황색으로 되며 자루에 내려붙거나 바로붙는다. 자루는 5~9cm×0.7~1.5cm이고 둥글며 매끈하고 속살은 백색이며 충실하다. 자실체에 상처를 내면 백색의 즙액이 다량 분비되며 점차 갈색으로 변한다. 포자는 구형이고 그물무늬가 있으며 포자무늬는 백색이다.

약용, 식용여부

식용할 수 있다.

큰살색깔때기버섯

담자균류 주름버섯목 송이과 버섯

Laccaria proxima

분포지역

북한, 일본, 중국, 유럽

서식장소 / 자생지 나무숲, 물이끼, 땅

크기 버섯 갓 지름 5~7cm, 버섯 대 지름 0.5cm, 길이 10cm

생태와 특징

가을에 나무숲, 물이끼, 땅 등에 무리를 지어 자란다. 버섯 갓은 지름 5~7cm이고 편평한 둥근 산 모양이다. 버섯 갓 표면은 물기를 잘 빨아들이며 누런 밤색이지만 건조하면 누런 흑색을 띠고 가루처럼 생긴 비늘이 있다. 살은 얇은 편이다. 주름살은 분홍빛을 띤 살구색의 바른주름살이고 폭이 넓은 편이며 성기다. 버섯 대는 지름 0.5cm, 길이 10cm이다. 버섯 대 표면은 버섯갓과 색이 같으며 밑쪽에 부드러운 흰색 털이 있고 섬유 모양의 세로줄무늬가 성기게 나 있다. 홀씨는 크기 6.5~8.5×5.5~7㎛이고 넓은 타원형이거나 원형에 가까우며 표면에 가는 가시가 있다. 홀씨 무늬는 흰색이다. 활엽수에 외생균근을 형성하고 부생생활을 한다.

약용, 식용여부

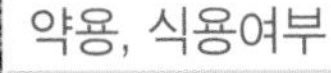

맛이 좀 쓰지만 식용할 수 있다.

095 독젖버섯

무당버섯목 무당버섯과 젖버섯속

Lactarius necator (Bull. ex Fr.) Karst.

분포지역

한국, 일본 독일, 유럽

서식장소/ 자생지

자작나무 등 활엽수 밑

크기

갓 지름 5~12㎝, 버섯 대 4~8×1~3㎝

생태와 특징

여름부터 가을까지 자작나무 등의 활엽수 밑에 단생한다. 갓은 지름 5~12㎝로 반구형이나 차차 깔때기형이 된다. 갓 표면은 녹황갈색이고 중앙부는 더 짙으며 점성이 있고, 잔털이 있으며 갓 끝은 말린형이다. 주름살은 끝붙은형이며 빽빽하고 담황백색이나, 상처가 나거나 늙으면 흑갈색으로 된다. 대는 4~8×1~3㎝로 갓과 같은 색으로 점성이 있으며, 짙은 색의 얼룩이 생긴다. 유액은 백색으로 변색하지 않고, 포자는 7~8.5×6~7㎛로 둥근타원형이며 표면에는 돌기가 있고 아밀로이드이다. 포자문은 담황색이다.

약용, 식용여부

식용가능하나 미약한 독이 포함되어 있어, 생식을 하면 중독된다.

민맛젖버섯

096

담자균류 주름버섯목 무당버섯과의 버섯

Lactarius camphoratus

분포지역

한국(방태산, 만덕산), 유럽, 북아메리카

서식장소 / 자생지

길가의 풀밭

크기 버섯 갓 지름 2.8~5.4㎝, 버섯 대 7.5~14×0.3~0.5㎝

생태와 특징

봄부터 가을까지 숲 속의 땅에 무리를 지어 자란다. 버섯 갓은 지름 1.5~4㎝로 처음에 얕은 산 모양 또는 편평한 모양이다가 깔때기 모양으로 변하며 한가운데에 작은 돌기가 꼭 있다. 갓 표면은 어두운 육계색이고 가장자리는 붉은 흙과 같은 색이며 건조하면 연한 색이 된다. 주름살은 살색으로 촘촘하다. 버섯 대는 굵기 4~8㎜, 길이 1.5~6㎝로 갓과 색이 같고 속이 비어 있다. 젖은 묽은 우유처럼 생겼고 색이 변하지 않으며, 맛은 맵지 않다. 홀씨는 6.5~8×6~7㎛로 거의 공 모양에 가깝고 표면에 작은 가시와 불완전한 그물무늬가 있다. 홀씨 무늬는 크림색이다. 건조하면 카레와 같은 냄새가 난다.

약용, 식용여부

시용할 수 있다.

097 애잣버섯(애참버섯 개칭, 속 변경)

담자균문 구멍장이버섯목 구멍장이버섯과 잣버섯속의 버섯

Lentinus strigosus Fr. ('=Panus rudis Fr.)

분포지역

한국(방태산, 속리산) 등 전세계

서식장소/ 자생지

활엽수의 죽은 나무나 그루터기

크기

버섯갓 지름 1.5~5㎝, 버섯대 굵기 0.4㎝, 길이 0.5~2㎝

생태와 특징

북한명은 거친털마른깔때기버섯이다. 초여름부터 가을까지 활엽수의 죽은 나무나 그루터기에 뭉쳐서 자라거나 무리를 지어 자란다. 버섯갓은 지름 1.5~5㎝로 처음에 둥근 산 모양이다가 나중에 깔때기 모양으로 변한다. 갓 표면은 처음에 자줏빛 갈색이지만 차차 연한 황토빛 갈색으로 변하며 전체에 거친 털이 촘촘히 나 있다. 살은 질긴 육질 또는 가죽질이다. 주름살은 내린주름살로 촘촘하고 폭이 좁으며 처음에 흰색이다가 나중에 연한 황토빛 갈색 또는 자주색으로 변하며 가장자리가 밋밋하다.

버섯대는 굵기 0.4㎝, 길이 0.5~2㎝로 짧고 버섯갓과 색이 같다. 홀씨는 4.5~5×2~2.5㎛로 좁은 타원 모양이고 홀씨 무늬는 흰색이다.

약용, 식용여부

어릴 때는 식용한다. 민간에서는 부스럼 치료에 이용되기도 한다.

가시갓버섯

담자균류 주름버섯목 갓버섯과의 버섯

Lepiota acutesquamosa

분포지역

한국 등 전세계

서식장소 / 자생지

숲 속, 정원, 쓰레기장, 길가의 땅

크기 버섯 갓 지름 7~10㎝, 버섯 대 길이 8~10㎝, 너비 8~12㎜

생태와 특징

북한명은 소름우산버섯이다. 여름에서 가을까지 숲 속, 정원, 쓰레기장, 길가의 땅에 뭉쳐서 자란다. 버섯 갓은 지름 7~10㎝로 처음에는 원뿔 모양 또는 둥근 산 모양이다가 편평해지며 가운데가 볼록하다. 갓 표면은 누런 갈색 또는 붉은 갈색으로 어두운 갈색의 돌기가 덮고 있다. 살과 주름살은 흰색이며, 떨어진주름살이고 가지를 친다. 버섯 대는 길이 8~10㎝, 너비 8~12㎜로 아래쪽이 불룩하고 속은 비어 있다. 버섯 대의 위쪽은 흰색이고 아래쪽은 연한 갈색인데 갈색의 비늘조각이 있다.

약용, 식용여부

식용버섯이지만 냄새가 고약하다.

099 광릉자주방망이버섯

담자균문 주름버섯목 송이과 자주방망이버섯속의 버섯

학 명 Lepista irina (Fr.) Bigelow (=Tricholoma irinum (Fr.) P. Kumm.)

분포지역

한국. 일본. 유럽

서식장소/ 자생지

밭, 과수원, 목장, 숲 속의 땅위

크기

갓 지름 5~12cm, 자루 길이 6~12cm

생태와 특징

가을에 밭, 과수원, 목장, 숲 속의 땅위에 산생 또는 군생한다. 균환을 이루기도 한다. 갓은 지름 5~12cm로 호빵형에서 중앙이 높은 편평형으로 된다. 갓 표면은 매끄럽고 살색~자주색이나 마르면 백색이 되며, 주변부는 처음에는 안쪽으로 감긴다. 살은 갓의 표면과 같은 색이다.

주름살은 갓과 같은 색이고 밀생하며 바른주름살 또는 내린주름살이다. 자루는 길이 6~12cm로 표면은 섬유상, 상부는 가루모양이고 갓과 같은 색이며 속이 차 있다. 포자는 타원형이고 7~9×4~5μm이다. 포자문은 담황백색이다.

약용, 식용여부

식용이다.

민자주방망이버섯

담자균류 주름버섯목 송이과의 버섯

Lepista nuda

분포지역

한국, 북한 등 북반구 일대, 오스트레일리아

서식장소 / 자생지

잡목림, 대나무 숲, 풀밭

크기 버섯 갓 지름 6~10㎝, 버섯 대 굵기 0.5~1㎝, 길이 4~8㎝

생태와 특징

북한명은 보라빛무리버섯이다. 가을에 잡목림, 대나무 숲, 풀밭에 무리를 지어 자라며 균륜을 만든다. 버섯 갓은 지름 6~10㎝로 처음에 둥근 산 모양이다가 나중에 편평해지며 가장자리가 안쪽으로 감긴다. 버섯 갓 표면은 처음에 자주색이다가 나중에 색이 바라서 탁한 노란색 또는 갈색으로 변한다. 살은 빽빽하며 연한 자주색이다. 주름살은 홈파진 주름살 또는 내린주름살로 촘촘하고 자주색이다. 버섯 대는 굵기 0.5~1㎝, 길이 4~8㎝로 뿌리부근이 불룩하고 섬유질이며 속이 차 있다. 홀씨는 5~7×3~4㎛로 타원형이고 작은 사마귀 점이 덮고 있다. 홀씨 무늬는 연한 살색이다.

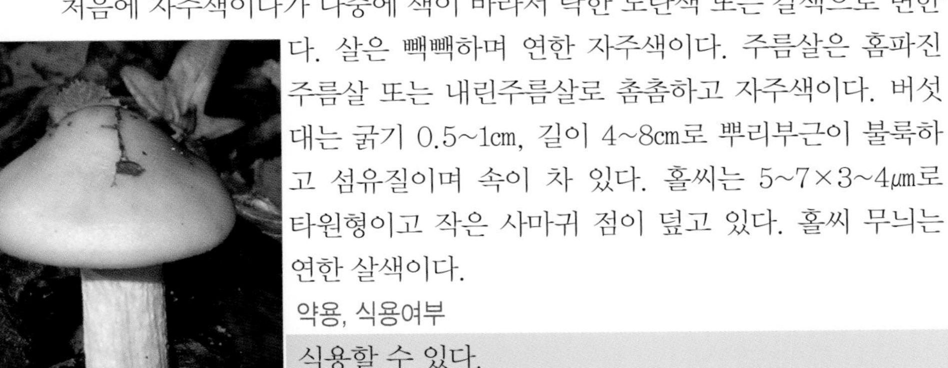

약용, 식용여부

식용할 수 있다.

101 표고버섯

담자균류 주름버섯목 느타리과의 버섯

Lentinula edodes

분포지역

한국, 일본, 중국, 타이완

서식장소 / 자생지

참나무류, 밤나무, 서어나무 등 활엽수의 마른 나무

크기

버섯 갓 지름 4~10㎝, 버섯 대 3~6㎝×1㎝

생태와 특징

북한명은 참나무버섯이다. 봄과 가을 2회에 걸쳐 참나무류, 밤나무, 서어나무 등 활엽수의 마른 나무에 발생한다. 버섯 갓 지름 4~10㎝이고 처음에 반구 모양이지만 점차 펴져서 편평해진다. 갓 표면은 다갈색이고 흑갈색의 가는 솜털처럼 생긴 비늘조각으로 덮여 있으며 때로는 터져서 흰 살이 보이기도 한다. 갓 가장자리는 어렸을 때 안쪽으로 감기고 흰색 또는 연한 갈색의 피막으로 덮여 있다가 터지면 갓 가장자리와 버섯 대에 떨어져 붙는다. 버섯 대에 붙은 것은 불완전한 버섯 대 고리가 되고, 주름살은 흰색이며 촘촘하다.

약용, 식용여부

원목에 의한 인공재배가 이루어지며 한국, 일본, 중국에서는 생표고 또는 건표고를 버섯 중에서 으뜸가는 상품의 식품으로 이용한다.

잿빛만가닥버섯

담자균문 주름버섯강 주름버섯목 만가닥버섯과 만가닥버섯속

Lyophyllum decastes(Fr.) Singer

분포지역

북반구 온대 이북

서식장소/ 자생지

숲, 정원, 밭, 길가 등의 땅 위

크기 갓 지름 4~9㎝, 자루 길이 5~8㎝

생태와 특징

여름에서 가을에 숲, 정원, 밭, 길가 등의 땅 위에 군생한다. 갓은 지름 4~9㎝로 호빵형을 거쳐 편평하게 되며, 중앙부가 조금 오목해진다. 표면은 녹황흑색(암올리브갈색)~회갈색, 후에 연하게 되고 갓 끝은 아래로 감긴다. 조직은 백색이며 밀가루 냄새가 난다. 주름살은 백색의 완전붙은형~홈형, 끝붙은형(바른~내린주름살) 등 다양하며 빽빽하다. 자루는 길이 5~8 x 0.7~1.0㎝로 갈회색이며 위아래 굵기가 같거나 하부가 부풀고 상부는 가루모양이다. 근부에는 균사속이 있다. 포자는 5.5~8.5×5~8㎛로 구형이며, 표면은 평활하고, 포자문은 백색이다.

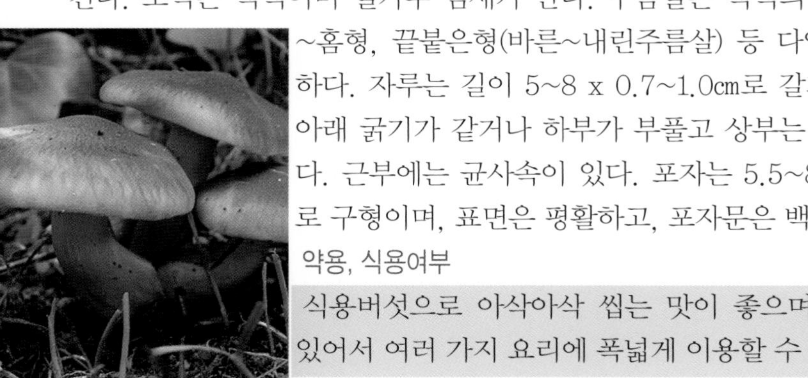

약용, 식용여부

식용버섯으로 아삭아삭 씹는 맛이 좋으며 깊은 맛이 있어서 여러 가지 요리에 폭넓게 이용할 수 있다.

103 모래배꼽버섯(혹얼룩배꼽버섯)

진정담자균강 주름버섯목 송이버섯과 배꼽버섯속

Melanoleuca verrucipes (Fr.) Sing.

분포지역

한국, 일본, 유럽

서식장소/ 자생지

과수원, 풀밭, 침엽수림 속의 땅

크기

버섯갓 지름 2.5~5.0cm, 버섯대 굵기 0.4~0.7cm, 길이 2.4~4cm

생태와 특징

늦봄부터 늦여름까지 과수원, 풀밭, 침엽수림 속의 땅에 무리를 지어 자라거나 흩어져 자란다. 균모의 지름은 2.5~5cm이고, 둥근 산 모양에서 차차 편평한 모양으로 되지만 가운데는 볼록하다. 연기 같은 갈색인데 가운데는 흑갈색, 흑색 또는 회갈색으로 되며, 습기가 있을 때는 끈적거리고 건조하면 끝이 말리고 가장자리는 퇴색한다. 주름살은 홈파진주름살 또는 올린주름살로 밀생하며 폭이 넓고 백색이다. 자루의 길이는 2.4~4cm, 굵기는 0.4~0.7cm이고, 자루 밑은 부풀어 있으며 백색이고 윗 쪽에는 미세한 가루가 있고 연기 같은 갈색 또는 흑갈색으로 된다. 미세한 털은 백색 또는 바랜 색을 나타낸다.

약용, 식용여부

식용할 수 있다.

대형흰우산버섯

담자균류 주름버섯목 송이과의 버섯

Leucopaxillus giganteus

분포지역

한국(가야산) 등 북반구 온대 이북

서식장소 / 자생지

숲, 정원, 대나무밭 속의 땅 위

크기 버섯 갓 지름 7~25㎝, 버섯 대 길이 5~12㎝

생태와 특징

북한명은 큰은행버섯이다. 여름에서 가을까지 숲, 정원, 대나무밭 속의 땅 위에 한 개씩 자라거나 무리를 지어 자란다. 버섯 갓은 지름 7~25㎝로 호빵 모양이다가 편평해지면서 가운데가 파이고 깔때기 모양으로 변한다. 갓 가장자리는 처음에 안쪽으로 말린다. 갓 표면은 흰색 또는 크림색으로 비단 광택이 있고 밋밋하지만 작은 비늘조각이 나타난다. 살은 흰색으로 촘촘하고 밀가루 냄새가 나다. 주름살은 간격이 좁고 촘촘하며 크림 빛을 띤 흰색이다. 버섯 대는 길이 5~12㎝로 갓과 색이 같고 속이 차 있다. 홀씨는 5.5~7×3.5~4㎛로 타원 모양 또는 달걀 모양이며 밋밋하다.

약용, 식용여부

식용할 수 있다.

105 선녀낙엽버섯

주름버섯목 송이과의 버섯

Marasmius oreades

분포 지역

한국(지리산, 한라산), 북한(백두산) 등 북반구 일대 또는 남반구

서식장소 / 자생지

잔디밭이나 풀밭

크기 버섯 갓 지름 2~4.5㎝, 버섯 대 길이 4~7㎝, 굵기 2~4㎜

생태와 특징

북한명은 잔디락엽버섯이다. 여름부터 가을까지 잔디밭이나 풀밭 속에 무리를 지어 자란다. 버섯 갓은 지름 2~4.5㎝로 처음에 둥근 산처럼 생겼다가 나중에 편평해지지만 가운데가 봉긋하다. 갓 표면은 가죽색 또는 붉은빛을 띤 누런색이지만 건조하면 색이 바래서 연한 흰색으로 변하고 축축하면 가장자리에 줄무늬가 드러난다. 주름살은 올린주름살 또는 끝붙은주름살로 폭이 5~6㎜이고 성기며 연한 색 또는 흰색이다. 버섯 대는 길이 4~7㎝, 굵기 2~4㎜로 위아래의 굵기가 같다. 버섯 대 표면은 밋밋하고 버섯갓과 색이 같다. 버섯 대 속이 비어 있고 단단하다. 홀씨는 6~10×3~5㎛로 타원 모양 또는 씨앗 모양이다. 균륜을 만든다.

약용, 식용여부

식용할 수 있다.

갈색난민뿌리버섯(갈색날긴뿌리버섯 개칭속 변경) 110

담자균문 주름버섯목 뽕나무버섯과 민뿌리버섯속의 버섯

Oudemansiella brunneomarginata L. Vass.

분포지역

한국, 일본, 러시아 연해주

서식장소/ 자생지

활엽수의 고목

크기

갓 크기 3~15㎝, 자루 크기 4~10 x 0.4~1㎝

생태와 특징

가을에 활엽수의 고목에서 발생한다. 갓은 크기 3~15㎝로 둥근산모양에서 편평하게 된다. 갓 표면은 처음은 자갈색에서 회갈색, 황백색으로 된다. 습기가 있을때 심한 끈적기가 있고 때때로 방사상의 주름이 있다. 가장자리에 약간 줄무늬선이 나타난다. 살은 백색이다. 주름살은 백색~황백색이며 약간 성기고 바른주름살이다. 자루는 크기는 4~10 x 0.4~1㎝ ,원통형이고 연골질이며 표면에 자갈색의 인편이 있고 인편 위쪽은 담색으로되고 속은 비어 있다. 포자는 광타원형~아몬드형이고 14~20 x 9.5~12.5㎛이다.

약용, 식용여부

단내가 나고 조직은 백색이고 두터워 육질감이 있다.
대가 다소 딱딱하나 씹는 맛이 좋다.

111 족제비눈물버섯

담자균문 균심아강 주름버섯목 먹물버섯과 눈물버섯속
Psathyrella candolleana (Fr.) Maire

분포지역

한국, 동아시아, 유럽, 북아메리카, 아프리카, 오스트레일리아

서식장소/ 자생지

활엽수의 그루터기, 죽은 나무의 줄기

크기 갓 지름 3~7㎝, 버섯대 높이 4~8㎝, 두께 4~7㎜

생태와 특징

여름과 가을에 활엽수의 그루터기, 죽은 나무의 줄기 등에 무리를 지어 자란다. 버섯갓은 지름 3~7㎝이며 처음에는 원뿔 모양이지만 반구 모양으로 변하고 나중에는 펴지면서 편평해진다. 버섯갓 표면은 처음에 흰색이다가 붉게 변하고 나중에는 밝은 갈색으로 변하거나 보라빛을 띠기도 한다. 처음에 버섯갓에는 막이 생기지만 나중에는 막이 찢어지며 떨어져서 완전히 없어진다. 버섯대는 높이 4~8㎝, 두께 4~7㎜이며 위아래의 굵기가 비슷하다. 홀씨는 7~8×4~5㎛이고 검은색이다. 목재부후균으로 나무를 썩게 한다. 식용할 수 있다.

약용, 식용여부

식용할 수 있는 버섯이나 가치도 없고, 약한 환각 독성분을 함유한다. 혈당저하 작용이 있다.

침비늘버섯

담자균류 주름버섯목 독청버섯과의 버섯

Pholiota squarrosoides

분포지역

한국, 일본, 중국, 유럽, 북아메리카

서식장소 / 자생지

활엽수의 쓰러진 나무나 그루터기

크기 버섯 갓 지름 3~13㎝, 버섯 대 굵기 3~10㎜, 길이 2.5~6㎝

생태와 특징

여름부터 가을까지 활엽수의 쓰러진 나무나 그루터기에 뭉쳐서 자란다. 버섯 갓은 지름 3~13㎝이고 어릴 때는 반구 모양이다가 성숙하면 둥근 산 모양으로 변한다. 버섯 갓 표면은 점성이 있고 연한 노란색이며 노란색 비늘이 갓 가장자리에서 가운데쪽으로 붙어 있다. 성숙하면 갓 표면은 가운데가 십자형으로 갈라지기도 한다. 살은 질기고 흰빛을 띤 노란색이다. 주름살은 바른주름살이고 촘촘하며 버섯갓과 색이 색이 같다가 흙색으로 변한다. 버섯 대는 굵기 3~10㎜, 길이 2.5~6㎝이고 표면이 누런 흰색이며 흔적만 남은 턱받이의 아래쪽에는 비늘이 붙어 있다.

약용, 식용여부

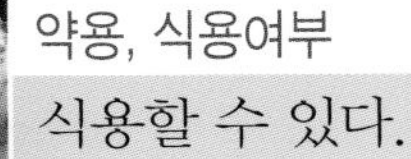

식용할 수 있다.

113 빨간난버섯

난버섯과의 버섯
Pluteus aurantiorugosus

분포지역

한국, 일본, 유럽 등 북반구 온대

서식장소 / 자생지

활엽수의 썩은 나무

크기

버섯 갓 지름 2.5~4㎝, 버섯 대 3~4㎝×4~7㎜

생태와 특징

여름에서 가을까지 활엽수의 썩은 나무에 자란다. 버섯 갓은 지름 2.5~4㎝로 편평하며 가운데가 높고 갓 표면은 누런빛을 띤 짙은 붉은색이다. 주름살은 떨어진주름살로 처음에 흰색이다가 나중에 살색으로 변한다. 버섯 대는 3~4㎝×4~7㎜로 표면이 섬유처럼 보이고 붉은빛을 띤 누런색이다. 홀씨는 5~6.5×4.5~5.5㎛로 유구형이다.

약용, 식용여부

식용할 수 있다.

주름우단버섯

담자균류 주름버섯목 우단버섯과의 버섯

Paxillus involutus

분포지역

한국(두륜산, 가야산), 일본, 소아시아, 유럽, 북아메리카, 아프리카

서식장소 / 자생지

숲, 풀밭 등의 땅

크기 버섯 갓 지름 4~10㎝, 버섯 대 굵기 6~12㎜, 길이 3~8㎝

생태와 특징

북한명은 말린은행버섯이다. 여름부터 가을까지 숲, 풀밭 등의 땅에 무리를 지어 자란다. 버섯 갓은 지름 4~10㎝로 처음에 가운데가 봉긋하면서 편평한 모양이다가 나중에 깔때기 모양으로 변한다. 갓 표면은 황토갈색으로 매끄럽고, 축축하면 약간 끈적끈적하다. 갓 가장자리는 안쪽으로 말리고 짧은 털이 나 있다. 살은 연한 노란색이고 흠집이 생기면 갈색으로 변한다. 주름살은 내린주름살로 연한 노란색이고 손으로 만진 부분에는 갈색 얼룩이 생기며 그물 무늬가 있다. 버섯 대는 굵기 6~12㎜, 길이 3~8㎝로 노란색이고 갈색 얼룩이 있다. 홀씨는 7.5~10.5×4.5~6㎛로 타원형이다.

약용, 식용여부

식용할 수 있다.

노란갓비늘버섯

주름버섯목 독청버섯과의 버섯

Pholiota spumosa (Fr.) Sing.

분포지역

한국(소백산, 한라산), 일본, 소아시아, 북아메리카, 아프리카

서식장소 / 자생지

산과 들의 땅에 반쯤 묻혀 있는 침엽수의 죽은 나무

크기 버섯 갓 지름 2~5㎝, 버섯 대 굵기 5~10㎜, 길이 3~7㎝

생태와 특징

북한명은 노란기름비늘갓버섯이다. 가을철 산과 들의 땅에 반쯤 묻혀 있는 침엽수의 죽은 나무에 뭉쳐서 자란다. 버섯 갓은 지름 2~5㎝로 둥근 산 모양이고 가운데는 황갈색, 가장자리는 노란색이며 축축하면 큰 점성이 생긴다. 갓 아랫면에는 섬유처럼 생긴 내피막이 있지만 나중에는 가장자리에 붙는다. 주름살은 바른주름살로 처음에 연한 노란색이다가 갈색으로 변한다. 버섯 대는 굵기 5~10㎜, 길이 3~7㎝이고 윗부분은 황백색 가루처럼 생긴 것으로 덮여 있고 아랫부분은 갈색 섬유처럼 생겼다. 홀씨는 6.5~7.5×4~5㎛로 타원형이다. 식용한다. 목재부후균으로 나무를 부패시킨다.

약용, 식용여부

식용할 수 있다.

느타리버섯

주름버섯목 느타리과의 버섯.

Pleurotus ostreatus(Jacq.ex Fr.)Quel.

분포지역

전세계

서식장소 / 자생지

활엽수의 고목

크기 갓 나비 5~15cm

생태와 특징

활엽수의 고목에 군생하며, 특히 늦가을에 많이 발생한다. 갓은 나비 5~15cm로 반원형 또는 약간 부채꼴이며 가로로 짧은 줄기가 달린다. 표면은 어릴 때는 푸른빛을 띤 검은색이지만 차차 퇴색하여 잿빛에서 흰빛으로 되며 매끄럽고 습기가 있다. 살은 두텁고 탄력이 있으며 흰색이다. 주름은 흰색이고 줄기에 길게 늘어져 달린다. 자루는 길이 1~3cm, 굵기 1~2.5cm로 흰색이며 밑부분에 흰색 털이 빽빽이 나 있다. 자루는 옆이나 중심에서 나며 자루가 없는 경우도 있다. 포자는 무색의 원기둥 모양이고 포자무늬는 연분홍색을 띤다. 거의 세계적으로 분포한다.

약용, 식용여부

국거리, 전골감 등으로 쓰거나 삶아서 나물로 먹는 식용버섯이며, 인공 재배도 많이 한다.

117 검은비늘버섯

담자균문 균심아강 주름버섯목 독청버섯과 비늘버섯속

Pholiota adiposa (Batsch) P. Kumm.

분포지역

한국, 중국, 유럽, 북미

서식장소/ 자생지

활엽수 또는 침엽수의 죽은 가지나 그루터기

크기

갓 지름 3~8cm, 대 길이 7~14cm, 직경 0.7~0.9cm

생태와 특징

봄부터 가을에 걸쳐 활엽수 또는 침엽수의 죽은 가지나 그루터기에 뭉쳐서 무리지어 발생한다. 검은비늘버섯의 갓은 지름이 3~8cm 정도이며, 처음에는 반구형이나 성장하면서 평반구형 또는 편평형이 된다. 갓 표면은 습할 때 점질성이 있으며, 연한 황갈색을 띠며, 갓 둘레에는 흰색의 인편이 있는데 성장하면서 탈락되거나 갈색으로 변한다. 조직은 비교적 두껍고, 육질형이며, 노란백색을 띤다. 주름살은 대에 완전붙은주름살형이며, 약간 빽빽하고, 처음에는 유백색이나 성장하면서 적갈색으로 된다.

약용, 식용여부

식용버섯이지만 많은 양을 먹거나 생식하면 중독되므로 주의해야 한다. 혈압 강하, 콜레스테롤 저하, 혈전 용해 작용이 있으며, 섭취하면 소화에도 도움이 된다.

산느타리버섯

주름버섯목 느타리과의 버섯

Pleurotus pulmonarius (Fr.) Quel.

분포지역

한국, 일본, 유럽 등 북반구 일대

서식장소 / 자생지 활엽수의 죽은 나무 또는 떨어진 나뭇가지

크기 버섯 갓 지름 2~8㎝, 버섯 대 길이 0.5~1.5㎝, 굵기 4~7㎜

생태와 특징

봄부터 가을에 걸쳐 활엽수의 죽은 나무 또는 떨어진 나뭇가지에 무리를 지어 자라거나 한 개씩 자란다. 버섯 갓은 지름 2~8㎝로 처음에 둥근 산 모양이다가 나중에 조개껍데기 모양으로 변한다. 버섯 갓 표면은 어릴 때 연한 회색 또는 갈색이다가 자라면서 흰색 또는 연한 노란색으로 변한다. 살은 얇고 밀가루 냄새가 나며 부드러운 맛이 난다. 주름살은 촘촘한 것도 있고 성긴 것도 있으며, 흰색에서 크림색이나 레몬 색으로 변한다. 버섯 대는 길이 0.5~1.5㎝, 굵기 4~7㎜이며 버섯 대가 없는 것도 있다. 홀씨는 6~10×3~4㎛로 원기둥 모양이고 홀씨 무늬는 회색, 분홍색, 연한 회색이다. 백색부후균으로 나무에 부패를 일으킨다.

약용, 식용여부

식용할 수 있다. 항종양, 혈당저하 작용이 있다.

123 흰비늘버섯

주름버섯목 독청버섯과 비늘버섯속
Pholiota lenta (Pers.)

서식장소/ 자생지

침엽수림, 활엽수림 내의 땅 위

크기

갓 크기 3~9cm, 자루 길이 3~9cm, 굵기 0.4~1.2cm

생태와 특징

봄~가을에 침엽수림, 활엽수림 내의 땅 위에 단생~군생한다. 갓은 크기 3~9cm로 둥근산형에서 편평형이 된다. 갓 표면은 어릴 때는 백색~백갈색이며 가장자리에 백색의 인편이 있으나 후에 탈락하게 되고, 중앙은 갈색이나 마르면 담백갈색이다. 습할 때는 점성이 있다.

살(조직)은 백색이다. 주름살은 바른~끝붙은주름살로 주름살 간격이 촘촘하고, 백색~갈색이 된다. 가장자리에는 거미줄 모양의 턱받이 잔존물이 붙어 있다. 자루는 길이 3~9cm, 굵기 0.4~1.2cm로 원통형이며 약간 굽어 있다. 자루 표면은 윗쪽은 백색에서 아래쪽으로 갈색을 띠고, 아래는 질기며 목질에 가깝다. 턱받이는 쉽게 탈락한다. 기부는 땅 속의 나무나, 종종 나무 뿌리에 연결되어 있다.

약용, 식용여부

식용버섯이다.

노란난버섯(노란그늘치마버섯)

담자균문 균심아강 주름버섯목 난버섯과 난버섯속

Pluteus leoninus (Schaeff.) P. Kumm.

분포지역

한국, 동아시아, 유럽, 북미

서식장소/ 자생지

활엽수의 고목, 썩은 나무 등

크기 갓 지름 3~6㎝, 대 길이 3~8㎝

생태와 특징

봄부터 가을에 걸쳐 활엽수의 고목, 썩은 나무 등에 무리지어 나거나 홀로 발생한다.

이용 식용버섯이다. 노란난버섯의 갓은 지름이 3~6㎝ 정도이며, 처음에는 종형이나 성장하면서 중앙볼록편평형이 된다. 갓 표면은 밝은 황색이

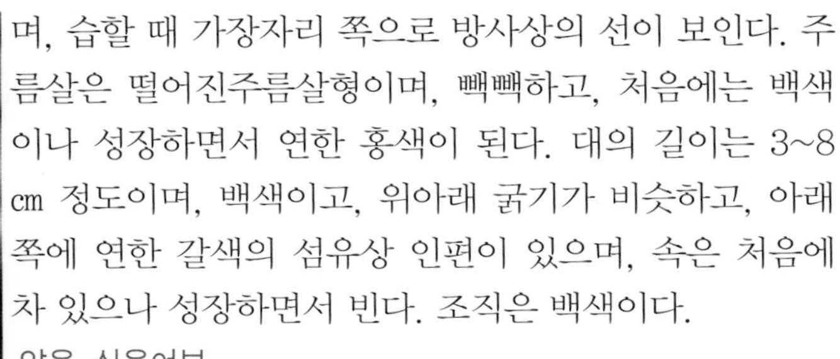

며, 습할 때 가장자리 쪽으로 방사상의 선이 보인다. 주름살은 떨어진주름살형이며, 빽빽하고, 처음에는 백색이나 성장하면서 연한 홍색이 된다. 대의 길이는 3~8㎝ 정도이며, 백색이고, 위아래 굵기가 비슷하고, 아래쪽에 연한 갈색의 섬유상 인편이 있으며, 속은 처음에 차 있으나 성장하면서 빈다. 조직은 백색이다.

약용, 식용여부

식용으로 맛은 보통이다.

125 땅비늘버섯(참비늘버섯)

주름버섯목 독청버섯과의 버섯
Pholiota terrestris Overh.

분포지역

한국(가야산, 한라산), 일본, 북아메리카

서식장소 / 자생지

숲 속, 밭, 길가 등의 땅

크기

버섯 갓 지름 2~6cm, 버섯 대 굵기 3~13mm, 길이 3~7cm

생태와 특징

봄부터 가을까지 숲 속, 밭, 길가 등의 땅에 뭉쳐서 자라거나 무리를 지어 자란다. 버섯 갓은 지름 2~6cm로 처음에 둥근 산 모양이다가 나중에 편평해진다. 갓 표면은 축축하면 점성이 있으며 크림색, 육계색, 백갈색으로 어두운 갈색의 비늘조각이 있는 것도 있고 없는 것도 있다. 갓 가장자리는 안쪽으로 감기고 내피막의 비늘조각이 붙어 있다. 살은 부드럽고 연한 노란색이다. 주름살은 바른주름살 또는 올린주름살로 폭이 3~8mm이고 촘촘하며 연한 노란색, 육계색, 암갈색이다.

약용, 식용여부

식용할 수 있으나, 소량의 독성이 있다.
구토, 설사 등의 위장장애를 일으킬 수 있다.

나도느타리버섯

주름버섯목 느타리과의 버섯

Pleurocybella porrigens(Pers.)Singer

분포지역

북한, 일본, 중국, 유럽, 북아메리카

서식장소 / 자생지

숲 속에 있는 침엽수의 썩은 가지

크기 버섯 갓 지름 2~7cm

생태와 특징

여름에서 가을까지 숲 속에 있는 침엽수의 썩은 가지 등에 뭉쳐서 자란다. 자실체는 많이 겹쳐 나서 마치 기왓장을 쌓은 것처럼 보인다. 버섯 갓은 지름 2~7cm이며 어릴 때는 거의 둥글지만 자라면서 둥근 부채처럼 변한다. 갓 표면은 흰색으로 오래되면 약간 누런빛을 띠고, 밋밋한 편이며 아랫부분에는 털이 희게 난다. 갓 가장자리는 얇고 안쪽으로 감긴다. 살은 처음에 흰색이다가 자라면서 젖빛 흰색으로 변하며 얇고 쉽게 부서진다. 맛과 냄새는 나지 않는다. 주름살은 부챗살처럼 생겼으며 촘촘한 편이고 흰색으로 폭이 매우 좁으며 두 갈래로 갈라진다. 버섯 대는 보이지 않는다.

약용, 식용여부

식용버섯으로 이용된다.

127 넓은옆버섯

주름버섯목 송이과의 버섯

Pleurocybella porrigens (Fr.) Sing.

분포지역

한국(가야산) 등 북반구 온대 이북

서식장소 / 자생지

삼나무와 같은 침엽수의 오래된 그루터기 또는 쓰러진 나무

크기

버섯 갓 지름 2~6cm

생태와 특징

가을에 삼나무와 같은 침엽수의 오래된 그루터기 또는 쓰러진 나무 등에 많이 겹쳐서 난다. 버섯 갓은 지름이 2~6cm이며 처음에 둥글다가 귀 모양, 부채 모양, 원 모양을 거쳐 나중에 귀 모양, 부채 모양, 주걱 모양으로 변한다. 갓 표면은 흰색으로 기부에 털이 있으며 가장자리는 안으로 말린다. 살은 흰색으로 얇다. 주름살은 촘촘히 나며 너비가 좁고 가지가 갈라진다. 버섯 대는 거의 없다. 홀씨는 5.5~6.5×4.5~5.5㎛로 보통 공 모양이다.

약용, 식용여부

식용할 수 있고 맛이 좋다.

갈색비늘난버섯(흰난버섯)

난버섯과의 버섯

Pluteus petasatus (Fr.) Gillet.

분포지역

한국 등 북반구 온대 지역

서식장소 / 자생지

튤립나무의 그루터기

크기

갓 지름 5~15㎝, 자루 6~8.2㎝×10~20㎜

생태와 특징

봄부터 가을까지 튤립나무의 그루터기에 난다. 갓은 지름 5~15㎝로 처음에 호빵 모양이다가 편평해진다. 갓 표면은 흰색 또는 크림색 바탕에 갈색 비늘조각이 있으나 주변부는 연한 색이다. 주름살은 처음에 흰색이다가 살색으로 변한다. 자루는 6~8.2㎝×10~20㎜의 흰색 섬유처럼 생겼으며 기부에 갈색의 비늘조각이 있다. 특유의 냄새가 있다. 포자는 6~7.6×4~5㎛로 넓은 타원형이다. 옆낭상체는 두꺼운 막인데 끝에 고리가 있다.

약용, 식용여부

식용할 수 있다.

129 노란느타리

주름버섯목 느타리과의 버섯

Pleurotus citrinopileatus Singer

분포지역

한국(한라산), 일본, 중국, 시베리아, 터키, 유럽, 북아메리카

서식장소 / 자생지

활엽수의 그루터기

크기 갓 지름 2~9cm, 버섯 대 길이 2~5cm

생태와 특징

북한명은 노란버섯이다. 여름부터 가을에 걸쳐 활엽수의 쓰러진 나무 또는 그루터기 등에 무리를 지어 자란다. 자실체는 한 그루에서 집단으로 발생하며 전체가 지름 15cm, 높이 10cm에 이른다. 버섯 갓은 지름 2~9cm로 처음에 호빵 모양이다가 나중에 깔때기 모양으로 변한다. 갓 표면은 축축하고 밋밋하며 노란색 또는 연한 노란색으로 가운데 또는 가장자리에 흰색 섬유처럼 생긴 솜털 모양의 비늘조각이 붙어 있다. 살은 흰색이며 밀가루 냄새가 난다. 주름살은 내린주름살로 처음에 흰색이다가 노란색으로 변한다. 버섯 대는 흰색 또는 노란색으로 길이 2~5cm이며 서로 붙어 2~4회 가지를 친다. 홀씨는 원기둥 모양이고 홀씨 무늬는 자줏빛을 띤 회색이다.

약용, 식용여부

식용할 수 있다.

분홍느타리

담자균문 주름버섯목 느타리과 느타리속의 버섯

Pleurotus djamor (Rumph.) Boedijn

분포지역

한국

서식장소/ 자생지

버드나무, 포플러 등 활엽수의 그루터기 또는 고사목

크기

갓 크기 2.5-14㎜

생태와 특징

여름부터 가을에 버드나무, 포플러 등 활엽수의 그루터기 또는 고사목에 다수 군생한다. 갓은 크기가 2.5-14㎜로 성장 초기에는 반반구형이고 끝 부위는 안쪽으로 말려 있으나. 성장하면 점차 펼쳐져서 부채형~조개 형으로 되며 끝 부위가 다소 파상형으로 된다. 표면은 평활하거나 다소 면모 상이고, 어리거나 선선할 때에는 아름다운 분홍색을 띠나 성장하면 퇴색한다.

약용, 식용여부

식용할 수 있으며, 다소 밀가루냄새가 나며 성숙하면 균사가 섬유질화되어 질기다는 단점이 있다.

131 노루버섯

주름버섯목 닭알독버섯과의 버섯

Pluteus cervinus (Schaeff.) P. Kumm.

분포지역

북한(묘향산, 평성시), 일본, 중국, 유럽, 북아메리카, 오스트레일리아

서식장소 / 자생지

활엽수림 또는 혼합림 속의 땅이나 썩은 나무

크기 갓 지름 5~9㎝, 대 지름 0.4~1.2㎝, 길이 5~10㎝

생태와 특징

봄에서 가을까지 활엽수림 또는 혼합림 속의 땅이나 썩은 나무에 여기저기 흩어져 자라거나 한 개씩 자란다. 버섯 갓은 지름 5~9㎝로 처음에 종 모양이다가 나중에 넙적한 둥근 산 모양을 거쳐 나중에는 거의 편평해지며 가운데가 약간 봉긋해진다. 갓 표면은 축축하면 약간의 점성을 띠고 잿빛 밤색으로 가운데로 갈수록 어두워지며 밋밋한 편이거나 부채 모양의 섬유 무늬 또는 작은 비늘로 덮여 있다. 살은 흰색으로 얇으며 불쾌한 맛과 냄새가 난다. 주름살은 끝붙은주름살로 촘촘하고 폭이 넓으며 처음에 흰색이다가 나중에 살구 색으로 변한다. 버섯 대는 지름 0.4~1.2㎝, 길이 5~10㎝로 위아래의 굵기가 거의 같고 밑 부분은 둥근 뿌리 모양에 가깝다.

약용, 식용여부

식용할 수 있다. 항종양 작용이 있다.

살구버섯

주름버섯목 송이과 Rhodotus속 버섯

Rhodotus palmatus(Bull.) Maire

분포지역

북반구 온대이북

서식장소/ 자생지

부후목

크기

갓 지름 2.5-9㎝, 대길이2.5~5㎝, 두께3~5㎜

생태와 특징

봄과 가을에 걸쳐 부후목에 발생하며 특히 느릅나무에 발생한다. 북반구 온대이북에 분포한다. 전체가 핑크색~담홍색이며, 갓의 표면은 평활하거나 망목상의 주름이 있는 경우가 많다. 주름은 약간 성기며 핑크색~담홍색이다 대는 짧고, 편심생으로 백색~핑크색이다. 포자는 6~8㎛이고 대략 구형이다.

약용, 식용여부

식용버섯이다. 약간의 과실 냄새가 있고 육질은 질기어 씹는 맛이 있다. 약간의 쓴맛이 있다.

133 외대덧버섯

외대버섯속 외대버섯과의 버섯

Rhodophyllus crassipes (Imaz. et Toki) Imaz. et Hongo

분포지역

두륜산, 가야산, 변산반도국립공원, 일본

서식장소 / 자생지

활엽수 밑의 땅

크기

버섯 갓 6~12cm, 자루 길이 10~20cm, 굵기 1.5cm~2cm

생태와 특징

가을에 활엽수림 숲 안의 땅 위에 무리 지어 살거나 따로 떨어져서 산다. 갓의 지름은 6~15cm로 처음에는 종모양이지만, 후에는 편평하게 되고 가운데는 볼록해진다. 표면은 평활하고 연한 잿빛을 띤 갈색이며, 하얀색의 섬유상 분질물이 엷게 깔려 있다. 물방울 모양의 얼룩모양의 점이 관찰되기도 한다. 주름은 다소 빽빽하고 처음에 하얀색이었다가 이후에는 옅은 붉은색으로 변한다. 대의 길이는 8~18cm이고 굵기는 0.5~2.5cm로 하얀색을 띠며 속이 차 있다. 위아래의 굵기는 동일하지만 때로는 아랫부분이 더 굵고 단단하다. 한국의 경우 변산반도국립공원이나 가야산 등지에 분포하며, 일본 등에서 자생한다.

약용, 식용여부

식용버섯이며 쓴맛이 있다.

점박이버터버섯(점박이애기버섯)

담자균문 주름버섯목 낙엽버섯과 버터버섯속의 버섯

Rhodocollybia maculata (Alb. & Schwein.) Singer

분포지역

한국, 유럽, 북아메리카

서식장소/ 자생지 침엽수, 활엽수림의 땅

크기 갓 지름 7~12㎝, 자루 길이 7~12㎝, 굵기1~2㎝

생태와 특징

여름부터 가을까지 침엽수, 활엽수림의 땅에 홀로 또는 무리지어 나며 부생생활을 한다. 갓의 지름은 7~12㎝로 처음은 둥근 산 모양에서 차차 편평하게 된다. 처음에는 자실체 전체가 백색이나 차차 적갈색의 얼룩 또는 적갈색으로 된다. 갓 표면은 매끄럽고 가장자리는 처음에 아래로 말리나 위로 말리는 것도 있다. 살은 백색이며 두껍고 단단하다. 주름살은 폭이 좁고 밀생하며 올린 또는 끝붙은주름살인데, 가장자리는 미세한 톱니처럼 되어있다. 자루의 길이는 7~12㎝이고 굵기는1~2㎝로 가운데는 굵고 기부 쪽으로 가늘고 세로 줄무늬 홈이 있으며 질기고 속은 비어 있다.

약용, 식용여부

식용이지만 종종 쓴맛이 난다.
혈전 용해 작용이 있다.

135 청머루무당버섯

주름버섯목 무당버섯과의 버섯
Russula cyanoxantha

분포지역

한국(소백산, 지리산), 일본, 중국, 시베리아, 소아시아, 유럽, 북아메리카, 아프리카, 오스트레일리아

서식장소 / 자생지

활엽수림의 땅

크기

버섯 갓 지름 6~10㎝, 버섯 대 길이 4~5㎝, 굵기 1.3~2㎝

생태와 특징

북한명은 색깔이갓버섯이다. 여름부터 가을까지 활엽수림의 땅에 자란다. 버섯 갓은 지름 6~10㎝로 처음에 둥근 산 모양이다가 차차 가운데가 파인다. 갓 표면은 자주색, 연한 자주색, 녹색, 올리브색 등이 섞여 있으므로 대단히 변화가 많고 주름살은 흰색이다. 버섯 대는 길이 4~5㎝, 굵기 1.3~2㎝로 위아래의 굵기가 같거나 아랫부분이 더 가늘며 단단하고 흰색이다. 홀씨는 7~9.5×5.5~7.5㎛로 공 모양에 가까우며 작은 가시가 있다.

약용, 식용여부

식용할 수 있다.

기와버섯

주름버섯목 무당버섯과의 버섯

Russula virescens (Schaeff.) Fr.

분포지역

한국, 일본, 타이완, 중국, 시베리아, 유럽, 북아메리카

서식장소 / 자생지

활엽수림의 땅 위

크기 버섯 갓 지름 6~12㎝, 버섯 대 굵기 2~3㎝, 길이 5~10㎝

생태와 특징

청버섯, 청갈버섯이라고도 하며 북한명은 풀색무늬갓버섯이다. 여름에서 가을까지 활엽수림의 땅 위에 한 개씩 자란다. 버섯 갓은 지름 6~12㎝이고 처음에 둥근 산 모양이다가 편평해지며 나중에는 깔때기 모양으로 변한다. 갓 표면은 녹색이나 녹회색이고 표피는 다각형으로 불규칙하게 갈라져 얼룩무늬를 보인다. 살은 단단하며 흰색이다. 주름살은 처음에 흰색이지만 나중에 크림색으로 변한다. 버섯 대는 굵기 2~3㎝, 길이 5~10㎝이고 속이 차 있다. 버섯 대 표면은 단단하고 흰색이다. 홀씨는 지름 약 1㎝, 길이 5~7㎝이고 공 모양에 가까우며 작은 돌기와 가는 맥이 이어져 있다.

약용, 식용여부

무당버섯류에서는 가장 맛있는 버섯으로 통하며, 한방에서는 시력저하, 우울증에 도움이 된다고 한다.

137 졸각무당버섯

주름버섯목 무당버섯과의 버섯

Russula lepida Fr.

분포지역

한국 등 북반구 온대 이북

서식장소 / 자생지

활엽수림 속의 땅

크기

버섯 갓 지름 5~11㎝, 버섯 대 굵기 1~2.5㎝, 길이 3~9㎝

생태와 특징

북한명은 피빛갓버섯이다. 여름부터 가을까지 활엽수림 속의 땅에 무리를 지어 자란다. 버섯 갓은 지름 5~11㎝이고 처음에 둥근 산처럼 생겼다가 나중에 편평해지며 가운데가 약간 파여 있다. 갓 표면은 점성이 있으며 핏빛이나 분홍색이고 때로는 갈라져서 흰색 살이 드러난다. 살은 단단하고 흰색이다. 매운맛이 나거나 맛이 없는 것도 있다. 주름살은 불투명한 흰색이고 버섯 갓 가장자리는 붉은색이다. 버섯 대는 굵기 1~2.5㎝, 길이 3~9㎝이고 표면이 연한 홍색이거나 흰색이다. 홀씨는 8~9.5×6~8㎛이고 달걀 모양이며 표면에 가시와 불완전한 그물눈이 있다.

약용, 식용여부

식용할 수 있다. 항종양 작용이 있다.

땅송이

142

송이버섯과 송이속

Tricholoma myomyces (Pers.)J.E.Lange

분포지역

한국(가야산, 지리산, 한라산), 북한(대성산, 금강산) 등 북반구 온대

서식장소/ 자생지

숲 속의 땅

크기 버섯갓 지름 3~8cm, 버섯대 지름 0.7~1.5cm, 길이 4~8cm

생태와 특징

북한명은 검은무리버섯이다. 여름에서 가을까지 숲 속의 땅에 무리를 지어 자란다. 버섯갓은 지름 3~8cm로 어릴 때는 종처럼 생겼으나 자라면서 편평해지며 가운데는 약간 봉긋하다. 갓 표면은 말라 있으며 재색이나 잿빛을 띤 밤색으로 가운데는 검은색에 가깝고 섬유처럼 생긴 밤색 비늘이

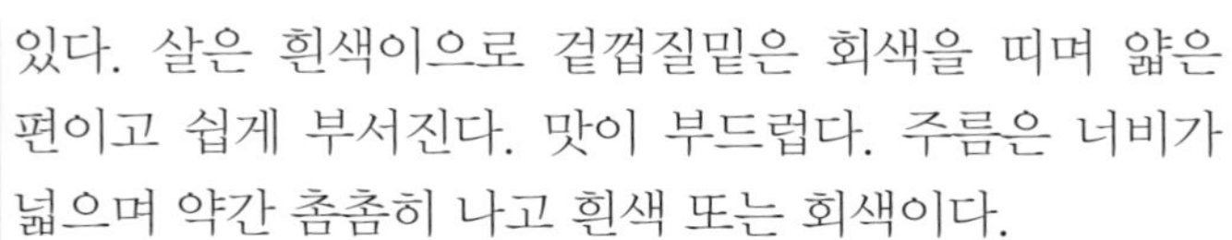

있다. 살은 흰색이으로 겉껍질밑은 회색을 띠며 얇은 편이고 쉽게 부서진다. 맛이 부드럽다. 주름은 너비가 넓으며 약간 촘촘히 나고 흰색 또는 회색이다.

버섯대의 끝부분은 흰 가루로 덮여 있고 나머지 부분은 솜처럼 생긴 섬유가 있다. 버섯대의 속이 차 있거나 해면처럼 생겼다.

약용, 식용여부

식용할 수 있다.

143 장식솔버섯

송이버섯과 솔버섯속의 버섯

Tricholomopsis decora (Fr.) Sing

분포지역

한국 (지리산), 일본, 미국, 유럽

서식장소 / 자생지

침엽수의 그루터기

크기

버섯 갓 지름 3~6㎝

생태와 특징

여름에서 가을에 걸쳐 침엽수의 그루터기 옆에 홀로 자라거나 무리 지어 난다. 버섯 갓의 지름은 3~6㎝이며 둥근 산 모양에서 차차 편평한 모양으로 변화하며, 이때 가운데는 약간 들어간다. 표면은 가끔 굴곡이 지며 울퉁불퉁하고, 노란색 또는 황토색으로 갈색의 섬유 모양의 인편이 분포되어 있다. 오래되면 검은 갈색이 섞인 황토색으로 변한다. 조직은 짙은 황색이며 주름살은 누런색 혹은 황토색으로, 바른주름살 혹은 홈파진주름살의 형태로 대에 붙어 빽빽하게 난다. 버섯 대는 길이 3~6㎝, 두께 4~6㎜이고 조직과 같은 색이고 매끈하며 다소 섬유상이다. 홀씨는 타원형이며 크기 6~7.5×4.5~5.2㎛이고 매끈하다.

약용, 식용여부

식용할 수 있으나, 다소 쓴맛이 난다.

치마버섯

주름버섯목 치마버섯과의 버섯
Schizophyllum commune Fr.

분포지역

한국, 유럽, 북아메리카 등 전세계

서식장소 / 자생지

말라 죽은 나무 또는 나무 막대기, 활엽수와 침엽수의 용재

크기 버섯 갓 지름 1~3㎝

생태와 특징

봄에서 가을까지 말라 죽은 나무 또는 나무 막대기, 활엽수와 침엽수의 용재에 버섯 갓의 옆이나 등 면의 일부가 달라붙어 있다. 버섯 갓은 지름 1~3㎝이고 부채꼴이나 치마 모양이며 손바닥처럼 갈라지기도 한다. 갓 표면은 흰색, 회색, 회갈색이고 거친 털이 촘촘하게 나 있다. 주름살은 처음에 흰색이지만 점차 회색빛을 띤 자갈색을 띠며, 버섯대가 없이 갓의 한쪽이 기부에 붙어 부챗살 모양으로 퍼져 있다.

약용, 식용여부

어린 버섯은 식용하며, 섭취하면 자양강장에 도움이 되고, 항종양, 면역강화, 상처치유, 항산화작용이 있다. 이 버섯의 sizofiran성분은 암 치료제로 이용된다.

145 방패비늘광대버섯

주름버섯목 주름버섯과의 버섯

Spuamanita umbonata (Sumst.) Bas

분포지역

한국(가야산), 일본, 북아메리카

서식장소 / 자생지

소나무 숲 또는 혼합림의 흙

크기

버섯 갓 지름 4.6~6cm, 버섯 대 5~8×1~1.5cm

생태와 특징

여름철 소나무 숲 또는 혼합림의 흙에 무리를 지어 자라거나 한 개씩 자란다. 버섯 갓은 지름 4.6~6cm로 처음에 원뿔 모양 또는 종 모양이다가 나중에 가운데가 봉긋하고 둥글게 변한다. 갓 표면은 갈색이며 가운데가 진한 갈색이고 솜털 같은 비늘이 있다. 살은 흰색으로 얇다. 주름살은 바른주름살 또는 약간 내린주름살로 촘촘하고 폭이 6~8mm이며 흰색으로 칼 모양이다. 버섯 대는 5~8×1~1.5cm로 뒤틀리고 기부가 불룩하다. 버섯고리의 아래쪽은 갈색이고 위쪽은 흰색이며 떨어지기 쉽다. 흙 속에서 뾰족하게 나오거나 큰 덩어리를 이룬다.

약용, 식용여부

식용할 수 있다.

황갈색송이

담자균문 주름버섯목 송이과 송이속의 버섯

Tricholoma fulvum (Bull.) Sacc.

분포지역

한국, 일본, 유럽, 북미

서식장소/ 자생지

활엽수림, 특히 자작나무, 가문비나무 밑의 땅 위

크기 갓은 크기 5~10㎝, 자루는 길이 5~10㎝, 굵기 1~2㎝

생태와 특징

가을에 활엽수림, 특히 자작나무, 가문비나무 밑의 땅 위에 단생~군생한다. 갓은 크기 5~10㎝로 반구형에서 볼록 편평 형이 된다. 갓 표면은 적갈색~황갈색, 중앙부는 짙은색이고, 습할 때는 점성이 있다. 살은 백색~담황색이 되고, 약간 쓴맛이 있다. 주름살은 홈파진주름살로 약간 촘촘하고, 처음에는 담황색이나 후에 갈색 얼룩이 생긴다. 자루는 길이 5~10㎝, 굵기 1~2㎝로 자루 표면은 담황색, 아래는 적갈색의 세로 섬유가 있다. 기부는 약간 굵다. 포자는 크기 5~7×4.2~5.8㎛이다. 광타원형이고, 표면은 평활하며, 포자문은 백색이다.

약용, 식용여부

식용할 수 있지만, 생식하면 중독된다.

147 솔버섯

주름버섯목 송이과의 버섯
Tricholomopsis rutilans (Schaeff.) Sing.

분포지역

한국, 북한, 일본, 중국, 유럽

서식장소 / 자생지

침엽수의 썩은 나무 또는 그루터기

크기

버섯 갓 지름 4~20cm, 버섯 대 길이 6~20cm, 굵기 1~2.5cm

생태와 특징

북한명은 붉은털무리버섯이다. 여름부터 가을까지 침엽수의 썩은 나무 또는 그루터기에 뭉쳐서 자라거나 한 개씩 자란다. 버섯 갓은 지름 4~20cm로 처음에 종 모양이다가 나중에 편평해진다. 갓 표면은 노란색 바탕에 어두운 붉은 갈색 또는 어두운 붉은색의 작은 비늘조각으로 덮여 있고 연한 가죽과 같은 느낌이 든다. 주름살은 바른주름살 또는 홈파진주름살로 촘촘하며 노란색이고 가장자리에는 아주 작은 가루 같은 것으로 덮여 있다. 버섯 대는 길이 6~20cm, 굵기 1~2.5cm로 뿌리부근이 약간 더 가늘고 노란색 바탕에 적갈색의 작은 비늘조각으로 덮여 있다.

약용, 식용여부

식용하기도 하지만 설사를 일으킬 수 있기 때문에 주의해야 한다. 항산화 작용이 있다.

제주비단털버섯

담자균류 주름버섯목 난버섯과의 버섯

Volvariella gloiocephala(DC.) Boekhout&Enderle

분포지역

한국(제주도, 영실), 아시아, 유럽, 북미, 북아프리카

서식장소/ 자생지

표고 폐목 주위 지상

크기 갓 지름 45~122㎜, 대 크기 120~180×5~16㎛

생태와 특징

자실체가 성장 초기에는 밤색의 달걀모양이나 점차 윗부분이 파열되어 갓과 대가 나타난다. 갓은 직경이 45~122㎜로 초기에는 난형이나 성장하면 종형~중앙볼록반 반구형으로 된다. 표면은 평활하거나 외피막 잔유물이 부착되어 있으며, 습할 때 점성이 있다. 회색갈회색을 띈다. 조직은 비교적 얇다. 주름살은 길이가 15~20㎜이며, 빽빽하고 초기에는 백색이나 포자가 성숙하면 어두운 분홍색을 띄며, 주름살끝은 미세분질상이다. 대는 크기가 120~180×5~16㎛로 원통형이고 하부쪽이 다소 굵으며 백색을 띈다. 대기부쪽에 부드러운 털이 밀포되어 있고 기부에 백색 대주머니가 있다.

약용, 식용여부

식용가능하다.

149 흰비단털버섯

주름버섯목 난버섯과의 버섯
Volvariella bombycina

분포지역

전세계

서식장소 / 자생지

여름과 가을에 활엽수의 고목이나 톱밥 등의 썩은 곳

크기

갓 지름 7~21㎝

생태와 특징

여름과 가을에 활엽수의 고목이나 톱밥 등의 썩은 곳에 발생한다. 갓은 지름 7~21㎝이고 처음에는 종 모양이나 점차 편평하게 펴지며 중앙부는 돌출한다. 갓의 표면은 백색이며 극히 미세한 비단실과 같은 털로 덮여 있어 비로드 같은 촉감을 주고 살은 연하다. 주름은 처음에는 백색이지만 홍색으로 변하고 자루 끝에 붙어 있다. 자루는 7~15×1~2㎝이고 표면은 백색이며 속이 차 있고 위쪽으로 갈수록 가늘어진다. 또한 밑동에는 백색의 막질 주머니로 싸여 있다. 포자胞子는 타원형이고 매끄러우며 포자무늬는 홍색이다.

약용, 식용여부

식용할 수 있다.

껄껄이그물버섯

주름버섯목 그물버섯과 껄껄이그물버섯속 버섯

Leccinum extremiorientale (Lar.N. Vassiljeva) Singer

분포지역

한국(남산, 가야산, 변산반도국립공원, 지리산, 한라산), 일본, 북아메리카

서식장소/ 자생지

활엽수가 섞인 소나무숲의 땅

크기 버섯갓 지름 7~20㎝, 버섯대 굵기 2.5~5.5㎝, 길이 5~13㎝

생태와 특징

껄껄이그물버섯의 갓은 지름 7~20㎝ 정도로 처음에는 반구형이나 성장하면서 편평형이 된다. 갓 표면은 황토색 또는 갈색이며, 융단형의 털이 있으며, 주름져 있고, 건조하거나 성숙하면 갈라져 연한 황색의 조직이 보이고, 습하면 약간 점성이 있다. 조직은 두껍고 치밀하며, 백색 또는 황색이다. 관공은 끝붙은관공형이며, 황색 또는 황록색이 되고, 관공구는 작은 원형이다. 대의 길이는 5~15㎝ 정도이며, 아래쪽 또는 가운데가 굵고, 황색 바탕에 황갈색의 미세한 반점이 있다. 포자문은 황록갈색이며, 포자 모양은 긴 방추형이다.

약용, 식용여부

식용버섯이다. 대형의 버섯으로, 갓 표면이 갈라져 있어서 쉽게 확인할 수 있다.

155 노란소름그물버섯

주름버섯목 그물버섯과의 버섯

Leccinum aurantiacum

분포지역

북한(대성산), 일본, 중국, 유럽, 북아메리카

서식장소 / 자생지

사스래나무, 전나무, 가문비나무로 이루어진 숲과 잣나무 등으로 이루어진 활엽수림 속의 땅

크기

버섯 갓 지름 4~20㎝, 버섯 대 지름 1~5㎝, 길이 5~20㎝

생태와 특징

여름에서 가을까지 사스래나무, 전나무, 가문비나무로 이루어진 숲과 잣나무 등으로 이루어진 활엽수림 속의 땅에 여기저기 흩어져 자란다. 버섯 갓은 지름 4~20㎝로 반구 모양 또는 만두 모양이고 가운데가 약간 볼록하다. 갓 표면은 붉은빛 감색, 밤빛 감색, 밤빛 붉은색이지만 축축하면 색이 바래는데, 부드러운 털로 덮여 있고 건조한 성질이 있다. 갓 가장자리는 얇고 대개 막 조각이 붙어 있는 경우가 많다. 버섯 대 표면은 잿빛 흰색으로 잿빛 밤색 또는 검은색의 작은 비늘조각이 붙어 있으며 밑 부분은 흠집이 나면 푸른색으로 변한다.

약용, 식용여부

식용할 수 있다.

거친껄껄이그물버섯

주름버섯목 그물버섯과의 버섯

Leccinum scabrum

분포지역 한국, 아시아, 유럽, 북아메리카

서식장소 / 자생지

낮은 지대에서부터 해발고도 2,000m 이상의 높은 지대에 이르는 지역의 수림 내 땅 위

크기 버섯 갓 지름 5~15㎝, 버섯자루 길이 7~13㎝, 지름 1~3㎝

생태와 특징

여름에서 가을까지 낮은 지대에서부터 해발고도 2,000m 이상의 높은 지대에 이르는 지역의 수림 내 땅 위에 돋는다. 버섯 갓은 지름이 5~15㎝이며 처음에는 반구 모양이다가 점차 평평하게 펴진다. 갓의 표면은 회백색, 연한 황갈색, 진한 밤색, 회색 등이며 습기가 있을 때에는 약간 점성이 있다. 버섯 살은 두껍고 치밀하며 보통 흰색이다. 속이 차 있는 버섯자루는 길이 7~13㎝, 지름 1~3㎝이고 위쪽으로 가면서 점차 가늘어지며 한쪽으로 구부러진다. 자루의 표면은 흰색 또는 회백색 바탕에 회갈색, 흑갈색의 비늘 조각 같은 작은 돌기 또는 뚜렷하지 않은 그물 모양의 가는 줄이 엉켜 있다.

약용, 식용여부

식용버섯이긴 하지만, 생식하면 중독된다.

157 흰둘레그물버섯

주름버섯목 그물버섯과의 버섯

Gyroporus castaneus (Bull.) Quel.

분포지역

한국(무등산) 등 북반구 온대 이북

서식장소 / 자생지

소나무 등 침엽수림의 땅

크기

버섯 갓 지름 4~7㎝, 버섯 대 굵기 7~12㎜, 길이 5~8㎝

생태와 특징

북한명은 밤색그물버섯이다. 여름부터 가을까지 활엽수림의 땅에 무리를 지어 자라거나 한 개씩 자란다. 버섯 갓은 지름 3~7㎝로 처음에 둥근 산 모양이다가 나중에 편평해지고 가운데가 오목해진다. 갓 표면은 벨벳 모양이며 밤색 또는 육계색이다. 살은 단단하고 흰색이다. 관공은 처음에 흰색이다가 나중에 연한 노란색으로 변하고 구멍의 지름은 0.3~0.5㎜이다. 버섯 대는 굵기 1~2.5㎝, 길이 4~7㎝로 버섯 갓과 색이 비슷하다. 홀씨는 8~10.5×5~6.5㎛로 타원 모양이고 홀씨 무늬는 레몬색이다.

약용, 식용여부

식용할 수 있다. 혈당저하 작용이 있다.

솜귀신그물버섯(귀신그물버섯)

주름버섯목 귀신그물버섯과 귀신그물버섯속 버섯

Strobilomyces strobilaceus (Scop.) Berk.

분포지역

한국, 유럽, 북아메리카

서식장소/ 자생지 숲속의 땅 위

크기 갓 지름 3~12㎝, 자루 길이 5~15㎝, 자루 지름 5~15㎜

생태와 특징

여름부터 가을 사이에 숲속의 땅위에 무리지어 나며 공생생활을 한다. 균모의 지름은 3~12㎝이고, 반구형에서 둥근 산 모양을 거쳐서 편평한 모양으로 된다. 표면은 검은 자갈색 또는 흑색의 인편으로 덮여 있다. 균모의 아랫면은 백색의 피막으로 덮여 있으나 흑갈색으로 되고, 나중에 터져서 균모의 가장자리나 자루의 위쪽에 부착한다. 살은 두껍고 백색이지만, 공기에 닿으면 적색을 거쳐 흑색으로 된다. 관공은 바른 관공 또는 홈파진관공으로 백색에서 흑색으로 되고, 구멍은 다각형이다. 북한명은 솔방울그물버섯이다. 균모 살, 관공 또는 자루에 상처를 받으면 적색으로 변한다.

약용, 식용여부

식용과 약용으로 이용할 수가 있다. 외생균근을 형성하는 버섯이기 때문에 이용가능하다.

163 솔비단그물버섯

주름버섯목 그물버섯과의 버섯

Suillus tomentosus

분포지역

한국, 일본, 타이완, 북아메리카

서식장소 / 자생지

잣나무숲 등 오엽송림 또는 소나무숲

크기

버섯 갓 지름 4~10㎝, 버섯 대 3~10×1~2㎝

생태와 특징

가을철 잣나무 숲 등 오엽송림 또는 소나무 숲에도 자란다. 버섯 갓은 지름 4~10㎝로 약간 원뿔 모양 또는 호빵 모양이거나 편평한 것도 있다. 갓 표면은 연한 노란색 또는 오렌지 빛 노란색으로 끈적끈적하고 잿빛 흰색, 갈색, 붉은 갈색의 솜털 같은 작은 비늘조각으로 덮여 있다. 살은 노란색 또는 거의 흰색이며 흠집이 생기면 약간 푸른색으로 변한다. 관공은 홈주름살 또는 띠주름살로 처음에 녹색빛을 띠는 누런 갈색 또는 누런 갈색에서 올리브색으로 변한다. 구멍은 다각형으로 처음에 황갈색에서 나중에 연한 황갈색 또는 자갈색으로 변한다. 버섯 대는 3~10×1~2㎝로 위아래의 굵기가 같지만 밑 둥이 약간 굵다.

약용, 식용여부

식용할 수 있다.

제주쓴맛그물버섯

주름버섯목 그물버섯과의 버섯

Tylopilus neofelleus Hongo

분포지역

한국, 일본, 뉴기니섬

서식장소 / 자생지

혼합림 속의 땅 위

크기 버섯 갓 지름 6~11cm, 버섯 대 굵기 1.5~2.5cm, 길이 6~11cm

생태와 특징

여름부터 가을까지 혼합림 속의 땅 위에 여기저기 흩어져 자라거나 무리를 지어 자란다. 버섯 갓은 지름 6~11cm이고 처음에 둥근 산 모양이다가 나중에 편평해진다. 갓 표면은 끈적거림이 없으며 벨벳과 비슷한 느낌이고 올리브색 또는 붉은빛을 띤 갈색이다. 살은 흰색이고 단단하며 두꺼운 편이다. 관은 처음에 흰색이다가 나중에 연한 붉은색으로 변하며 구멍은 다각형이다.

버섯 대는 굵기 1.5~2.5cm, 길이 6~11cm이고 밑 부분이 굵다. 버섯 대 표면은 버섯 갓과 색이 같고 윗부분에 그물눈 모양을 보이기도 한다. 홀씨는 7.5~9.5×3.5~4㎛이고 방추형이나 타원형이다.

약용, 식용여부

식용가능하나 매우 쓰고, 항균작용이 있다.

165 노란대쓴맛그물버섯(노란대껄껄이그물버섯)

주름버섯목 그물버섯과의 버섯

Tylopilus chromapes (Frost) Sm. & Thiers

분포지역

한국(가야산, 지리산), 일본, 북아메리카

서식장소 / 자생지

숲 속의 땅

크기

버섯 갓 지름 5~10cm, 버섯 대 굵기 8~12mm, 길이 6~9cm

생태와 특징

여름부터 가을까지 숲 속의 땅에 자란다. 버섯 갓은 지름 5~10cm로 처음에 둥근 산 모양이다가 나중에 편평하게 펴진다. 갓 표면은 물기가 없이 건조하고 연한 홍색 또는 연한 포도주색으로 가운데로 갈수록 진하며 작은 털이 덮고 있다. 살은 흰색이고, 관은 끝붙은주름살 또는 올린주름살이며 처음에 흰색이다가 살색을 거쳐 나중에 갈색으로 변한다. 구멍은 둥글거나 각이 져 있다. 버섯 대는 굵기 8~12mm, 길이 6~9cm로 위아래의 굵기가 같은 것도 있고 위쪽과 아래쪽이 좀 더 가는 것도 있다. 버섯 대 표면은 흰색으로 분홍빛 갈색의 반점이 있으며 밑부분이 선명한 노란색이고 윗부분에는 그물눈 무늬가 있다. 버섯 대의 속은 차 있다가 비게 된다.

약용, 식용여부

식용할 수 있다.

말불버섯

담자균류 말불버섯과의 버섯

Lycoperdon perlatum Pers.

분포지역

한국(소백산, 지리산, 한라산) 등 세계 각지

서식장소 / 자생지 산야, 길가, 도회지의 공원

크기 자실체 높이 3~7㎝, 지름 2~5㎝

생태와 특징

여름에서 가을에 걸쳐 산야, 길가 또는 도회지의 공원 같은 곳에서도 흔히 발생한다. 자실체 전체가 서양배 모양이고 상반부는 커져서 공 모양이 되며 높이 3~7㎝, 지름 2~5㎝이다. 어렸을 때는 흰색이나 점차 회갈색으로 되고 표면에는 끝이 황갈색인 사마귀 돌기로 뒤덮이며, 나중에는 떨어지기 쉽고 그물 모양의 자국이 남는다. 속살은 처음에는 흰색이며 탄력성 있는 스펀지처럼 생겼고 그 내 벽면에 홀씨가 생긴다. 자라면서 살이 노란색에서 회갈색으로 변하고 수분을 잃어 헌 솜뭉치 모양이 되며 나중에는 머리 끝부분에 작은 구멍이 생겨 홀씨가 먼지와 같이 공기 중에 흩어진다.

약용, 식용여부

어린 것은 식용한다. 항균작용이 있으며 한방에서는 감기, 기침, 편도선염, 출혈 등에 이용된다.

175 말뚝버섯

담자균류 말뚝버섯과의 버섯
Phallus impudicus L. var. impudicus

분포지역

한국(소백산, 한라산) 등 전세계

서식장소 / 자생지

임야, 정원, 길가, 대나무 숲

크기

버섯 갓 지름 4~5, 버섯 대 높이 10~15㎝

생태와 특징

여름에서 가을에 걸쳐 임야, 정원, 길가, 또는 대나무 숲에서 한 개씩 자란다. 버섯 갓은 지름 4~5㎝로 종 모양이고 어려서는 반지하생으로 흰색 알 모양이며 밑부분에는 뿌리와 같은 균사다발이 붙어 있다. 버섯 대 표면은 순백색이다. 갓 전면에는 주름이 생겨 다각형의 그물 모양 돌기가 생기며 여기에 암녹갈색의 악취가 나는 점액이 붙는다. 이 점액은 자실층의 조직에서 유래된 것으로 수많은 포자가 들어 있으며 파리와 같은 곤충을 유인하여 포자 전파의 구실을 한다.

약용, 식용여부

알 모양의 어린 버섯은 식용한다.
암 환자의 보조 요법에 이용되며, 한방에서 류머티즘, 관절통에 도움이 된다고 하며, 식품 방부 기능이 있다.

모래밭버섯

담자균아문 진정담자균강 주름살버섯목 끈적버섯과
Pisolithus arhizus (Scop.) Rausch.

분포지역 전세계

서식장소/ 자생지 소나무 숲, 잡목림, 길가의 땅 위

크기 자실체 지름 3~10㎝,

생태와 특징

자실체는 지름 3~10㎝로 유구형이며, 기부는 좁아져 대 모양이 된다. 표피는 얇으며 백색에서 갈색이 되고, 성숙하면 표피의 윗부분이 붕괴되어 포자를 방출한다. 기본체는 초기에는 불규칙한 모양의 백색~황색~갈색의 작은 입자 덩어리로 구성되어 있으나, 차츰 윗부분에서부터 갈색의 분말상 포자가 된다. 작은 입자 덩어리는 지름 1~3㎜이다. 대는 없거나 짧으며, 기부에는 황갈색의 근상균사속이 있다. 포자는 지름 7.5~9㎛로 구형이며, 표면에는 침 모양의 돌기가 있고, 갈색이다. 봄~가을에 소나무 숲, 잡목림, 길가의 땅 위에 발생하는 균근성 버섯이다.

약용, 식용여부

어린 버섯은 식용하지만, 맛은 별로 없다.

색깔이 곱기 때문에 염색 원료로 사용된다. 혈전용해 작용이 있으며, 지혈, 소염의 효능이 있어 한방에서 기침, 상처치료에 이용된다.

177 검뎅이황색(백색 먼지균)먼지

Fuligo septica(L.) F.H. Wigg

서식장소/ 자생지

나무, 낙엽, 퇴비상

크기

자실체 크기 높이 4.5㎝, 너비 10㎝

생태와 특징

자실체 형태는 평반구형~반구형이다. 변형체는 황색이다. 자실체 크기는 높이 4.5㎝, 너비 10㎝로 대형이다. 자실체 조직은 자실체 속은 황갈색에서 흑색으로 된다. 자실체 껍질은 백색이나 성숙하면 벗겨진다. 포자는 아구형이며 지름은 7-9㎛이고 반사광에서 암갈색이고 미세한 사마귀점이 있다. 여름에 썩는 나무, 낙엽, 퇴비상에 단생 또는 군생한다.

국가생물종지식정보시스템는 검뎅이백색먼지(Fuligo candida Pers.)와 검뎅이백색먼지(Fuligo septica var. Flava Bull.)를 같은 종명으로 표기하여 혼란을 주고 있다.

약용, 식용여부

식용할 수 있다.

갈색솔방울버섯

담자균류 주름버섯목 송이과의 버섯

Baeospora myosura (Fr.) Sing.

분포지역

한국 등 북반구 온대 이북

서식장소 / 자생지

숲 속의 땅속에 묻힌 솔방울

크기

갓 지름 8~23㎜, 자루 길이 2.5~5㎝, 굵기 1~2.5㎜

생태와 특징

늦가을에서 겨울 사이에 숲 속의 땅속에 묻힌 솔방울에서 자란다. 갓은 지름 8~23㎜로 처음에 약간 둥근 산 모양이다가 편평해지고 나중에 중앙이 조금 볼록해진다. 갓 표면은 매끄럽고 연한 황갈색 또는 갈색인데 마르면 연한 색이 된다. 주름살은 올린주름살로 흰색이며 촘촘히 나 있다.

자루는 길이 2.5~5㎝, 굵기 1~2.5㎜로 갓보다 연한 흰색이며 흰색 가루 같은 것으로 덮여 있고 뿌리 부근에 흰색의 긴 털이 있다. 포자는 3.5~6×2.5~3㎛로 타원형이고 포자무늬는 흰색이다.

약용, 식용여부

부후균으로 이용되며 식용할 수 있다.

183 회색깔때기버섯

송이과의 깔때기버섯속 버섯

Clitocybe nebularis(Batsch)P.Kumm.

분포지역

한국, 일본, 중국, 유럽 북반구 일대

서식장소/ 자생지

활엽수림. 혼합림 내 땅위

크기

갓 크기 6~15㎝, 자루길이 6~8 x 0.8~2.2㎝

생태와 특징

가을에 활엽수림, 혼합림 내 땅위에 군생한다. 갓의 크기는 6~15㎝ 정도이고, 자루길이 6~8 x 0.8~2.2㎝이다. 처음에는 반구형에서 평반구형으로 된다. 갓끝은 안쪽으로 말려있고 표면의 중앙이 약간 짙은 색이다. 주름살은 내린 형으로 빽빽하다. 자루는 백색-담황색이고 하부는 굵다.

약용, 식용여부

식용버섯이지만 완전히 익혀 먹지 않으면 중독되고, 체질에 따라 구토, 설사 등을 일으킨다. 항진균 작용이 있다.

단풍밀버섯(단풍애기버섯 개칭, 속변경)

주름버섯목 애기버섯속 송이과

Gymnopus acervatus(Fr.)Murrill. (=Collybia acervata (Fr.) Kummer)

분포지역

한국(지리산), 북미, 유럽

서식장소/ 자생지

숲속의 낙엽이 쌓인 곳의 땅

크기

갓 크기 1~5㎝, 대 길이 3~8㎝ x 2~5㎜

생태와 특징

여름부터 가을까지 숲속의 낙엽이 쌓인 곳의 땅에 군생한다. 자실체는 둥근 산형에서 편평하여진다. 버섯 갓의 크기는 1~5㎝ 이고 조직은 얇고 백색이다. 표면이 적색의 백색이며 자실층을 밀생하고 백색이며 바른주름살이다. 대 길이는 3~8㎝ x 2~5㎜ 이고 원통형이고 백색이다. 포자는 타원형이고 5~6.5 x 2~2.5㎛ 이다.

약용, 식용여부

식용버섯이다.

185 붉은비단그물버섯

그물버섯과의 비단그물버섯속 버섯

Suillus pictus (Peck)A.H.Smith & Thiers

분포지역

한국, 일본, 중국, 북아메리카

서식장소/ 자생지

잣나무 밑의 땅

크기

균모 지름 5~10㎝, 자루 길이 3~8㎝, 굵기 0.8~1㎝

생태와 특징

가을에 잣나무 밑의 땅에 무리지어 나며 공생생활을 한다. 식용할 수가 있지만 독성분이 있다. 식물과 외생균근을 형성하는 버섯이기 때문에 이용가능하다. 균모의 지름은 5~10㎝이고, 둥근 산 모양이며 가장자리는 안쪽으로 말리나 나중에 편평하게 된다. 표면은 끈적거리지 않고 섬유질의 인편으로 덮여 있으며 적색 또는 적자색에서 갈색으로 된다. 살은 두껍고 크림색이며 상처를 입으면 연한 붉은색으로 된다. 관공은 내린주름관공으로 황색 또는 황갈색이며, 구멍은 방사상으로 늘어서 있다. 균모의 아래에 있는 연한 홍색의 내피막은 터져서 턱받이로 되거나 균모의 가장자리에 부착한다.

약용, 식용여부

식용버섯이나, 맛도 없고 벌레가 많아 식용으로 적당하지 않다. 혈전용해, 혈당저하작용이 있다.

털목이버섯

담자균류 목이목 목이과의 버섯

Auricularia polytricha (Mont.) Sacc. (=Hirneolina polytrica (분홍목이)).

분포지역

한국, 일본, 아시아, 남아메리카, 북아메리카

서식장소 / 자생지

활엽수의 죽은 나무 또는 썩은 나뭇가지

크기 버섯 갓 지름 3~6㎝, 두께 2~5㎜

생태와 특징

봄에서 가을까지 활엽수의 죽은 나무 또는 썩은 나뭇가지에 무리를 지어 자란다. 버섯 갓은 지름 3~6㎝, 두께 2~5㎜이고 귀처럼 생겼다. 버섯 갓이 습하면 아교질로 부드럽고 건조해지면 연골질로 되어 단단하다. 버섯 갓 표면에는 잿빛 흰색 또는 잿빛 갈색의 잔털이 있다. 갓 아랫면은 연한 갈색 또는 어두운 자줏빛 갈색이고 밋밋하지만, 자실층이 있어 홀씨가 생기며 흰색 가루를 뿌린 것처럼 보인다. 홀씨는 크기 8~13×3~5㎛의 신장 모양이고 색이 없다. 홀씨 무늬는 흰색이다.

약용, 식용여부

식용할 수 있으나, 독성분도 일부 들어있다. 항알레르기, 항산화, 콜레스테롤 저하작용이 있으며, 한방에서는 산후허약, 관절통, 출혈 등에 도움이 된다고 한다.

190 노란털벚꽃버섯

담자균류 주름버섯목 벚꽃버섯과의 버섯

Hygrophorus lucorum Kalchbr.

분포지역

한국(변산반도국립공원, 두륜산, 가야산, 지리산), 일본, 유럽

서식장소 / 자생지

침엽수림의 땅

크기

버섯 갓 지름 3~4㎝, 버섯 대 굵기 5~7㎜, 길이 5~6㎝

생태와 특징

북한명은 진득노란꽃갓버섯이다. 늦가을에 침엽수림의 땅에서 무리를 지어 자란다. 버섯 갓은 지름 3~4㎝로 처음에 둥근 산 모양이다가 나중에 편평해지면서 가운데가 볼록해진다. 갓 표면은 레몬 색으로 심하게 끈적끈적하다. 살은 약간 노란색이고 냄새와 맛은 없다. 주름살은 내림주름살이며 성기고 연한 노란색이다. 버섯 대는 굵기 5~7㎜, 길이 5~6㎝이며 흰색 또는 노란색이고 끈적끈적한 껍질로 덮여 있다. 버섯 대 속은 차 있거나 또는 비어 있다. 홀씨는 8~10×4.5~5.5㎛로 타원형이다.

약용, 식용여부

식용할 수 있다.

그물버섯아재비

담자균류 주름버섯목 그물버섯과의 버섯

Boletus reticulatus Schaeff. (=Boletus aestivalis (Paulet) Fr.)

분포지역

북한, 중국, 일본, 북아메리카, 유럽, 아프리카

서식장소 / 자생지

숲 속의 땅

크기 갓 지름 10~20㎝, 자루 굵기 3~6㎝, 길이 10~15㎝

생태와 특징

여름부터 가을까지 숲 속의 땅에서 무리를 지어 자란다. 갓은 지름이 10~20㎝에 이르며 처음에 공 모양이다가 둥근 산 모양으로 변하고 가운데는 편평하게 된다. 갓 표면은 축축할 때 밋밋하면서 점성이 있고 황갈색, 황토색, 갈색, 적갈색이다. 살은 두꺼운 편으로 흰색이고 겉껍질의 아래는 붉은색이며 공기에 노출되어도 푸른색으로 변하지 않는다. 관은 처음에 흰색이다가 노란색으로 변하고 나중에 어두운 녹색으로 변한다. 구멍은 작은 원 모양이다.

약용, 식용여부

식용버섯으로 이용된다.

192 아가리쿠스버섯(신령버섯)

담자균류 주름버섯목 주름버섯과의 버섯

Agaricus blazei Murill

분포지역

미국 플로리다주 일대와 라틴아메리카 북부 고원지대(원산지 아메리카)

서식장소 / 자생지 미국 플로리다주, 브라질의 산간지대

크기 자루 5~10㎝, 갓 6~12㎝

생태와 특징

신령버섯, 흰들버섯이라고도 한다. 자루 높이는 5~10㎝, 갓의 크기는 6~12㎝이다. 생김새는 양송이와 비슷하지만, 자루가 양송이보다 두껍고 길다. 갓의 겉 부분은 발생 조건에 따라 흰색, 갈색 또는 옅은 갈색을 띠지만, 자루는 희다. 들에서 자생하는 버섯 가운데 가장 무거운 편에 속하며, 포자의 갈변(褐變)이 늦다. 1944년 미국 플로리다 주(州)에서 처음 발견된 뒤, 1960년대 중반 브라질의 산악지대인 피아다데의 원주민들이 식용한다는 사실이 밝혀지면서 널리 알려지기 시작하였다. 암을 비롯한 각종 성인병에 좋다는 사실이 알려지면서 1990년대를 전후해 인공재배 연구가 이루어지기 시작하였다.

약용, 식용여부

마른 버섯을 그대로 씹어 먹기도 하고, 달여서 차로 마시거나 요리에 넣어서 다른 식품과 함께 먹는다. 부작용이 거의 없는 것으로 알려져 있다.

나도팽나무버섯

담자균류 주름버섯목 독청버섯과의 버섯

Pholiota nameko

분포지역

한국, 일본, 중국, 타이완

서식장소 / 자생지

지상에 가로 누운 너도밤나무의 고목 가지나 자른 그루터기

크기

버섯 갓 지름 3~8㎝, 버섯 대 길이 2~8㎝, 굵기 3~13㎜

생태와 특징

북한명은 진득기름갓버섯이다. 10월 하순에 자연에서는 주로 지상에 가로 누운 너도밤나무의 고목 가지나 자른 그루터기에서 무리를 지어 자란다. 버섯 갓은 지름 3~8㎝로 처음에 반구형 또는 원뿔 모양이다가 둥근 산 모양으로 변하고 나중에는 편평해진다. 갓 표면은 점액으로 덮여 있으며 가운데는 갈색, 가장자리는 누런 갈색이고 나중에 점액이 사라진다. 주름살은 바른주름살로 처음에 연한 노란색이지만 나중에 연한 갈색으로 변하고 촘촘하게 나 있다.

약용, 식용여부

식용할 수 있으며 인공재배가 가능하다.

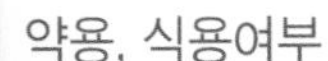

194 양송이버섯

담자균류 주름버섯목 주름버섯과의 버섯

Agaricus bisporus

분포지역

전세계

서식장소 / 자생지

풀밭

크기

버섯 갓 지름 5~12cm, 버섯 대 4~8cm×1~3cm

생태와 특징

서양송이, 머시룸이라고도 하며 북한명은 벗짚버섯이다. 여름철 풀밭에 무리를 지어 자란다. 버섯 갓은 지름 5~12cm이고 처음에 거의 공 모양에 가깝지만 점차 펴져서 편평해진다. 갓 표면은 흰색이며 나중에 연한 누런 갈색을 띠게 된다. 살은 두껍고 흰색이며 흠집이 생기면 연한 홍색으로 변한다. 주름살은 끝붙은주름살로 촘촘하며 어린 것은 흰색이다가 점차 연한 홍색으로 변하고 발육됨에 따라 검은 갈색으로 변한다.

세계 각국에서 널리 재배하는 식용버섯으로 여러 품종이나 변종이 있다.

약용, 식용여부

한국의 양송이 재배는 1960년대부터 시작되어 중부이남지역에서 널리 재배하며, 주로 봄, 가을 2기작이 실시되고 있으며, 통조림으로 가공 수출되거나 생 버섯으로 국내에 시판되고 있다.

무리송이

195

송이버섯과 송이속 버섯

Tricholoma populinum J.E.Lange

분포지역 한국, 중국, 일본

서식장소 / 자생지 가을에 활엽수의 땅위에서 발생

크기 포자는 둥글고 매끈하며 직경 4~6㎛이다.

생태와 특징

버섯갓의 직경은 6~10cm이고 처음에는 반둥근모양 또는 만두모양이고 후에 편평하게 펴지는데 가운데부분은 둥실하다. 변두리는 얇고 안쪽으로 말리며 물결모양이고 때로는 얕게 찢어진다. 겉면은 연한재색, 어두운 재색, 연한 재빛밤색이고 매끈하며 마르면 윤기 난다. 살은 희고 가운데부분은 두껍고 튐성이있다. 버섯주름은 흰색 혹은 노란색, 살색을 띠며 빽빽하고 버섯대에 홈파진주름으로 붙는다(약간 내린주름에 가가운것도 있다.) 어릴때에는 밑부분이 부풀어서 실하고 다 성장한것에서는 아래 우의 굵기가 거의 같게 된다.

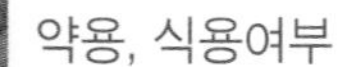

약용, 식용여부

먹는 버섯 가운데서 맛이 좋은 버섯이다. 송이버섯과 마찬가지로 나무뿌리에 균근을 형성함으로써 매년 같은 장소에 거의 발생한다. 그러므로 균권을 파괴하지 않도록 주의한다.

196 풀버섯

난버섯과의 버섯
Volvariella volvacea (Bull. ex Fr.) Sing

분포지역

한국, 일본, 동남아시아, 유럽, 북아메리카

서식장소 / 자생지

볏짚더미 또는 땅 위

크기

버섯 갓 지름 5~10cm, 버섯 대 5~12×0.5~1.2cm

생태와 특징

초고(草菰)라고도 하며 북한명은 주머니버섯이다. 가을에 볏짚더미 또는 땅 위에서 자란다. 버섯 갓은 지름 5~10cm이고 처음에 종 모양 또는 둥근 산 모양이다가 나중에 편평해진다. 갓 표면은 건조한 편이며 검은빛을 띠고 검은색 또는 검은 갈색의 섬유가 덮고 있다. 살은 흰색이고 주름살은 끝붙은주름살이며 처음에 흰색이다가 나중에 살구 색으로 변한다. 버섯 대는 5~12×0.5~1.2cm이고 밑부분이 불룩하고 속이 차 있다. 버섯 대 표면은 흰색 또는 노란색 바탕에 흰색 털이 나 있다. 덮개 막은 흰색이며 크고 두꺼우면서 위쪽 끝이 갈라져 있다.

약용, 식용여부

식용할 수 있다. 볏짚으로 인공재배를 하기도 한다.

잎새버섯

197

담자균류 민주름버섯목 구멍장이버섯과의 버섯

Grifola frondosa

분포지역

한국, 일본, 유럽, 미국

서식장소 / 자생지

활엽수의 밑동

크기 버섯 갓 폭 2~5㎝, 두께 2~4㎜

생태와 특징

북한명은 춤버섯이다. 여름과 가을에 활엽수의 밑동에 무리를 지어 자란다. 자실체는 여러 갈래로 가지를 친 버섯 대의 가지 끝에 작은 버섯 갓이 무수히 많이 모여 집단을 이루는 복잡하고 큰 버섯덩이이다. 버섯 갓은 폭 2~5㎝, 두께 2~4㎜이며 반원 모양 또는 부채 모양이다. 갓 표면은 처음에는 검은색이다가 짙은 재색 또는 회갈색으로 변한다. 살은 육질이고 흰색이며 건조하면 단단해지고 부서지기 쉽다. 갓 아랫면의 관공은 흰색이고 버섯 대에 내려 붙는다.

약용, 식용여부

참나무 톱밥을 이용한 인공재배법이 개발되었으며 맛과 향기가 좋아 식용할 수 있다.

198 곰보버섯

자낭균류 주발버섯목 곰보버섯과의 버섯

Morchella esculenta

분포지역

한국(지리산) 등 북반구 온대 지역

서식장소 / 자생지

숲, 정원수 밑

크기

자실체 높이 6~12㎝

생태와 특징

3~5월에 숲이나 정원수 밑에서 무리를 지어 자란다. 자실체의 갓 부분에 자낭포자와 측사(側絲)가 들어 있다. 몸은 갓과 자루로 되어 있으며 높이 6~12㎝이다. 갓은 연한 노란색이고 넓은 달걀 모양이며 바구니 눈 모양의 홈이 있고 무른 육질이다. 자루는 길이 4~5.5㎝, 나비 3~2.6㎝로 거의 원기둥 모양이고 흰색 또는 연한 노란빛을 띤 흰색이며 속은 비어 있다. 자낭은 갓의 밑 부분에 있는 홈의 안쪽에 형성되고 그 속에 8개씩 무색 타원형의 포자가 만들어진다. 포자의 표면은 편평하고 밋밋하며 포자무늬는 흰색이다. 나무와 균근을 이루어 공생생활을 한다.

약용, 식용여부

유럽에서는 식용한다.

2 먹을 수 없는 독버섯 122가지

001 동충하초속

자낭균문 핵균강 맥각균목 맥각균과 동충하초속
cordyceps canadensis Eillis&Everh.

분포지역

북미, 유럽

서식장소/ 자생지

다른 균류에 성장

크기

정상 크기 5cm 이내

생태와 특징

가을에 나무 밑 땅속에 묻힌 Elaphomyces종에 기생한다. 곰팡이 색상은 옐로우, 브라운이며, 포자 색상 화이트, 크림 또는 황색이다. 자실체는 3~10cm 높이로 자라고, 비옥한 머리는 1cm 두께로 노란색-황녹색이며, 머리부분은 밤색에서 어두운 올리브갈색이 된다. 구형에 가깝다가 타원형이 된다. 홀씨는 20~50×3~5㎛이다.

약용, 식용여부

식용할 수 없다.

변형술잔녹청균

자낭균류 고무버섯목 두건버섯과의 버섯
Chlorociboria aeruginascens

분포지역

한국, 일본, 유럽, 북아메리카

서식장소 / 자생지

활엽수의 썩은 나무토막이나 재목 위

크기

버섯 대 지름 약 5㎜, 높이 약 8㎜

생태와 특징

여름에서 가을에서 활엽수의 썩은 나무토막이나 재목 위에 자라서 균사에 의하여 재목이 청록색으로 물든다. 자실체는 처음에 컵 모양이다가 나중에 반쪽 모양 또는 주걱 모양으로 변한다. 버섯 대는 지름 약 5㎜, 높이 약 8㎜로 짧고 가늘며 청록색이다. 홀씨주머니는 50~82.5×3~5㎛로 원통 모양 또는 곤봉 모양이며 홀씨 8개가 1~2줄로 늘어서 있다. 홀씨는 6~10×2~2.5㎛로 방추형이고 양 끝에 기름방울 2개를 가지고 있다.

약용, 식용여부

식용할 수 없다.

003 노린재동충하초

자낭균류 맥각균목 동충하초과의 버섯
Cordyceps nutans

분포지역

한국(월출산, 만덕산, 방태산, 소백산, 두륜산, 가야산, 속리산, 지리산), 일본, 중국, 유럽, 북아메리카

서식장소 / 자생지

삼림의 풀밭, 돌자갈 사이

크기

자실체 지름 5~8㎜, 길이 4~17㎝

생태와 특징

노린재버섯이라고도 한다. 노린재류의 성충을 숙주로 하는 동충하초의 일종이다. 여름에서 가을까지 삼림의 풀밭이나 돌자갈 사이에서 자실체를 내며, 숙주체는 일반적으로 땅속에 매몰되어 있다. 자실체는 머리 부분과 버섯 대의 두 부분으로 이루어져 있다. 표면은 오렌지색이며 평편하고 매끄럽다. 버섯 대는 철사줄 모양이며 머리는 곤봉 모양 또는 긴 타원체이다. 버섯 대 부위의 1㎝ 정도를 제외하고는 검은 광택이 있으며 머리는 버섯 대의 윗부분과 더불어 오렌지색이다. 머리에는 여러 개의 피자세포가 매몰되어 있다.

약용, 식용여부

식용할 수 없다.

노란투구버섯

콩나물버섯과 투구버섯속

Cudonia japonica Yasuda

분포지역

한국(변산반도국립공원)

서식장소/ 자생지

침엽수림속의 낙엽에 군생하는 부후균

크기

자실체의 높이는 1.5~4㎝

생태와 특징

자실체의 높이는 1.5~4㎝로 머리 부분은 구상(공모양) 또는 반구상 또는 안장모양이며, 가장자리는 아래로 감기고 연한 황갈색이다. 자루는 아래가 부푼 원주상이며 연한 갈색이다. 포자의 크기는 35~40x2㎛이고 한쪽이 굵은 선상이며 무색이다. 채취시기는 가을이다.

약용, 식용여부

식용할 수 없다.

005 투구버섯

자낭균류 고무버섯목 콩나물버섯과의 버섯
Cudonia circinans (Pers.) Fr.

분포지역

한국, 북한 등 북반구 온대 이북

서식장소 / 자생지

침엽수림의 낙엽

크기

자실체 높이 1.5~4㎝

생태와 특징

가을에 침엽수림의 낙엽에서 무리를 지어 자란다. 학명 중 쿠도니아(cudonia)는 가죽으로 만든 투구를 뜻한다. 자실체는 높이가 1.5~4㎝이다. 버섯 갓은 공 모양, 반구 모양, 안장 모양이며 가장자리는 아래로 말린다. 갓 표면은 연한 누런 갈색이다. 버섯 대는 원기둥 모양이며 아랫부분이 불룩하고 표면이 연한 갈색이다. 홀씨주머니는 크기가 약 150×10㎛ 정도이고 8개의 홀씨가 들어 있다. 홀씨는 크기 35~40×2㎛의 줄 모양이고 한쪽이 굵으며 색이 없다. 부후균이다.

약용, 식용여부

식용할 수 없다.

털작은입술잔버섯

주발버섯목 술잔버섯과 작은입술잔버섯속
Microstoma floccosum(Schwein.) Raitviir

서식장소/ 자생지

낙엽활엽수의 떨어진 나뭇가지, 나무에 난 이끼류 사이

크기

자실체는 지름 0.5~1cm

생태와 특징

봄과 초여름에 걸쳐 떨어진 나뭇가지나 나무에 난 이끼류 사이에 발생한다. 자실체는 지름 0.5~1cm에 높이 1cm의 컵모양이고, 바깥 표면은 길고 분명한 백색의 털을 가졌으며, 내면은 심홍색이다.

약용, 식용여부

식용불가이다.

011 균생사슴뿔버섯

육좌균과 점버섯속
Podostroma alutaceum(Pers.) Atk.

분포지역

북미, 유럽

서식장소/ 자생지

낙엽과 솔가리 사이 땅위에 또는 썩고 있는 나무 위

크기

자실체 크기는 5-10mm, 높이 1-5cm

생태와 특징

자실체 윗부분이 포자를 생산하는 부분인데 대와 거의 구분이 되지 않고 건조하며 마치 사포(砂布 sandpaper)처럼 아주 미세하게 거칠다. 색깔은 허연색에서 누르스름한 색이다가 노균이 되면서 차차 담황색 섞인 오렌지색에서 담갈색 섞인 오렌지색이 된다. 대처럼 생긴 자실체 아래 부분은 평활하고 허연색에서 담황색인데 노균이 되면 때때로 더 어두운 색이 되거나 갈색을 띄우고 아래로 내려 갈수록 그 색이 더 엷어진다. 8-10월에 걸쳐 낙엽과 솔가리 사이 땅위에 또는 썩고 있는 나무 위에 단생 또는 몇 개씩 모여 돋고 희귀한 편이다. 동충하초 속 버섯과 혼동하기 쉬운데 자실체 밑을 파 보면 곤충이나 그 밖의 지중생버섯(균핵 같은 버섯)이 없다.

약용, 식용여부

식용할 수 없다.

접시버섯

자낭균류 주발버섯목 접시버섯과의 버섯
Scutellinia scutellata

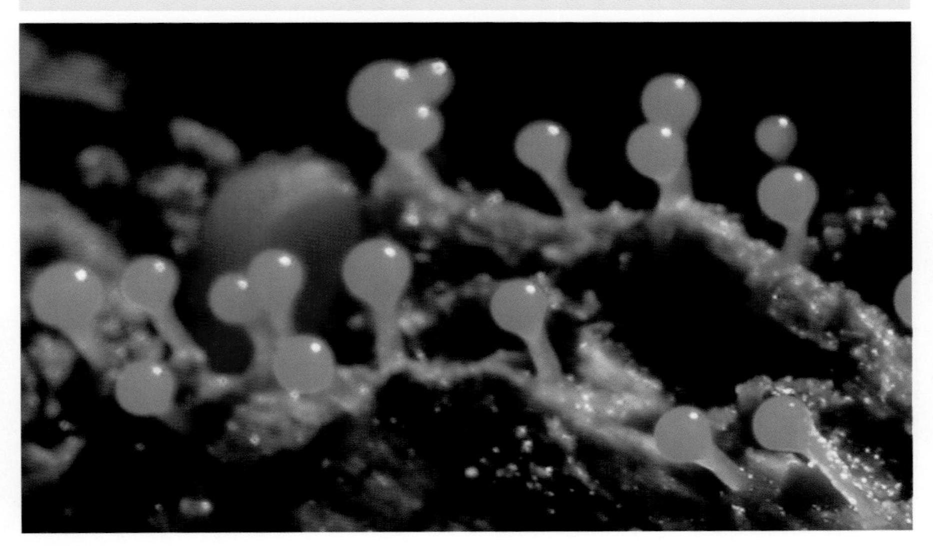

분포지역

한국, 북한, 일본, 유럽, 북아메리카

서식장소 / 자생지

습기 찬 토양의 썩은 나무 위

크기 자낭반 폭 10㎜

생태와 특징

여름에서 가을까지 습기 찬 토양의 썩은 나무 위에 무리를 지어 자란다. 스쿠텔라타(Scutellata)는 라틴어로 '작은 접시'라는 뜻이다. 자낭반은 폭이 10㎜에 이르고 접시 모양을 이루며 뚜렷한 주홍색으로 눈에 잘 띈다. 바깥 표면은 옅은 갈색이다. 자낭반의 가장자리는 단단한 흑갈색의 센털로 덮여 있으며, 털의 길이는 약 1㎜이다. 자실체의 벽 두께는 4.0~10㎛이며, 격막은 있지만 얇다. 홀씨주머니는 300×25㎛이다. 홀씨는 18~19×10~12㎛의 타원형이며 그 안에 작은 기름방울을 가지고 있다.

약용, 식용여부

식용할 수 없다.

013 마귀순갈버섯

두건버섯과의 버섯

Trichoglossum hirsutum

분포지역

한국(지리산, 한라산), 일본, 유럽, 북아메리카

서식장소 / 자생지

물이끼가 자라는 습한 풀밭이나 땅 위

크기

자실체 높이 3~8㎝

생태와 특징

여름에서 가을까지 물이끼가 자라는 습한 풀밭이나 땅 위에 무리를 지어 자라거나 한 개씩 자란다. 자실체는 높이 3~8㎝로 주걱 또는 곤봉 모양이다. 머리는 편평한 방추형이고 점차 아래로 가늘어지는 원기둥 모양 버섯대로 이루어져 있으며 전체가 검은색인 작은 창살 모양이다. 머리의 표면 전체에 자실층이 발달하고 홀씨주머니 사이에 어두운 색의 털이 함께 나서 표면이 벨벳 모양을 이루고 있다. 홀씨는 150~220×20~25㎛의 가늘고 긴 막대 모양이며 갈색으로 15개 내외의 가로막이 있고 홀씨주머니 속에 들어 있다.

약용, 식용여부

식용할 수 없다.

다형콩꼬투리버섯

자낭균류 콩버섯목 콩꼬투리버섯과의 버섯

Xylaria polymorpha

분포지역

한국, 북한(백두산) 등을 비롯한 전세계

서식장소 / 자생지

활엽수의 고목 또는 살아 있는 나무의 뿌리 근처

크기 자실체 높이 3~7㎝

생태와 특징

가을에서 봄까지 활엽수의 고목 또는 살아 있는 나무의 뿌리 근처에 무리를 지어 자란다. 때로는 생나무 뿌리나 줄기에 기생하여 썩히기도 한다. 자실체는 높이 3~7㎝이며 방망이 모양이나 거꾸로 선 술병 모양이며 목탄질로 단단하다. 자실체 표면은 검은색이다. 자낭각은 머리 부분이 부풀어 있고 검은 표층조직 내에 파묻혀 있으며, 표면에 점모양의 입이 있다. 홀씨는 크기 20~30×6~8㎛의 방추형이며 검은 갈색이고 한쪽만 부풀어 있다. 홀씨주머니는 가늘고 길며, 위쪽에 홀씨가 한 줄로 배열해 있다. 목재부후균으로 흰색 부패를 일으킨다.

약용, 식용여부

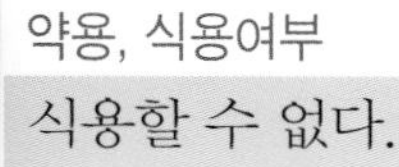

식용할 수 없다.

015 등황색끈적싸리버섯

붉은목이과의 버섯
Calocera viscosa

분포지역

한국(속리산, 소백산, 오대산, 지리산), 일본 등 전세계

서식장소 / 자생지

죽은 침엽수

크기

자실체 높이 3~5㎝

생태와 특징

여름에서 가을까지 죽은 침엽수에 한 개씩 자란다. 자실체는 높이 3~5㎝이고 전체적으로 선명한 붉은빛을 띤 누런색이다. 싸리버섯류와 비슷하게 나뭇가지 모양이며, 반투명한 젤라탄질을 가진 연골질이지만 건조하면 각질로 변해 딱딱해진다. 자실층은 전면에 만들어진다. 홀씨는 7~11×3.5~4㎛로 긴 타원형이며, 싹트기 전에 1~3개의 격막이 생긴다. 담자세포는 알파벳 Y자처럼 생겼다. 목재부후균이다.

약용, 식용여부

식용할 수 없다.

털미로목이

좀목이과 미로목이속 버섯
Protodaedalea hispida

분포지역

한국, 일본

서식장소 / 자생지 활엽수의 죽은 나무

크기 자실체는 지름 3~15㎝

생태와 특징

미로목이, 그물목이라고도 한다. 여름에서 가을까지 활엽수의 죽은 나무에 자란다. 자실체는 지름 3~15㎝이고 편평하거나 둥근 산 모양 또는 말굽 모양이며 버섯갓의 옆면이 기주에 직접 붙어 반원처럼 되어 있다. 자실체 기부는 두께가 1~7㎝이고 조금 습기가 있으며 한천질의 육질로서 물렁물렁하다. 버섯 갓은 젖빛 흰색, 누런 갈색, 연한 갈색이고 건조하면 오그라들어 어두운 갈색으로 변한다. 버섯 갓 윗면은 길이 1~5㎜의 깃털 모양 털로 덮여 있고, 아랫면은 방사상 또는 미로상의 주름살로 되어 있다. 주름살은 높이 0.5~1.5㎝, 두께 0.5~1㎜이며 양면에 자실층이 발달해 있다.

약용, 식용여부

식용할 수 없다.

001 톱니겨우살이버섯

담자균류 민주름버섯목 구멍장이버섯과의 버섯

Coltricia cinnamomea

분포지역

한국(가야산, 속리산, 지리산, 한라산), 북한(백두산), 북아메리카 등 전세계

서식장소 / 자생지

등산로의 땅

크기

버섯 갓 지름 1~4㎝, 두께 1.5~3㎜, 버섯 대 길이 2~4㎝

생태와 특징

북한명은 반들깔때기버섯이다. 일 년 내내 등산로의 땅에 무리를 지어 자란다. 버섯 갓은 지름 1~4㎝, 두께 1.5~3㎜로 둥글거나 편평하며 가운데가 파인다. 갓 표면은 녹쓴 갈색으로 방사상의 섬유무늬가 보이고 비단 같은 윤기가 나며 동심원처럼 생긴 고리모양이 있다. 살은 얇고 쉽게 부서지며 갈색이다. 버섯 갓 아랫면에 있는 관공은 깊이 1~2㎜로 누런 갈색 또는 어두운 갈색이다. 구멍은 크고 각이 져 있으며 1㎜ 사이에 1~3개가 있다. 버섯 대는 길이 2~4㎝로 원기둥처럼 생겼으며 아래가 불룩하다.

약용, 식용여부

식용할 수 없다.

좀벌집버섯

담자균류 민주름버섯목 구멍장이버섯과의 버섯
Favolus arcularius

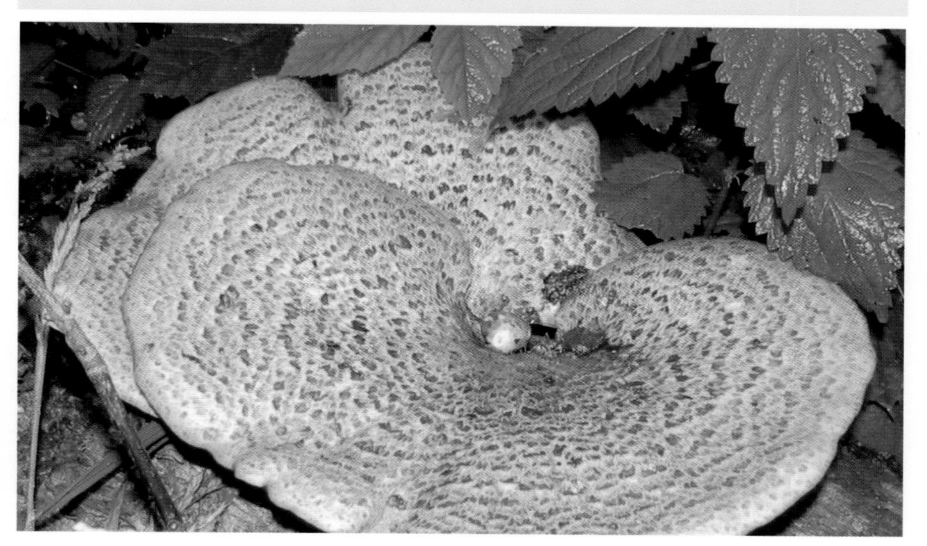

분포지역

한국, 북한(백두산), 일본 등 전세계

서식장소 / 자생지 활엽수의 죽은 나무 또는 그루터기

크기

버섯 갓 지름 1~5㎝, 두께 1~3㎜, 버섯 대 길이 1~4㎝, 굵기 2~3㎜

생태와 특징

일 년 내내 활엽수의 죽은 나무 또는 그루터기에 무리를 지어 자란다. 자실체의 높이는 3~6㎝이다. 버섯 갓은 지름 1~5㎝, 두께 1~3㎜로 둥글거나 깔때기 모양이며 갓 표면은 황백색 또는 연한 갈색이고 작은 비늘조각이 갈라져 있다. 살은 흰색이고 부드러운 가죽질이다. 버섯 대는 길이 1~4㎝, 굵기 2~3㎜로 원기둥처럼 생겼으며 단단한 편이다. 버섯 갓의 아랫면에는 관공이 있는데, 관공은 깊이 1~2㎜로 흰색 또는 크림색이며 구멍은 1×0.5㎜로 크고 타원형이며, 방사상으로 늘어서 있다. 홀씨는 7~9×2~3㎛로 긴 타원형이고 색이 없다. 홀씨 무늬는 흰색이다. 목재를 썩이는 백색부후균이다.

약용, 식용여부

식용할 수 없다.

019 삼색도장버섯

담자균류 민주름버섯목 구멍장이버섯과의 버섯
Daedaleopsis tricolor

분포지역

한국 · 아시아 · 유럽 · 미국

서식장소 / 자생지

밤나무 · 벚나무 등의 활엽수 죽은 나무

크기

갓 2~8cm x 1-4cm, 두께 0.5~0.8cm

생태와 특징

북한명은 밤색주름조개버섯이다. 밤나무 · 벚나무 등의 활엽수 죽은 나무에 무리를 지어 자란다. 버섯 갓은 크기 2~8cm×1~4cm, 두께 0.5~0.8cm로 부채꼴이고 편평하며 여러 개가 기왓장 모양으로 겹쳐서 발생한다. 갓 가장자리는 얇고 표면에는 어두운 자줏빛 갈색, 검은색, 갈색무늬가 나이테처럼 동심원의 고리무늬를 이루며 방사상으로 주름져 있다. 살은 잿빛 흰색이고 가죽질이다. 갓 밑면의 자실층은 완전한 주름을 이루고 처음에는 잿빛 흰색이나 점차 잿빛 갈색에서 검은색으로 된다.

약용, 식용여부

식용할 수 없다.

도장버섯

담자균류 민주름버섯목 구멍장이버섯과의 버섯
Daedaleopsis confragosa

분포지역

한국(두륜산, 가야산, 지리산, 한라산), 일본 등 전세계

서식장소 / 자생지 활엽수의 죽은 나무

크기 버섯 갓 크기 2~8×1~5㎝, 두께 0.5~1㎝

생태와 특징

북한명은 빛살갓주름조개버섯이다. 일 년 내내 활엽수의 죽은 나무에 무리를 지어 자란다. 버섯 갓은 크기 2~8×1~5㎝, 두께 0.5~1㎝로 반원 모양이거나 편평한 모양이다. 갓 표면은 얇은 껍질로 덮여 있고 털이 없으며 나무색 또는 다갈색으로 방사상의 주름과 고리홈이 있다. 살은 가죽처럼 생긴 코르크질로서 연한 나무색이다. 갓 아랫면에 있는 관공은 깊이 0.2~0.5㎝로 처음에 갓과 같은 색이다가 어두운 회색으로 변한다. 구멍은 불규칙한 모양, 방사상으로 긴 벌집 모양, 주름살 모양이며 구멍 가장자리가 톱니처럼 생겼으며, 주름살의 표면에는 작은 가시가 튀어나와 있다.

약용, 식용여부

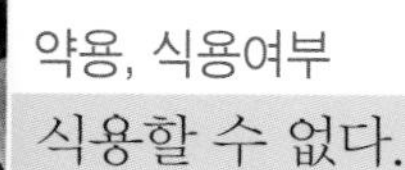

식용할 수 없다.

021 소나무잔나비버섯

담자균류 민주름버섯목 구멍장이버섯과의 버섯

Fomitopsis pinicola

분포지역

한국, 북한, 일본 등 북반구 온대 이북

서식장소 / 자생지

소나무 및 각종 침엽수의 죽은 나무, 쓰러진 나무, 살아있는 나무의 줄기

크기 버섯 갓 지름 30㎝, 두께 15㎝

생태와 특징

북한명은 전나무떡따리버섯이다. 일 년 내내 각종 침엽수의 죽은 나무, 쓰러진 나무, 살아 있는 나무의 줄기에 자란다. 버섯 대 없이 버섯 갓이 나무 줄기에 선반처럼 붙는다. 버섯 갓은 지름 30㎝, 두께 15㎝으로 큰 반원 모양이다. 버섯 대 윗면은 두꺼운 각피(殼皮)로 덮여 있기 때문에 단단하고 표면은 밋밋하며, 검은색 또는 붉은 갈색이고 동심원같이 생긴 이랑모양의 융기가 있다. 흔히 갓 가장자리에 붉은빛을 띠는 갈색의 띠가 있다. 밑면은 누런 흰색이며 미세한 관공이 촘촘하게 나 있다. 살은 나무질로 단단하고 연한 누런 흰색이다.

약용, 식용여부

식용할 수 없다.

벌집구멍장이버섯

022

진정담자균강 민주름버섯목 구멍장이버섯과 구멍장이버섯속

Polyporus alveolaris (DC.:Fr.) Bondartsev & Singer, Annales Mycologici

분포지역

한국, 일본

서식장소/ 자생지

활엽수의 죽은가지, 특히 살아있는 뽕나무

크기

자실체 크기 4~4.5×2~2.5㎝, 두께 2~6㎜

생태와 특징

북한명칭은 벌집버섯으로 되어 있고, 우리나라에서도 오래전에 벌집버섯으로 불렸다. 여름에서 가을에 걸쳐나며, 활엽수의 죽은가지, 특히 살아있는 뽕나무에 군생한다. 자실체 크기는 4~4.5×2~2.5㎝이며, 두께는 2~6㎜이다. 반원형~콩팥형으로, 갓표면은 황갈색의 털같은 가는 인편이 있다. 과공은 빛살모양 또는 긴 벌집형(타원형)으로 방사상으로 배열되어 있다. 버섯대는 측면에 생기고 짧고 때로는 흔적만 남아있다.

약용, 식용여부

식용에는 부적합하다.

023 장미잔나비버섯

담자균류 민주름버섯목 구멍장이버섯과의 버섯

Fomitopsis rosea

분포지역

한국, 일본, 아시아, 유럽, 북아메리카

서식장소 / 자생지

침엽수의 죽은 나무

크기

버섯 갓 폭 1~5×1~3cm, 두께 1~3cm

생태와 특징

북한명은 붉은떡따리버섯이다. 일 년 내내 침엽수의 죽은 나무에 자라며 여러해살이다. 버섯 갓은 폭 1~5×1~3cm, 두께 1~3cm로 반원모양 또는 낮은 말굽모양이다. 갓 표면은 어두운 회색 또는 분홍빛 검은색이고 동심적 고리무늬와 홈을 나타내며 가장자리는 처음에 연한 분홍색이다. 살은 코르크질로 단단하며 연한 분홍색이다. 아랫면은 분홍빛을 띤 흰색이다. 관공은 여러 층으로 이루어지는데 각 층은 1~3mm이고 구멍은 가늘며 1mm 사이에 3~5개가 있다. 홀씨는 6~9×2~3㎛로 밋밋한 원통 모양이고 무색이다. 목재부후균으로 재목에 갈색 부패를 일으킨다.

약용, 식용여부

식용할 수 없다.

벽돌빛뿌리버섯(벽돌빛잔나비버섯)

Heterobasidion insulare(Murrill) Ryvarden

분포지역

한국, 일본, 대만, 필리핀, 북반구 온대 이북 등

서식장소/ 자생지

침엽수의 그루터기, 재목 또는 생나무 위

크기 갓의 지름 2.5~5x4~8㎝, 1~1.5㎝

생태와 특징

1년 내내 침엽수의 그루터기, 재목 또는 생나무 위에 난다.

갓의 지름은 2.5~5x4~8㎝ 두께 1~1.5㎝로 반원형 부정형 조개형이다. 표면은 평활하고 희미한 환문이 있고 적갈색이며, 갓둘레는 백색이다. 관공은 길이 1㎝이고 관공구는 원형, 미로상이며 백색이다. 조직은 백색~황백색이며 목질이다. 또 다른 자료에는 자실체는 자루가 없거나 반배착생이며 가죽질이나 고무같이 질기고 겹쳐서 발생한다. 포자는 지름 4~5㎛로 구형이고, 표면은 평활하며 포자문은 백색이다. 봄~가을에 침엽수의 생나무, 그루터기, 나무토막에 중생하는 백색부후균이다.

약용, 식용여부

식용할 수 없다.

025 센털밤색갓버섯

담자균류 민주름버섯목 구멍버섯과의 버섯
Inonotus hispidus

분포지역

북한, 일본, 중국, 필리핀, 유럽, 북아메리카, 북아프리카

서식장소 / 자생지 죽은 참나무

크기 버섯 갓 3.5~5×7~8×0.5~2㎝

생태와 특징

일 년 내내 죽은 참나무에 무리를 지어 자란다. 자실체는 버섯 대가 없고 약간 붙어서 나며 해면질로서 마르면 단단해진다. 버섯 갓은 3.5~5×7~8×0.5~2㎝로 반원 모양이다. 갓 표면은 처음에 누른밤 색이다가 나중에 녹슨밤색 또는 거의 검은색으로 변하며 길고 거친 털로 덮여 있고 건조하면 털이 없어진다. 갓 가장자리는 두껍거나 얇다. 살은 두께 1~2.5㎝로 육질이 약하고 녹슨 밤색 또는 붉은 밤색이며 건조하면 단단해진다. 관공은 길이 1~1.5㎝로 처음에 누른색이다가 나중에는 검은 밤색에 가깝게 변한다. 공구는 둥글다가 모가 진 모양으로 변하고 1㎜ 사이에 2~3개가 있으며 구멍 벽은 길게 찢어진다. 홀씨는 7~10×6~8㎛로 넓은 타원 모양이거나 원 모양에 가깝고 밋밋하며 붉은 밤색이다.

약용, 식용여부

식용할 수 없다.

노란반달버섯(큰호박버섯)

구멍장이버섯과의 버섯

Hapalopilus rutilans

분포지역

한국(두륜산)

서식장소 / 자생지 침엽수의 죽은 줄기, 떨어진 나뭇가지

크기 버섯 갓 2~4×3.5~7×0.5~1.5㎝

생태와 특징

일 년 내내 침엽수의 죽은 줄기, 떨어진 나뭇가지에 자란다. 한해살이로 자실체는 육질이 연하고 반배착성이다. 버섯 갓은 2~4×3.5~7×0.5~1.5㎝로 반원 모양, 신장 모양, 둥근 산 모양이며 아랫면도 볼록하고 옆으로 착생한다. 갓 표면은 황갈색 또는 밤 갈색으로 껍질과 고리무늬가 없고 밋밋하며 가장자리가 두껍다. 만지면 적갈색으로 변한다. 살은 황갈색으로 해면질로 되어 있다. 자실층은 연한 노란색이고 관 길이는 3~6㎜이다. 구멍은 각이 져 있고 1㎜당 3개가 있다. 홀씨는 3~5.5×2~3.5㎛로 무색의 타원형이고 밋밋하다. 흰색 부패를 일으킨다.

약용, 식용여부

코르크질이어서 식용하지 않는다.

027 조개껍질버섯

담자균류 민주름버섯목 구멍장이버섯과의 버섯
Lenzites betulinus (L.) Fr.

분포지역

한국, 북한 등 전세계

서식장소 / 자생지

죽은 나무 또는 재목

크기

나비 2~10㎝, 두께 0.5~1㎝

생태와 특징

일 년 내내 침엽수 또는 활엽수의 죽은 나무 또는 재목에 무리를 지어 자란다. 버섯 갓은 반원형 부채꼴 또는 조개껍데기 모양으로 폭 2~10㎝, 두께 0.5~1㎝이다. 갓 표면에는 짧은 털이 촘촘히 나 있고, 황백색 · 회백색 · 회갈색 · 암갈색 등의 폭이 좁은 둥근 무늬가 밑 부분을 중심으로 수없이 감싸고 있다. 살은 두께가 1~2㎜로 얇으며 흰색 가죽질이고 표면에 있는 털 아래에는 어두운 색의 피층이 있다. 갓의 아랫면에는 방사상의 회갈색 주름이 늘어서 있고 가지를 치거나 서로 연결되기도 한다. 홀씨는 긴 타원형으로 구부러져 있고 홀씨무늬는 흰색이다. 목재를 썩게 하는 백색부후균이다.

약용, 식용여부

식용할 수 없다.

흰살버섯(애기흰살버섯)

구멍버섯과 흰살버섯속

Oxyporus sinensis X.L. Zeng.

서식장소/ 자생지

활엽수 고목의 밑둥 또는 주로 단풍나무

크기

3~21㎝

생태와 특징

다년생으로 활엽수 고목의 밑둥 또는 주로 단풍나무에서 발생하며, 흰살버섯의 생김새는 반원형으로 겹겹이 발생하고 넓이는 3~21㎝까지 자라며, 매년 새로운 층을 형성한다. 갓 표면은 미세한 털이 밀생하고 전체가 백색. 누른색이나 조류가 발생한 부위는 녹색을 띤다. 관공은 4~7㎜의 백색 또는 크림색이며 살은 코르크질이다.

약용, 식용여부

식용에 부적합하다.

029 흰구멍버섯

담자균류 민주름버섯목 구멍버섯과의 버섯
Oxyporus populinus

분포지역

북한, 일본, 중국, 러시아, 필리핀, 유럽, 북아메리카, 오스트레일리아

서식장소 / 자생지

살아 있는 사시나무 또는 단풍나무

크기 버섯 갓 2~10×3~15×0.5~4㎝

생태와 특징

1년 내내 살아 있는 사시나무 또는 단풍나무에 무리를 지어 자라거나 한 개씩 자라며 좌생 또는 배착생 하는 여러해살이이다. 버섯 갓은 2~10×3~15×0.5~4㎝이며 반구 모양 또는 둥근 산 모양이고 서로 이어져 있다. 갓 표면은 흰색, 누른색, 연한 회색빛 검은색이며 연한 털이 있는 것도 있고 없는 것도 있다. 살은 흰색의 해면질이고 축축한 편인데 건조해지면 코르크질 또는 나무질이며 갓 가장자리는 두껍다. 관공은 길이 1~5㎜이며 공구는 모가 나 있고 흰색 또는 누른색이다. 주머니모양체는 11~19×3~11㎛이고 머리 또는 곤봉 모양이다. 갈색부후균으로 나무에 밤색 부패를 일으킨다.

약용, 식용여부

식용부적합하다.

황갈색털대구멍버섯

버섯목 버섯과 대구멍버섯속
Onnia tomentosa(Fr.) P. Karst.

서식장소/ 자생지

침엽수의 그루터기, 살아있는 나무의 뿌리 등에서 주로 발생 (백색부후균)

크기 자실체 지름 10㎝

생태와 특징

이전까지 시루뻔버섯속(Inonotus)에 속하였었는데, 최근의 유전자연구로 대구멍버섯속으로 이전되었다. 자실체는 지름 10㎝에 이르며, 어릴 때는 편평하고, 무디고 둥글며 가장자리는 황백색이다가, 나중에는 가운데가 약간 들어가고 가장자리는 약간 파형이 되며, 가장자리는 어릴 때보다는 약간 날카로와진다. 어릴 때는 펠트상으로 미세한 회색 털이 있으나 늙으면 없어지며, 짙은 갈색이 된다. 갓의 조직은 황갈색으로 해면상의 상층과 섬유상의 하층으로 되어 있다. 공구는 담갈색~갈색으로 소형이다. 대는 중심생~편심생~측심생으로 짧고 두꺼우며 암갈색~흑갈색이다.

겨우살이버섯(Coltricia perennis)과 비슷한데, 겨우살이버섯은 동심환 모양이 덜 뚜렷하고 표면에 털이 없으며, 조직이 균일한 색상을 띤다.

약용, 식용여부

식용할 수 없다.

031 간버섯

담자균류 민주름버섯목 구멍장이버섯과의 버섯
Pycnoporus coccineus

분포지역

한국(다도해해상국립공원, 변산반도국립공원, 어래산, 두륜산, 방태산, 지리산, 한라산, 백두산, 선달산), 일본 등 전세계

서식장소 / 자생지

침엽수와 활엽수의 죽은 줄기나 가지

크기 갓 옆지름 3~10㎝, 두께 5㎜ 이하

생태와 특징

1년 내내 침엽수와 활엽수의 죽은 줄기나 가지에 홀로 난다. 갓은 옆지름 3~10㎝, 두께 5㎜ 이하로 반원형의 부채 모양으로 편평하다. 갓 표면은 융털이 나 있고 매끄러우며, 처음에 담홍색이었다가 나중에 회백색으로 변하며 진하고 연한 색의 고리무늬가 생기기도 한다. 살은 약간 누런빛을 띤 붉은색이다. 자루가 없으며 질긴 가죽질이다. 관공은 길이 1~2㎜로 가는 원형의 구형이며 1㎜ 사이에 6~8개가 있고 약간 누런빛을 띤 어두운 붉은색이다. 포자는 7~8×2.5~3㎛로 긴 타원형이고 약간 구부러지며 표면은 매끄럽고 무색이다. 죽은 나무에서 자란 균사는 진한 담홍색을 띤다.

약용, 식용여부

식용할 수 없다.

해면버섯

민주름목 구멍장이버섯과 해면버섯속
Phaeolus schweinitzii (Fr.) Pat.

분포지역

한국 등 북반구 온대 이북

서식장소/ 자생지 침엽수의 그루터기 또는 살아 있는 나무의 뿌리

크기 버섯갓 지름 20~30㎝, 두께 0.5~1㎝

생태와 특징

여름에서 가을까지 침엽수의 그루터기 또는 살아 있는 나무의 뿌리에서 자란다. 버섯갓은 지름 20~30㎝, 두께 0.5~1㎝이고 반원 모양 또는 부채 모양이다. 버섯갓 표면은 처음에 갈색빛을 띠는 황색이다가 나중에 붉은빛을 많이 띤 갈색 또는 어두은 갈색으로 변한다. 고리무늬가 뚜렷하지 않으며 부드러운 털로 덮여 있다. 살은 어두운 갈색이고 펠트질이지만 마르면 해면질로 되어 쉽게 부서진다.

버섯대가 있는 것도 있고 없는 것도 있다. 관은 깊이 2~3㎜이고 구멍은 모양이 일정하지 않다. 홀씨는 6~7×4~4.5㎛의 타원형이고 색이 없다. 갈색부후균으로 나무를 부패시키며 목재는 네모 모양으로 부서진다.

약용, 식용여부

염색제로 사용되며, 식용으로는 부적당하다.

033 자작나무버섯

담자균류 민주름버섯목 구멍장이버섯과의 버섯

Piptoporus betulinus

분포지역

한국, 일본, 필리핀 남부, 인도네시아, 북아메리카

서식장소 / 자생지

자작나무 등의 죽은 나무 또는 살아 있는 나무

크기

버섯 갓 지름 10~28㎝, 두께 2~5㎝, 버섯 대 3~13×6~22×2.5~7㎝

생태와 특징

북한명은 봇나무송편버섯이다. 일 년 내내 자작나무 등의 죽은 나무 또는 살아 있는 나무 등에 자란다. 자실체는 두터운 혹 모양으로 착생한다. 어릴 때는 육질이 여러 갈래로 갈라지지만 건조할 때는 치밀하고 단단해진다. 버섯 갓은 지름 10~28㎝, 두께 2~5㎝로 신장 모양 또는 편평한 호빵 모양이다. 수평으로 난 버섯 대는 종 모양이며, 크기가 3~13×6~22×2.5~7㎝에 이른다. 버섯 갓 표면에는 매우 얇은 피막이 있고, 털과 둥근 고리무늬가 없이 민둥하며, 성숙하고 여럿으로 갈라진다. 버섯 갓 가장자리는 솜 같은 털로 되어 있고 구릿빛이며, 다소 안으로 굽어 있다. 아랫부분에 1㎝ 정도의 무성대(無性帶)가 있는 것이 특징이다.

약용, 식용여부

식용할 수 없다.

겨울구멍장이버섯(겨울우산버섯)

담자균류 민주름버섯목 구멍장이버섯과 버섯

Polyporus brumalis(Pers.) Fr.(=Polyporellus brumails(Pers.)P.Karst.)

분포지역

한국(지리산, 한라산, 가야산, 다도해해상국립공원), 북한(백두산), 일본 등 전세계

서식장소/ 자생지 활엽수의 고목이나 죽은 가지

크기 갓 지름 1~5㎝, 두께 2~4㎜

생태와 특징

봄에서 가을에 걸쳐 발생하며, 일 년 내내 활엽수의 고목이나 죽은 가지에 무리를 지어 자란다.

갓의 지름은 1~5㎝이고 두께는 2~4㎜로 표면은 암흑갈색이며 회색 털이 있다가 없어진다. 갓은 원형, 둥근산 모양에서 편평하게 되고 중앙이 조금 오목하며, 가장자리는 아래로 감기고 살은 희다. 자실체는 자루를 가진 직립생으로 높이는 1~4㎝로 연한 가죽질이나 건조하면 딱딱해진다. 자루는 갈색이고 원주상, 가는 털이 있거나 없다. 아랫면의 관공은 길이는 1~3㎜로 백색 또는 회백색으로 구멍은 원형이다.

약용, 식용여부

식독불명으로 식용할 수 없다.

035 토끼털송편버섯

담자균류 민주름버섯목 구멍장이버섯과의 버섯

Trametes trogii

분포지역

한국(오대산, 지리산, 한라산), 일본 등 북반구 온대 이북 지역

서식장소 / 자생지

버드나무, 황철나무 등 활엽수의 죽은 나무

크기 버섯 갓 지름 3~8㎝, 두께 1~3㎜

생태와 특징

북한명은 밤색털조개버섯이다. 일 년 내내 버드나무, 황철나무 등 활엽수의 죽은 나무에 겹쳐서 무리를 지어 자란다. 버섯 갓은 지름 3~8㎝, 두께 1~3㎜로 반원형이고 기부는 위아래로 두꺼우며 횡단면은 쐐기 모양이다. 갓 표면은 잿빛 흰색 또는 잿빛 누런 갈색이며 털뭉치가 촘촘하게 나 있고 희미한 고리무늬와 고리홈이 있다. 살은 코르크질로 얇고 단단하며 흰색이다.

관공은 길이 5~10㎜로 1~2층이며 구멍은 둥글거나 모가 나 있고 구멍 가장자리는 편평하지 않으며 잿빛을 띤 노란색 또는 흰색이다. 홀씨는 8~13×3.5~4.5㎛로 원기둥 모양이고 무색이며 표면이 밋밋하다. 목재부후균으로 흰색 부패를 일으킨다.

약용, 식용여부

식용할 수 없다.

테옷솔버섯

담자균류 민주름버섯목 구멍장이버섯과의 버섯
Trichaptum biforme

분포지역

한국, 일본, 북아메리카

서식장소 / 자생지

활엽수의 죽은 나무

크기 버섯 갓 폭 1~6cm, 두께 1~2mm

생태와 특징

여름부터 가을까지 활엽수의 죽은 나무에 무리를 지어 자란다. 버섯 갓은 폭 1~6cm, 두께 1~2mm이고 반원 모양, 부채 모양, 국자 모양이다. 갓 표면은 잿빛 흰색 또는 나무색 바탕에 고리무늬가 있고 털이 촘촘하게 나 있다. 살은 흰색의 가죽질이다. 자실층막에는 얕은 구멍이 생기지만 구멍벽이 무너져 이빨처럼 생긴 바늘로 변하며 처음에는 자주색이지만 누런 갈색으로 변한다. 홀씨는 5~7×2~2.5μm의 밋밋한 원통 모양이고 약간 휘어진다. 백색부후균으로 나무에 흰색 부패를 일으킨다.

약용, 식용여부

식용할 수 없다.

037 수염바늘버섯

민주름목 턱수염버섯과
Climacodon septentrionalis(Fr.) P. Karst.

분포지역

한국 ·미국 ·유럽 등지

서식장소/ 자생지

활엽수의 고목이나 생목에 기생

크기

갓 크기 3~15㎝

생태와 특징

가을에 활엽수의 고목이나 생목에 기생하여 여러 개의 갓이 중첩되어 발생한다. 갓은 크기 3~15㎝이고 편평하다. 갓의 표면에는 가는 털이 덮여 있고 흰색이나, 건조하면 적황색을 띠게 되며 거친 주름이 생기고 둘레는 밑으로 구부러진다.

살은 섬유성인 육질이나 건조하면 목질로 되고 흰색 또는 등황색이다. 갓의 밑면에는 길이 6~8㎜의 가늘고 둥근 기둥 모양의 침모(針毛)가 내려붙어 있으며 흰색 또는 유백색이다. 포자는 타원형이고 밋밋하며 포자무늬는 흰색이다. 한국 ·미국 ·유럽 등지에 분포한다.

약용, 식용여부

식용할 수 없다.

솔방울털버섯

솔방울털버섯과의 버섯
Auriscalpium vulgare Gray

분포지역

한국 · 일본 · 중국 · 유럽 · 북아메리카 · 멕시코

서식장소 / 자생지

솔밭 땅 위에 떨어진 솔방울

크기 버섯 갓 지름 1~2㎝

생태와 특징

가을에 솔밭 땅 위에 떨어진 솔방울에 무리를 지어 자라거나 한 개씩 자란다. 버섯 갓은 지름 1~2㎝로 신장 모양이고 한쪽이 구부러진 부분에 버섯대가 붙어 있다. 갓 표면은 다갈색 또는 암갈색이고 우단처럼 생긴 잔털로 덮여 있으며, 가장자리는 흰색이고 털이 돌려붙어 있다. 살은 흰색이고 얇으며 가죽질이다. 갓 밑에는 길이 1~6㎝×1~3㎜ 되는 바늘이 내려붙어 있으며 처음에는 흰색이나 점차 회갈색으로 된다. 암갈색이며 우단처럼 생긴 잔털로 전면이 뒤덮여 있다. 홀씨는 4.5~5×3.5~4㎛의 타원형이며 무색이다.

약용, 식용여부

식용할 수 없다.

039 직립싸리버섯

담자균류 민주름버섯목 싸리버섯과 버섯

Ramaria stricta

분포지역

한국, 유럽, 북아메리카

서식장소 / 자생지

숲 속의 양지바른 곳의 땅

크기

자실체 5.0~10×2.0~7.0㎝

생태와 특징

여름철 숲속의 양지바른 곳의 땅에 뭉쳐서 자라거나 무리로 자란다. 자실체는 5.0~10×2.0~7.0㎝이고 처음에 연한 황토색이다가 시간이 많이 지나면 누런 갈색으로 변한다. 자실체 끝은 처음에 노란색이다가 나중에 황갈색으로 변하며 흠집이 생기면 자줏빛 갈색으로 변한다.

버섯 대는 굵기 0.2~0.5㎝, 길이 4.0~8.0㎝이고 가늘면서 곧게 서며 끝이 두 갈래로 갈라진다. 버섯 대 살은 육질이며 흰색 또는 바란 노란색이고 질기다. 홀씨는 9.0~11×4.0~4.5㎛이고 긴 타원형이다. 담자세포는 35~45×5.0~7.5㎛이고 방망이 모양이며 균사는 42.5~50×3.8~5.0㎛이고 필라멘트처럼 생겼다.

약용, 식용여부

식용할 수 없다.

노랑싸리버섯

040

담자균류 민주름버섯목 싸리버섯과에 속하는 버섯

Ramaria flava

분포지역

한국(가야산, 두륜산, 방태산, 다도해해상국립공원), 아시아, 유럽

서식장소 / 자생지

활엽수림이나 침엽수림의 습기 있는 땅과 썩은 나무

크기 자실체 높이 10~20㎝, 너비 10~15㎝

생태와 특징

여름에서 가을까지 활엽수림이나 침엽수림의 습기 있는 땅과 썩은 나무에 자란다. 싸리버섯처럼 나뭇가지 모양이며 자실체는 높이 10~20㎝, 너비 10~15㎝이다. 자실체 표면은 노란색과 붉은빛을 띠는 황토색이다. 버섯대는 흰색이며 다 자랐거나 상처가 나면 붉은색이 된다. 밑 부분의 굵은 줄기는 여러 번 잔가지로 갈라지며 잔가지는 다시 2~3개로 짧게 갈라진다. 버섯 살은 잘 부서지며 홀씨는 연한 밤색으로 긴 타원형이고 표면이 밋밋하다.

약용, 식용여부

독버섯으로 식용할 수 없으며, 섭취하면 설사나 구토, 복통을 일으킨다.

041 청자색모피버섯

구멍장이버섯목 유색고약버섯과 모피버섯속의 버섯

Terana caerulea(Lam.) Kuntze

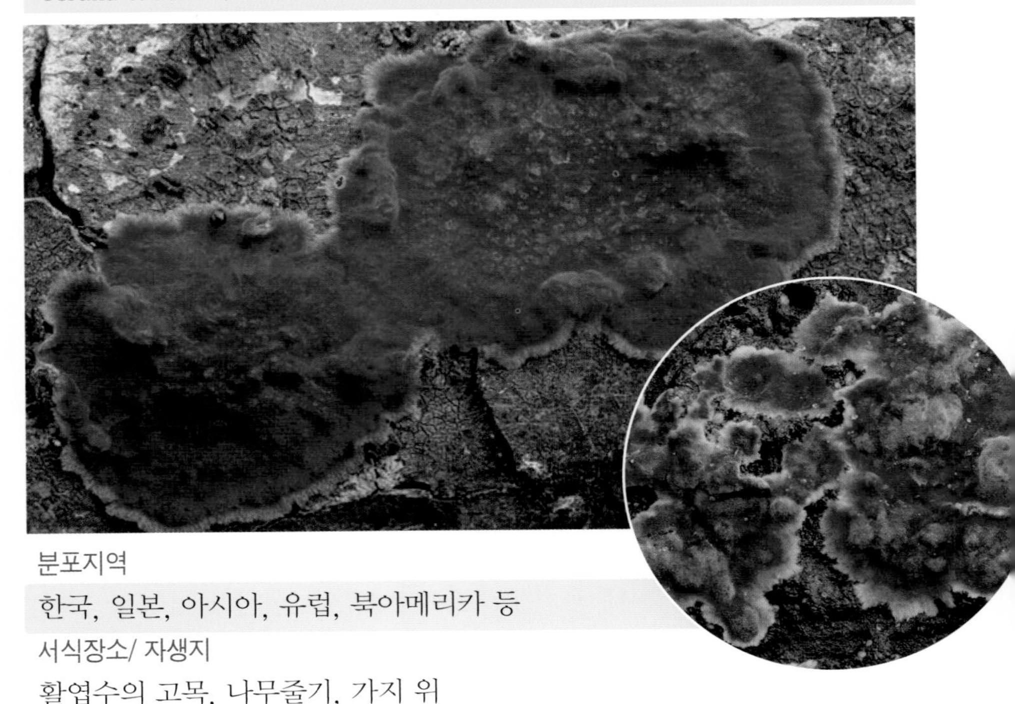

분포지역

한국, 일본, 아시아, 유럽, 북아메리카 등

서식장소/ 자생지

활엽수의 고목, 나무줄기, 가지 위

크기

자실체는 두께 0.05㎝

생태와 특징

자실체는 두께 0.05㎝로 완전배착성이며, 처음에는 원형~타원형이나 점차 융합하여 기주 위에 넓게 퍼지고 떨어지기 쉽다. 표면의 자실층은 평활하거나 약간 사마귀 상이며, 청자색~암자색이고, 가장자리의 생장부는 백색~담청자색이며, 외부와의 경계가 뚜렷하다. 조직은 밀랍질이다. 포자는 6~9×4~6㎛로 타원형이며, 표면은 평활하고, 무색~담청색이며, 포자문은 담청백색이다. 봄~가을에 활엽수의 고목, 나무줄기, 가지 위에 발생한다. 한국, 일본, 아시아, 유럽, 북아메리카 등에 분포한다.

약용, 식용여부

식용불가하다

단풍사마귀버섯

사마귀버섯과의 버섯

Thelephora palmata

분포지역

한국, 일본, 중국, 오스트레일리아, 아시아, 유럽, 북아메리카

서식장소 / 자생지 숲 속의 땅

크기

버섯 갓 가로 지름 2~7㎝, 세로 지름 1~5㎝, 버섯 대 굵기 0.1~0.2㎝, 길이 1~1.5㎝

생태와 특징

여름부터 가을까지 숲 속의 땅에 뭉쳐서 자란다. 버섯 갓은 가로 지름 2~7㎝, 세로 지름 1~5㎝로 연한 가죽질이며 불규칙하게 갈라진다. 각 조각은 편평하고 끝쪽에서 넓게 손바닥 모양으로 갈라지기를 반복한다. 제일 끝쪽은 털이 있고 흰색이지만 그 외의 부분은 어두운 자주색이며 마르면 갈색으로 변한다. 자실층은 끝과 버섯 대를 빼고는 전체에 만들어지며 등과 배의 구별이 없다. 버섯 대는 굵기 0.1~0.2㎝, 길이 1~1.5㎝로 곧게 나는데, 불쾌한 냄새가 난다.

약용, 식용여부

식용할 수 없다.

043 아교버섯

담자균류 민주름버섯목 아교버섯과의 버섯
Phlebia tremellosa(Schrad.) Nakasone&Burds.

분포지역

한국, 일본, 중국을 비롯하여 전세계

서식장소/ 자생지

활엽수, 침엽수의 썩은 나무나 그루터기 또는 생나무의 껍질

크기

갓은 지름 2~8×1~1.5㎝, 두께 0.2~0.3㎝

생태와 특징

갓은 지름 2~8×1~1.5㎝, 두께 0.2~0.3㎝로 반원형 또는 선반형이며, 반배착성이다. 갓 표면은 백색이나 섬유상 백색의 털이 빽빽이 퍼져 있고, 조직은 아교질처럼 연하지만, 건조하면 연골처럼 단단해진다. 자실층은 불규칙한 주름이 각형의 관공을 형성하며 반투명한 아교질이고, 초기에는 담홍색이나 차차 담홍황색이 된다. 포자는 4~5×1.5㎛로 원통형이며, 표면은 평활하고 포자문은 백색이다. 여름~가을에 활엽수, 침엽수의 썩은 나무나 그루터기 또는 생나무의 껍질에 반배착으로 중생하는 목재부후균으로 백색부후를 일으킨다. 한국, 일본, 중국을 비롯하여 전세계적으로 분포한다.

약용, 식용여부

식용할 수 없다.

큰주머니광대버섯

주름버섯목 광대버섯과 광대버섯속
Amanita volvata (Peck) Llyod

분포지역

한국, 일본, 중국, 북아메리카 등

서식장소/ 자생지

활엽수림의 땅

크기 버섯대는 굵기 5~10㎜, 길이 6~14㎝

생태와 특징

여름과 가을에 활엽수림의 땅에서 여기저기 흩어져 자라거나 한 개씩 자란다. 버섯갓은 지름 5~8㎝이고 처음에 종 모양이다가 나중에 편평해진다. 갓 표면은 백갈색 바탕에 흰색 또는 홍갈색의 가루나 솜털처럼 생긴 비늘조각이 있다. 살은 흰색이고 흠집이 생기면 홍색으로 변한다. 주름살은 끝붙은주름살이며 처음에 흰색이다가 홍갈색으로 변한다.

버섯대는 굵기 5~10㎜, 길이 6~14㎝이고 뿌리부근이 굵다. 버섯대 표면이 흰색이고 비늘조각이 붙어 있다. 버섯대주머니는 흰색이나 연한 홍갈색의 두꺼운 막처럼 생겼다.

약용, 식용여부

독버섯으로 식용할 수 없다.

045 광대버섯아재비

담자균류 주름버섯목 광대버섯과의 버섯

Amanita muscaria var. regaris

분포지역

한국, 중국, 유럽, 북아메리카

서식장소 / 자생지

침엽수림 속의 양치식물이 자라는 곳

크기

갓 지름 6~12㎝, 자루 8~15×1~2㎝

생태와 특징

침엽수림 속의 양치식물이 자라는 곳에 홀로 자란다. 갓은 지름이 6~12㎝이고 황갈색이나 노란색이다. 갓 표면은 연한 노란색의 막질이 고리 모양을 이루고 있다. 자루는 크기가 8~15×1~2㎝이고 끝이 연한 노란색으로 흰 가루가 붙어 있으며 점성이 있다. 흰색의 큰 자루주머니가 달라붙어 있다. 포자는 타원형이고 10~12.5×6~10㎛이다.

약용, 식용여부

식용할 수 없다.

붉은점갓닭알독버섯

046

담자균류 주름버섯목 닭알독버섯과의 버섯
Amanita muscaria

분포지역

북한, 일본, 중국, 유럽, 북아메리카

서식장소 / 자생지

자작나무 숲, 소나무

크기 버섯 갓 지름 8~15㎝, 버섯 대 지름 1~1.5㎝, 길이 10~22㎝

생태와 특징

붉은광대버섯이라고도 한다. 여름에서 가을까지 혼합림 속의 땅에 한 개씩 자란다. 버섯 갓은 지름 8~15㎝로 처음에 둥근 달걀 모양이다가 나중에 편평해진다. 갓 표면은 축축하면 조금 끈적거리고 선명한 붉은색이나 붉은 감색이며 노란빛 흰색 또는 흰색의 삼각형 또는 다각형의 비늘조각들이 흩

어져 있다. 오랜 시간이 지나면 갓 가장자리에는 부챗살 같은 줄이 있다. 살은 흰색이고 겉껍질 밑은 연한 노란색이며 두껍다. 맛과 냄새는 심하지 않다. 주름살은 끝붙은주름살로 촘촘하고 흰색이다.

가문비나무, 전나무, 소나무, 자작나무, 참나무 등에 외생균근을 만들어 공생생활을 한다.

약용, 식용여부

독버섯으로 식용할 수 없다.

047 암회색광대버섯

담자균류 주름버섯목 광대버섯과의 버섯

Amanita porphyria

분포지역

한국 등 북반구 온대 이북

서식장소 / 자생지

침엽수림의 땅

크기

버섯 갓 지름 3~6㎝, 버섯 대 굵기 1㎝, 길이 7~9㎝

생태와 특징

북한명은 검은닭알버섯이다. 여름과 가을에 침엽수림의 땅에 한 개씩 자란다. 버섯 갓은 지름 3~6㎝로 종 모양이나 둥근 산 모양이다. 갓 표면은 회색 또는 회갈색으로 어두운 회색의 외피막 조각이 붙어 있다. 살은 흰색으로 질기다. 주름살은 올린주름살 또는 끝붙은주름살로 촘촘하며 흰색이다. 버섯 대는 굵기 1㎝, 길이 7~9㎝로 뿌리부근이 불룩하고 기부에 흰색 또는 어두운 회색의 버섯 대주머니가 달라붙어 있다. 버섯 대 표면은 턱받이 위쪽이 흰색이고 아래쪽에는 연한 회색의 섬유상 얼룩무늬가 있으며 턱받이는 회색 또는 검은 갈색의 막질이다. 홀씨는 7.5~10㎛로 공 모양이다.

약용, 식용여부

독버섯으로 식용할 수 없다.

붉은점박이광대버섯

담자균류 주름버섯목 광대버섯과의 버섯

Amanita rubescens

분포지역

한국 등 북반구 온대 이북, 오스트레일리아, 남아메리카

서식장소 / 자생지 혼합림의 땅

크기 버섯 갓 지름 6~18㎝, 버섯 대 굵기 0.6~2.5㎝, 길이 8~24㎝

생태와 특징

잿빛달걀버섯이라고도 하며 북한명은 색갈이닭알버섯이다. 여름에서 가을까지 혼합림의 땅에 여기저기 흩어져 자라거나 한 개씩 자란다. 버섯 갓은 지름 6~18㎝로 처음에 둥근 산 모양이다가 나중에 편평해지며 가장자리가 위로 뒤집힌다. 갓 표면은 처음에 붉은 갈색이다가 잿빛 흰색 또는 연한 갈색으로 변하고, 외피막의 파편이 가루처럼 붙어 있다. 살은 흰색으로 흠집이 생기면 붉은 갈색으로 변한다. 주름살은 끝붙은주름살로 흰색이나 붉은 갈색의 얼룩이 생긴다.

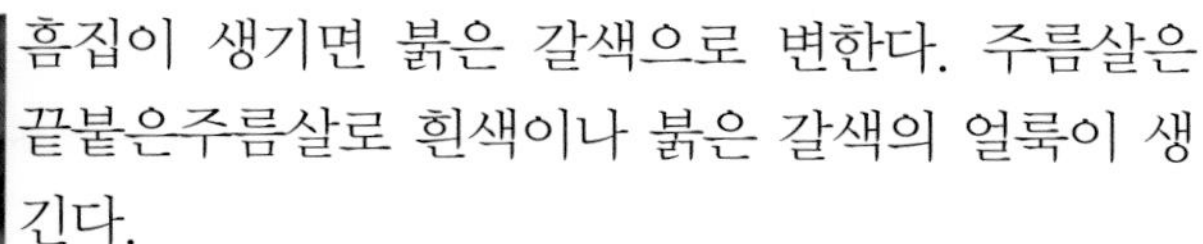

버섯 대는 굵기 0.6~2.5㎝, 길이 8~24㎝로 연한 붉운 갈색이며 윗부분에 흰색 막질의 턱받이가 있고 뿌리부근이 불룩하다.

약용, 식용여부

식용할 수 없다.

049 알광대버섯

담자균류 주름버섯목 광대버섯과의 버섯

Amanita phalloides

분포지역

한국 · 일본 · 아시아 · 유럽 · 미국 · 아프리카 등지

서식장소 / 자생지

산야의 땅 위

크기

갓 지름 6~10㎝, 자루 6~18×0.8~1.2㎝

생태와 특징

북한명은 닭알독버섯이다. 여름과 가을에 산야의 땅 위에서 발생한다. 버섯 갓은 지름 6~10㎝이고, 처음에는 종 모양이나 점차 편평해지며 엷은 노란색이고 중앙부는 더욱 진하다. 습기가 있을 때는 표면이 끈적끈적하며 갓 둘레에는 방사상의 줄이 보인다. 주름은 흰색으로 폭이 넓으며 촘촘하고 자루에 끝붙어 있다. 버섯 대의 크기는 6~18㎝×0.8~1.2㎝이고, 표면은 탁한 흰색이다. 위쪽으로 자루테가 있고 밑동은 둥근 모양이며 큰 흰색 주머니로 싸여 있다. 홀씨는 짧은 타원형이며 홀씨 무늬는 흰색이다.

약용, 식용여부

맹독성이므로 식용할 수 없다.

마귀광대버섯

담자균류 주름버섯목 광대버섯과의 버섯
Amanita pantherina

분포지역

한국(가야산, 속리산, 지리산, 한라산) · 일본 · 유럽 · 북아메리카 · 아프리카

서식장소 / 자생지

침엽수림 및 활엽수림의 땅

크기 버섯 갓 지름 4~25㎝, 버섯 대 굵기 0.6~3㎝, 길이 5~35㎝

생태와 특징

북한명은 점갓닭알독버섯이다. 여름에서 가을에 걸쳐 침엽수림 및 활엽수림의 땅에 한 개씩 자란다. 버섯 갓은 지름 4~25㎝로 처음에는 둥근 모양이나 점차 커져서 편평해진다. 갓 표면은 회갈색이고 가운데는 더욱 진해지며 그 위에 흰색의 사마귀 점이 다수 반점 모양을 이루고 있어 표범의 등무늬와 매우 비슷하다. 주름은 흰색이고 촘촘하며 자루 끝에 붙어 있다. 버섯 대 속은 비어 있다. 무스카린 등의 유독성분이 들어 있고 특히 파리를 유인하는 물질이 들어 있어 밥알과 함께 이겨서 파리를 잡는 데 이용된다.

약용, 식용여부

독버섯으로 식용할 수 없다.

051 알광대버섯아재비

담자균류 주름버섯목 광대버섯과의 버섯
Amanita subjunquillea

분포지역

한국 · 일본 · 중국(북동부) · 연해지방

서식장소 / 자생지

침엽수림 · 활엽수림

크기

갓 지름 45~80㎜, 자루 길이 50~115㎜

생태와 특징

개나리광대버섯이라고도 한다. 여름과 가을에 침엽수람, 활엽수림, 혼합림의 땅에 무리를 지어 자라거나 한 개씩 자란다. 버섯 갓은 지름 3.5~8.0㎝로 처음에 약간 원뿔 모양이다가 나중에 편평해진다. 갓 표면은 노란색으로 가운데가 누런 갈색이며 방사상 섬유처럼 생긴 줄무늬가 조금 있고 축축하면 점성을 조금 띤다. 살은 육질로서 흰색이고 표피 밑은 노란색이다. 주름살은 떨어진주름살로 촘촘하며 흰색이다. 버섯 대는 길이 7~11.5㎝, 폭 0.5~1.5㎝로 위쪽에 흰색의 막질 턱받이가 있으며 기부는 불룩하다. 버섯 대 표면은 누런 흰색이고 누런 갈색의 작은 비늘조각이 있다.

약용, 식용여부

맹독이 있어 식용할 수 없다.

큰우산광대버섯

담자균류 주름버섯목 광대버섯과의 버섯
Amanita vaginata var. punctata

분포지역

한국, 일본, 유럽, 북아메리카

서식장소 / 자생지

낙엽수림의 땅

크기

갓 크기 6~10㎝, 자루 길이 11~17㎝

생태와 특징

북한명은 큰우산버섯이다. 여름부터 가을까지 낙엽수림의 땅에 무리를 지어 자란다. 우산버섯보다 약간 크고 색이 진하다. 갓의 크기는 6~10㎝, 자루는 길이 11~17㎝이다. 버섯 대는 어두운 회색의 가루가 덮고 있어서 얼룩이 생긴다. 버섯 대주머니는 땅 속에 깊이 파묻혀 있기 때문에 땅 위에서는 전혀 볼 수가 없다. 주름살은 끝붙은주름살이며 주름살 가장자리가 어두운 회색으로 되어 있다. 홀씨는 지름이 10~12㎛이고 공 모양이다.

약용, 식용여부

독버섯으로 식용할 수 없다.

053 우산버섯

담자균류 주름버섯목 광대버섯과의 버섯

Amanita vaginata

분포지역

한국 등 전세계

서식장소 / 자생지

침엽수림과 활엽수림 속의 땅 위

크기

버섯 갓 지름 5~7㎝, 버섯 대 두께 1.5~2㎝, 길이 5~20㎝

생태와 특징

북한명은 학버섯이다. 여름에서 가을에 걸쳐 침엽수림과 활엽수림 속의 땅 위에 흩어져서 자라거나 한 개씩 자라는 균근균이다. 버섯 갓은 지름 5~7㎝이고 표면이 회색 또는 회백색이며 살은 흰색이다. 갓의 모양은 처음에 원뿔 모양이다가 둥근 산 모양을 띤 후 편평한 모양으로 변한다. 가장자리는 홈이 파진 줄이 방사상을 이룬다. 주름살은 흰색이며 끝붙은주름살이다. 버섯 대는 두께 1.5~2㎝, 길이 5~20㎝이고 위쪽이 상대적으로 가늘며 속은 비어 있다. 버섯 대 표면은 밋밋하고 흰색이다. 버섯 대 아랫부분에 흰색 버섯 대주머니를 크게 형성하는 것이 특징이다. 홀씨는 지름 10~12㎛의 공 모양이다.

약용, 식용여부

독버섯으로 식용할 수 없다.

흰가시광대버섯

담자균류 주름버섯목 광대버섯과의 버섯
Amanita virgineoides

분포지역

한국, 일본

서식장소 / 자생지 숲 속의 땅

크기 버섯 갓 지름 9~20cm, 버섯 대 굵기 1.5~2.5cm, 길이 12~22cm

생태와 특징

여름부터 가을까지 숲 속의 땅에 한 개씩 자란다. 버섯 갓은 지름 9~20cm이고 둥근 산 모양이며 가장자리에 턱받이의 찢어진 조각이 붙어 있다. 갓 표면은 흰색 바탕에 작은 가루가 덮고 있으며 사마귀 점이 높이 3mm의 원뿔 모양으로 많이 나 있다. 살은 흰색이고 건조해지면 불쾌한 냄새가 난다. 주름살은 끝붙은주름살이고 흰색 또는 크림색이다. 버섯 대는 굵기 1.5~2.5cm, 길이 12~22cm이고 밑부분이 불룩하며 속이 비어 있다. 버섯 대 표면은 흰색 바탕에 솜털 같은 비늘조각이 붙어 있며 밑부분에 사마귀 점이 고리를 이룬다. 턱받이는 막처럼 생겼고 큰 편이다. 홀씨는 8~10.5×6~7.5μm이고 타원 모양이다.

약용, 식용여부

독버섯으로 식용할 수 없다.

055 독우산광대버섯

담자균류 주름버섯목 광대버섯과의 버섯
Amanita virosa

분포지역

한국(오대산, 속리산, 지리산, 한라산) 등 북반구 일대와 오스트레일리아

서식장소 / 자생지 활엽수림, 혼합림 속의 땅 위

크기

버섯 갓 지름 6~15cm, 버섯 대는 길이 8~25cm, 굵기 1.0~2.3mm

생태와 특징

북한명은 학독버섯이다. 여름과 가을에 걸쳐 활엽수림, 혼합림 속의 땅 위에서 한 개씩 자라거나 무리를 지어 자란다. 자실체 전체가 흰색이고, 버섯 갓은 지름 6~15cm이다. 처음에는 원뿔 모양에서 종 모양으로 되고, 나중에 퍼져서 편평하게 되나 가운데가 약간 볼록하다. 갓 표면은 밋밋하고 습할 때는 끈적끈적하며 건조하면 광택을 낸다. 살은 흰색이고 맛도 냄새도 거의 없다. 주름은 흰색으로 떨어진 모양이며 자루 끝에 붙고 빽빽이 난다. 버섯 대는 길이 8~25cm, 굵기 1.0~2.3mm이고 밑동은 약간 볼록하며 큰 주머니에 싸여 있다. 버섯 대 표면에 섬유처럼 생긴 솜털이 많으며 위쪽에 자루테가 있다.

약용, 식용여부

맹독성이 있어 식용할 수 없다.

덧부치버섯

담자균류 주름버섯목 송이과의 버섯
Asterophora lycoperdoides

분포지역

한국(가야산, 두륜산, 방태산, 지리산, 한라산) · 일본 · 유럽 · 북아메리카

서식장소 / 자생지

무당버섯류의 자실체

크기 버섯 갓 지름 1~3cm, 버섯 대 지름 2~5mm, 길이 2~4cm

생태와 특징

북한명은 덧붙이애기버섯이다. 여름에서 가을까지 절구버섯 · 흑갈색무당버섯, 후추젖버섯 등 무당버섯류의 자실체 위에 기생한다. 자실체의 버섯 갓은 공 모양 또는 반구 모양으로 지름 1~3cm이며, 표면은 처음에는 흰색이지만 나중에 노란빛을 띤 갈색 또는 다갈색으로 된다. 그 이유는 갓 표면에 이 빛깔의 후막포자(厚膜胞子)가 형성되기 때문이다. 갓 뒷면에는 흰색의 주름이 생겨 담자포자가 생긴다. 주름은 완전히 붙은 모양이고 두꺼우며 흰색이다. 버섯 대는 지름 2~5mm, 길이 2~4cm로 원통형이고 갈색빛을 띤 흰색을 띤다.

약용, 식용여부

식용할 수 없다.

057 연보라솔방울버섯

담자균류 주름버섯목 낙엽버섯과 솔방울버섯속의 버섯
Baeospora myriadophylla(Peck) Singer

분포지역

북미

서식장소 / 자생지

썩은 나무

크기

버섯 갓 지름 1~4cm, 버섯 대 길이 10-50 x 1-3mm

생태와 특징

6월에서 10월에 썩은 나무에서에서 발생한다. 버섯 갓 지름 1~4cm, 버섯 대 길이 10-50 x 1-3mm로, 연보라빛 또는 갈색을 띈 연한 자주빛이다. 홀씨 크기는 3.5-4.5 x 2-3㎛이다.

약용, 식용여부

식용불가이다.

솔미치광이버섯

주름버섯목 끈적버섯과 미치광이버섯속
Gymnopilus liquiritiae (Pers.) P. Karst.

분포지역

한국, 북반구 온대 이북

서식장소/ 자생지 침엽수의 고사목이나 그루터기

크기 버섯갓 지름 1.5~4㎝, 버섯대 굵기 2~4㎜, 길이 2~5㎝

생태와 특징

늦은 봄부터 가을까지 침엽수의 고사목이나 그루터기에 무리지어 발생하며 목재부후성 버섯이다.솔미치광이버섯의 갓은 지름이 1~4㎝ 정도이며, 처음에는 종형이나 성장하면서 반구형을 거쳐 편평형이 된다. 갓 표면은 매끄럽고 황갈색 또는 연한 갈색이며, 성숙하면 갓 가장자리에 선이 나타난다. 주름살은 완전붙은주름살형이며 빽빽하고, 처음에는 황색이나 성장하면서 황갈색이 된다. 대의 길이는 2~5㎝ 정도이며 위아래 굵기가 비슷하고, 표면은 섬유상이다. 대 위쪽은 황갈색이고, 아래쪽으로 갈수록 황갈색이 된다. 대의 속은 비어 있다.

약용, 식용여부

독버섯으로 식용할 수 없다.

063 갈황색미치광이버섯

담자균류 주름버섯목 끈적버섯과의 버섯

Gymnopilus spectabilis

분포지역

한국 등 거의 전세계

서식장소 / 자생지

활엽수 또는 드물게 침엽수의 살아 있는 나무 또는 죽은 나무

크기

갓 지름 5~15cm, 자루 길이 5~15cm, 굵기 0.6~3cm

생태와 특징

여름에서 가을까지 활엽수 또는 드물게 침엽수의 살아 있는 나무 또는 죽은 나무에서 모여서 자란다. 갓은 지름 5~15cm로 처음에 반구 모양이다가 둥근 산 모양으로 변했다가 거의 편평해진다. 갓 표면은 황금색 또는 갈등황색으로 작은 섬유무늬를 나타낸다. 살은 연한 노란색 또는 황토색이며 조직이 촘촘하며 쓴맛이 있다. 주름살은 바른주름살 또는 내린주름살로 노란색에서 밝은 녹이 슨 것 같은 색으로 변한다. 자루는 길이 5~15cm, 굵기 0.6~3cm로 뿌리부분은 부풀어 있고 윗부분에 연한 노란색 막질의 턱받이가 있다.

약용, 식용여부

독성이 있으며 신경계통을 자극하여 환각을 일으키는 독버섯이며 목재부후균으로 이용된다.

무자갈버섯

담자균류 주름버섯목 끈적버섯과의 버섯

Hebeloma crustuliniforme

분포지역

한국(가야산, 한라산) 등 북반구 온대 이북

서식장소 / 자생지

숲 속의 땅 위

크기 버섯 갓 지름 3~8.5㎝, 버섯 대 길이 4~10㎝

생태와 특징

가을철 숲 속의 땅 위에 자란다. 버섯 갓은 지름 3~8.5㎝로 처음에 둥근 산 모양이다가 편평해지며 가운데가 봉긋하다. 갓 표면은 약간의 점성이 있고 연한 갈색으로 가운데는 적갈색이며 밋밋하다. 갓 가장자리는 안쪽으로 말린다. 살은 두껍고 촘촘하며 흰색이다. 냄새가 무와 비슷하고 맛은 맵다. 주름살은 홈파진주름살로 촘촘한데, 처음에 흰색이다가 진흙색으로 변하고 나중에는 갈색이 된다. 축축하면 주름살에서 물방울이 튀어나온다. 버섯 대는 길이 4~10㎝로 기부가 불룩하다. 버섯 대 표면은 흰색으로 윗부분이 흰색 가루 또는 솜털로 덮여 있고 속이 차 있다.

약용, 식용여부

독버섯으로 식용할 수 없다.

065 꾀꼬리큰버섯

우단버섯과의 버섯
Hygrophoropsis aurantiaca

분포지역

한국(지리산), 일본, 소아시아, 시베리아, 유럽, 북아메리카, 오스트레일리아

서식장소 / 자생지

침엽수림의 땅

크기

버섯 갓 지름 2~9㎝, 버섯 대 굵기 0.5~1㎝, 길이 4~7㎝

생태와 특징

북한명은 노란은행버섯이다. 여름부터 가을까지 침엽수림의 땅에 무리를 지어 자란다. 버섯 갓은 지름 2~9㎝로 처음에 둥근 산 모양이다가 편평해지고 나중에 깔때기 모양으로 변한다. 갓 표면은 오렌지빛 적황색 또는 갈색빛을 띤 오렌지색이고 작은 털로 덮여 있으며 갓 가장자리는 안쪽으로 감기면서 물결 모양이 된다. 살은 노란색이나 황토색이며 부드러우며 맛과 냄새가 부드럽게 난다. 주름살은 오렌지색의 내린주름살이고 3~5번 가지가 갈라진다. 버섯 대 표면은 노란색 또는 적갈색으로 아래쪽은 어두운 갈색이며 섬유 또는 털을 가지고 있고 구부러져 있다.

약용, 식용여부

식용할 수 없다.

노란다발버섯

주름버섯목 독청버섯과 다발버섯속의 버섯
Hypholoma fasciculare(Huds.) P. Kumm

분포지역

전세계

서식장소/ 자생지 활엽수, 침엽수의 죽은나무, 그루터기 등

크기 갓 지름 1~5㎝, 자루 길이 2~12㎝

생태와 특징

초봄에서 초겨울에 활엽수, 침엽수의 죽은나무, 그루터기 등에 속생한다. 갓은 지름 1~5㎝로 반구형~둥근산모양에서 호빵형을 거쳐 편평하게 되나 중앙부가 뾰족하다.

갓 표면은 습하고 매끄러우나 담~황색, 중앙부는 등갈색이며 주변부에 내피막 잔편이 거미집모양으로 붙으나 없어진다. 살은 황색이고 쓴맛이 있다. 주름살은 홈파진~올린주름살로 유황색이나 후에 올리브녹색에서 암자갈색으로 되며 밀생한다. 자루는 길이 2~12㎝로 균모와 같은색, 거미집모양의 고리가 있으나 곧 없어진다.

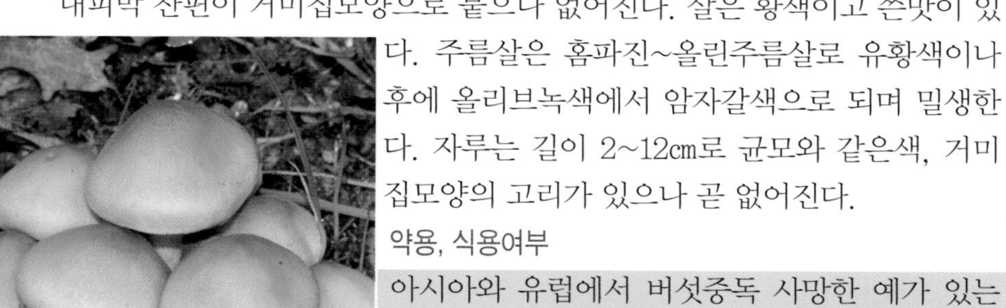

약용, 식용여부

아시아와 유럽에서 버섯중독 사망한 예가 있는 맹독버섯이다. 항종양, 항균, 혈당저하 작용이 있다.

067 이끼꽃버섯

벚꽃버섯과
Hygrocybe psittacina (Schaeff.:Fr.) Wunsche

분포지역

한국, 북반구 온대

서식장소/ 자생지

밭, 숲속의 땅

크기

갓 지름 1~3.5㎝, 자루 길이 3~6㎝, 굵기 1.5~4㎜

생태와 특징

갓은 지름 1~3.5㎝로 원추형에서 볼록편평형이 된다. 갓 표면은 처음에는 녹색의 두꺼운 점액층으로 덮여 있으나, 갓이 커짐에 따라 황록색, 갈색, 황색으로 변하고, 가장자리는 녹색선을 나타내며, 습할 때는 방사상 조선이 있다. 주름살은 완전붙은형~끝붙은형~올린형이고 성기며, 황색이다. 대는 3~6×0.2~0.4㎝로 원통형이고, 표면은 처음에는 녹색의 점액으로 덮여 있으나 차츰 기부로부터 마르면서 담황색 바탕이 나타난다. 포자는 6~8×4~5㎛로 타원형이며, 표면은 평활하고, 포자문은 백색이다. 여름~가을에 풀밭, 임지 내의 땅 위에 군생 또는 산생한다.

약용, 식용여부

전에는 식용으로 분류하였으나, 독성이 발견되어 현재는 독버섯으로 구분하고 있다. 약한 환각성 성분이 함유되어 있다.

애기흰땀버섯

담자균류 주름버섯목 끈적버섯과의 버섯

Inocybe geophylla

분포지역

한국 등 북반구 일대와 오스트레일리아

서식장소 / 자생지

침엽수림과 활엽수림 속의 땅 위

크기 버섯 갓 지름 1~2㎝, 버섯 대 2.5~5㎝×2~4㎜

생태와 특징

북한명은 흰땀독버섯이다. 여름에서 가을까지 침엽수림과 활엽수림 속의 땅 위에 무리를 지어 자란다. 자실체는 전체적으로 흰색이거나 때로는 자주색이고 비단 같은 윤기가 난다. 버섯 갓은 지름 1~2㎝로 처음에 원뿔 모양이다가 나중에 편평해지며 가운데가 솟아오른다. 주름살은 곁주름살 또는 먼주름살이며 황토색 또는 진흙색이다. 버섯 대는 2.5~5㎝×2~4㎜로 밑동이 약간 불룩하며 어릴 때는 거미줄막이 있다. 홀씨는 7.5~9.5×4.5~5㎛로 타원 모양이다. 연변주머니모양체와 옆주머니모양체는 45~60×11~15㎛로 방추형이며 막이 두껍다.

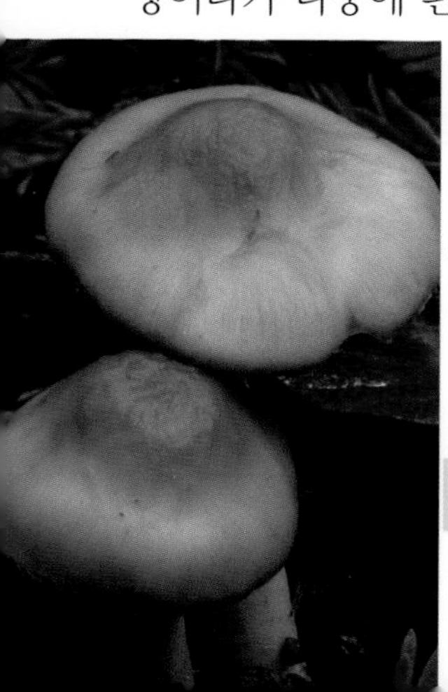

약용, 식용여부

독성이 있기 때문에 식용할 수 없다.

069 땀버섯

담자균류 주름버섯목 끈적버섯과의 버섯
Inocybe rimosa

분포지역

북한(대성산, 묘향산), 일본, 중국, 유럽, 북아메리카

서식장소 / 자생지

활엽수림 또는 혼합림 속의 땅이나 풀밭

크기

버섯 갓 지름 2~4㎝, 버섯 대 지름 4~6㎜, 길이 7~10㎝

생태와 특징

땀독버섯이라고도 한다. 여름에서 가을까지 활엽수림 또는 혼합림 속의 땅이나 풀밭에 여기저기 흩어져 자라거나 한 개씩 자란다. 버섯 갓은 지름 2~4㎝로 원뿔처럼 생긴 종 모양이다. 갓 표면에는 가는 섬유처럼 생긴 균사가 방사상으로 늘어서 있으며 비단 같은 광택이 있고 처음에 황갈색이다가 나중에 진해진다. 갓 가장자리는 찢어지는 경우가 많다. 주름살은 회갈색으로 촘촘하다.

홀씨는 긴 타원형으로 편평하고 회갈색이다. 독성분인 무스카린을 함유하는 것이 많고, 중독되면 술에 취한 것처럼 보이며 땀이 많이 난다.

약용, 식용여부

식용할 수 없다.

침투미치광이버섯

070

Gymnopilus penetrans (Fr. Fr.) Murr.

담자균문 주름균아문 주름균강 주름버섯목 독청버섯과 미치광이버섯속

분포지역

한국, 일본, 중국, 유럽, 북아메리카

서식장소/자생지

침엽수 및 활엽수의 썩는 고목

크기 버섯갓 지름 2~4.5㎝, 버섯대 3~5×0.3~0.5㎝

생태와 특징

여름에서 가을까지 침엽수 및 활엽수의 썩는 고목에 군생, 속생한다. 균모는 처음에는 원추형 또는 둥근산모양에서 차차 편평해진다. 표면은 건조하고 밋밋하며 오렌지황색-적황색이나 보통 중앙이 진하다. 가장자리는 날카롭고 고르며 막편이 매달린다. 살은 황백색-연한 적황색이다. 자루에서는 더 진한 녹슨색으로 된다. 주름살은 자루에 대하여 바른주름살로 처음에는 연한 황색에서 진한 황색-적황색으로 되며 폭이 좁고 촘촘하다. 자루는 상하가 같은 굵기이거나 또는 위쪽이 약간 가늘다. 표면은 하얀 거미집막 흔적이 있고 어릴 때는 유백색-연한 황색이나 나중에는 적색의 황색으로 되며 밑동이 암색을 띠기도 하며 털로 덮이기도 한다. 자루의 속은 빈다.

약용식용여부

식용할 수 없다.

큰붉은버섯

담자균류 주름버섯목 무당버섯과의 버섯

Lactarius torminosus

분포지역

한국, 일본, 중국 등 북반구 온대 이북

서식장소 / 자생지

활엽수림의 땅 위

크기

버섯 갓 지름 4~12㎝, 버섯 대 굵기 8~22㎜, 길이 2~6㎝

생태와 특징

큰붉은젖버섯이라고도 하며 북한명은 털매운젖버섯이다. 가을철 활엽수림의 땅 위에서 자란다. 버섯 갓은 지름 4~12㎝이고 어릴 때는 둥근 산 모양이다가 나중에 깔때기모양으로 변한다. 갓 표면은 누런빛을 띤 붉은 갈색 또는 누런 갈색이며 진한 색의 동심원 무늬가 있고 섬유로 덮여 있다. 갓 가장자리는 안으로 감기며 많은 솜털처럼 생긴 부드러운 털이 있다. 주름살은 내린주름살이고 촘촘하며 연한 홍색이다.

버섯 대는 굵기 8~22㎜, 길이 2~6㎝이고 속이 비어 있으며 표면은 버섯 갓의 색보다 연하다. 흠집이 생기면 젖이 나오며 젖은 매우 매운맛이고 흰색이다.

약용, 식용여부

독버섯이기 때문에 식용할 수 없다.

잿빛헛대젖버섯

담자균류 주름버섯목 무당버섯과의 버섯

Lactarius lignyotus Fr.

분포지역

북한(백두산) 등 북반구 일대

서식장소 / 자생지 침엽수림 내 땅 위

크기 갓 지름 3~8㎝, 자루 길이 6~12㎝

생태와 특징

여름에서 가을까지 침엽수림 내 땅 위에 홀로 자란다. 갓은 지름 3~8㎝이며 처음에 둥근 산 모양에서 편평하게 되거나, 중심부로 갈수록 오목해지다가 한가운데는 솟은 모양이 된다. 갓 표면은 바짝 말라 있으며 가루가 있는 벨벳처럼 생겼고 어두운 갈색 또는 검은색이다. 갓 표면에는 방사상으로 된 홈선이 있으며, 가장자리는 물결처럼 생겼고 안쪽으로 말려 있다. 살은 흰색이며 상처가 생길 경우에는 연어의 살색으로 변한다. 주름은 내린 주름으로 처음에 흰색이었다가 오렌지색으로 변한다.

약용, 식용여부

독버섯과로 약간 쓴맛을 지니며 식용할 수 없다.
(※한국사이트에서는 독버섯이란 설명만 있고 일본사이트 사단법인 농림수산기술정보협회의 기술에선 먹을 수 없다고 기재되어 있다.)

073 갈색털느타리

느타리과 털느타리속
Lentinellus ursinus(Fr.) Kuhner

분포지역

한국, 일본, 동남아시아, 북아메리카, 유럽 등에 자생한다.

서식장소 / 자생지

여름부터 가을에 걸쳐서 활엽수의 고목이나 넘어진 나무에 군생한다.

크기

넓은 난형으로 3~4×2.5~2.8㎛

생태와 특징

균모는 지름1~3.5cm로 반원형 또는 부채꼴 버섯자루는 없다. 균모의 표면은 유모가 밀생하고 비로드모양이며, 가장자리는 담갈색 후에 암갈색이 된다. 살은 탄력성이 강한 육질로 백색 또는 분홍색으로 마르면 단단하다. 매운 맛이 있다. 주름살은 갈회색으로 가장자리는 톱니모양이다. 포자문은 백색으로 포자는 유구형 또는 넓은 난형으로 3~4×2.5~2.8㎛로 미세한 돌기가 있고, 전분반응이다. 균사구성은 2균사형이다. 여름부터 가을에 걸쳐서 활엽수의 고목이나 넘어진 나무에 군생하고 재목의 백부를 일으킨다.

약용, 식용여부

맵고 쓴맛이 나기 때문에 식용으로 부적합하다.

갈색고리갓버섯

담자균류 주름버섯목 갓버섯과의 버섯

Lepiota cristata var. pallidior Bon(갈색고리바랜주름버섯)

분포지역

한국, 발왕산) · 동아시아 · 유럽 · 오스트레일리아 · 북아메리카

서식장소 / 자생지

숲 속, 정원, 잔디밭, 쓰레기장 등 축축한 땅 위

크기 버섯 갓 지름 2~4㎝, 버섯 대 굵기 2~5㎜, 길이 3~5㎝

생태와 특징

북한명은 애기우산버섯이다. 여름부터 가을까지 숲 속, 정원, 잔디밭, 쓰레기장 등 축축한 땅 위에 무리를 지어 자란다. 버섯 갓은 지름 2~4㎝로 처음에 종 모양 또는 둥근 산 모양이다가 자라면서 가운데만 볼록하면서 편평하게 변한다. 갓 표면은 연한 갈색 또는 붉은빛을 띤 갈색이고 섬유처럼 생긴 비늘조각이 흩어져 있다. 살은 흰색 또는 붉은빛을 띤 갈색이고 떨어진주름살은 흰색 또는 크림색이며 촘촘하다. 버섯 대는 굵기 2~5㎜, 길이 3~5㎝로 아래쪽이 약간 굵으며 처음에는 흰색이다가 차차 연한 살구색으로 변한다. 턱받이는 흰색으로 비단과 같다. 홀씨 무늬는 흰색이다.

약용, 식용여부

독성이 매우 강한 버섯이다.

075 흰주름각시버섯

담자균문 주름버섯목 주름버섯과 각시버섯속의 버섯
Leucocoprinus cygneus (J. Lange) Bon =Lepiota cygnea J. Lange(흰주름갓버섯)

분포지역

한국(발왕산, 한라산), 일본, 유럽, 북아메리카

서식장소/ 자생지

혼생림의 부식토 위

크기

버섯갓 지름 1.5~2㎝, 버섯대 굵기 1.5~2.5㎜, 길이 2.5~4.5㎝

생태와 특징

북한명은 백조갓버섯이다. 여름부터 가을까지 혼생림의 부식토 위에 단생~산생한다. 갓은 지름 1.5~2.5㎝이고 둥근산 모양에서 차차 편평하게 된다. 갓 표면은 백색의 섬유~솜털 모양으로 비단 같은 광택이 난다. 가장자리에는 줄무늬 홈선이 있고, 가운데는 약간 황갈색이다.

살(조직)은 백색이고 얇다. 주름살은 백색이고 자루에서 떨어진 주름살이고 주름살 간격은 촘촘하다. 자루는 길이 2.5~4.5㎝로 자루 표면은 백색이다. 흰색의 떨어지기 쉬운 턱받이가 자루 중간 정도에 달려있고 속은 비어 있으며 밑동쪽으로 굵다.

약용, 식용여부

독버섯이다.

종이꽃낙엽버섯(앵두낙엽버섯)

진정담자균강 주름버섯목 송이버섯과 낙엽버섯속
Marasmius pulcherripes Peck

분포지역

한국, 일본, 북아메리카

서식장소/ 자생지

혼효림의 낙엽 위

크기 갓 지름 8~15㎜, 자루 길이3~6㎝, 굵기 0.04~0.08㎝

생태와 특징

북한명은 쇠줄락엽버섯이다. 여름에서 가을 사이에 혼효림의 낙엽에 무리지어 나며 부생생활을 한다. 균모의 지름은 0.8~1.5㎝이고, 종형 또는 둥근 산 모양에서 조금 편평한 모양으로 된다. 표면은 홍색, 자홍색, 황토색 또는 계피색 등이며 방사상의 줄무늬 홈선이 있다. 살은 가죽처럼 질기다.

주름살은 바른주름살 또는 떨어진주름살로 수가 적어서 성기다. 자루의 길이는 3~6㎝, 굵기는 0.04~0.08㎝이고 철사같이 질기다. 표면은 밋밋하고 흑갈색이며 위쪽은 백색이다. 낙엽 분해균으로 낙엽 등을 분해하여 자연으로 환원시키는 역할을 한다.

약용, 식용여부

식용할 수 없다.

077 적갈색애주름버섯

담자균류 주름버섯목 송이과의 버섯
Mycena haematopoda

분포지역

한국, 북한 등 전세계

서식장소 / 자생지

활엽수의 썩은 나무 또는 그루터기

크기

버섯 갓 지름 1~3.5㎝, 버섯 대 굵기 1.5~3㎜, 길이 2~13㎝

생태와 특징

북한명은 피빛줄갓버섯이다. 여름에서 가을까지 활엽수의 썩은 나무 또는 그루터기에 뭉쳐서 자라거나 무리를 지어 자란다. 버섯 갓은 지름 1~3.5㎝이고 종처럼 생겼으며 가장자리는 톱니 모양이다. 갓 표면은 붉은빛을 많이 띤 갈색 또는 연한 붉은빛을 많이 띤 자주색이며 방사상의 줄무늬가 있다. 주름살은 바른주름살이며 처음에 흰색이다가 나중에 살구색 또는 연한 붉은빛을 많이 띤 자주색으로 변한다. 버섯 대는 굵기 1.5~3㎜, 길이 2~13㎝이며 버섯갓과 색이 같고 흠집이 생기면 어두운 핏빛 액체가 스며나온다. 홀씨는 7.5~10×5~6.5㎛인 타원 모양이며 표면은 흰색이다.

약용, 식용여부

식용할 수 없다.

솔잎애주름버섯

담자균류 주름버섯목 송이과의 버섯
Mycena epipterygia (Scop. & Fr.) S.F.Gray

분포지역

한국 등 북반구 일대와 오스트레일리아

서식장소/ 자생지

활엽수림의 이끼 사이에 있는 흙

크기 버섯 갓 지름 1~3cm, 버섯 대 굵기 10~20mm, 길이 5~10cm

생태와 특징

가을철 활엽수림의 이끼 사이에 있는 흙에 무리를 지어 자란다. 버섯 갓은 지름 1~3cm로 처음에 종 모양의 원뿔형이다가 나중에 종 모양 또는 반구 모양으로 변하고 가운데가 둥글다. 갓 표면은 점성이 있고 잘 벗겨지는 외피가 있는데, 가운데는 탁한 갈색인 반면 가장자리는 노란색이며 긴 줄무늬와 홈이 있고 가장자리는 톱니 모양이다. 살은 흰색으로 냄새와 맛이 없다. 주름살은 바른주름살 또는 내린주름살로 흰색이다가 재색 또는 잿빛 홍색으로 변하며 톱니가 있다. 버섯 대는 굵기 10~20mm, 길이 5~10cm로 처음에 노란색이다가 잿빛 흰색으로 변하고 기부에 흰색 섬유가 있으며 끈적거린다.

약용, 식용여부

식용할 수 없다.

079 큰낭상체버섯(큰낭상체버섯아재비)

주름버섯목 송이과의 버섯

Macrocystidia cucumis (Pers.) Joss. = Macrocystidia cucumis var. latifolia

분포지역

한국, 일본, 유럽, 북아메리카

서식장소 / 자생지

숲 속, 풀밭 등의 땅 위

크기

버섯 갓 지름 1~4cm, 버섯 대 3~6cm×2.5~5.9mm

생태와 특징

여름에서 가을까지 숲 속, 풀밭 등의 땅 위에 자란다. 버섯 갓은 지름 1~4cm이고 처음에 원뿔형 종 모양이다가 나중에 편평해지며 가운데에 젖꼭지처럼 생긴 돌기가 나 있다. 갓 표면은 누런 갈색 또는 어두운 갈색이고 축축하면 줄이 나타난다. 갓의 살은 표면과 색이 같으며 물고기 냄새 또는 오이 냄새가 난다. 주름살은 올린주름살 또는 바른주름살이고 홍색빛이 나는 황토색이다. 버섯 대는 3~6cm×2.5~5.9mm이고 위아래의 굵기가 같거나 아래가 더 가늘어지며 속이 비어 있다. 버섯 대 표면은 어두운 갈색이고 윗부분은 벨벳처럼 생겼다. 홀씨는 크기 6~11×3~5μm이고 좁은 타원 모양 또는 원기둥 모양이다.

약용, 식용여부

식용할 수 없다.

넓은솔버섯(넓은주름긴뿌리버섯)

주름버섯목 낙엽버섯과 넓은솔버섯속의 버섯
Megacollybia platyphylla (Pers.) Kotl. & Pouzar

분포지역

한국(월출산, 가야산, 지리산, 다도해해상국립공원, 한라산), 일본, 중국, 유럽 등 북반구 온대 이북

서식장소/ 자생지 활엽수림의 부식토 또는 그 주변

크기 버섯갓 지름 5~15cm, 버섯대 길이 7~12cm

생태와 특징

여름부터 가을까지 활엽수림의 부식토 또는 그 주변에 무리를 지어 자라거나 한 개씩 자란다. 버섯갓은 지름 5~15cm로 처음에 반구 모양 또는 둥근 산 모양이다가 나중에 편평해지면서 가운데가 약간 오목해진다. 갓 표면은 회색빛을 띤 회갈색 또는 흑갈색으로 방사상의 섬유무늬 줄이 보인다. 살은 흰색이다. 주름살은 홈파진주름살이며 성기고 흰색 또는 회갈색이다.

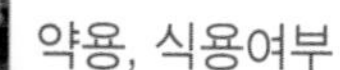

약용, 식용여부

식용으로 되어 있는 도감도 있으나, 북미와 같은 곳에서는 복통과 설사를 일으킨다고 하여 독버섯으로 분류하고 있으며, 최근 국내에서도 독버섯으로 분류하고 있다.

081 맑은애주름버섯

담자균류 주름버섯목 송이과의 버섯

Mycena pura (Pers.) P. Kummer

분포지역

한국 등 전세계

서식장소 / 자생지

낙엽 사이의 땅 위

크기

버섯 갓 지름 2~5㎝, 버섯 대 굵기 2~7㎜, 높이 5~6㎝

생태와 특징

북한명은 색갈이줄갓버섯이다. 봄에서 가을에 걸쳐 낙엽 사이의 땅 위에 무리를 지어 자란다. 버섯 갓은 지름 2~5㎝이고 처음에 종 모양이다가 나중에 편평하게 펴진다. 갓 표면은 밋밋하고 장미색, 홍자색, 청자색, 흰색 등으로 습하면 줄무늬가 보인다. 주름살도 바른주름살 또는 올린주름살로 연한 홍색, 연한 자주색, 흰색 등이다. 버섯 대는 굵기 2~7㎜, 높이 5~6㎝로 색이 버섯갓과 같고 속은 비어 있다. 홀씨는 6.5~8.5×3~4㎛의 원기둥 모양 또는 타원 모양이다. 홀씨 무늬는 흰색이다. 한국(어래산, 오대산, 지리산, 가야산, 한라산) 등 전세계에 분포한다.

약용, 식용여부

독버섯으로 식용할 수가 없다.

화경버섯

주름버섯목 낙엽버섯과 화경버섯속의 버섯

Lampteromyces japonicus (=Omphalotus japonicus)

분포지역

한국(가야산, 지리산), 일본

서식장소/ 자생지 밤나무 · 참나무와 같은 활엽수의 죽은 나무와 썩은 가지

크기

갓 지름 10~25㎝, 버섯대 굵기 1.5~3㎝, 길이 1.5~2.5㎝

생태와 특징

북한명은 독느타리버섯이고 밤이 되면 주름 부분이 발광하여 환하게 비치기 때문에 달버섯이라고도 한다. 여름에서 가을까지 밤나무 · 참나무와 같은 활엽수의 죽은 나무와 썩은가지 등에 다발로 겹쳐 자란다. 버섯갓은 지름 10~25㎝로 반달 모양 또는 신장 모양이고 어렸을 때는 황갈색으로 작은 비늘조각이 있다가 자갈색 또는 암갈색으로 변하며 납과 같은 윤기가 난다. 주름살은 내린주름살로 너비가 넓고 연한 노란색에서 흰색으로 변한다.

약용, 식용여부

독성분이 있어 먹으면 소화기 질환을 일으킨다. 옛날에는 궁중에서 사약 재료로 이용하였다. 통증, 메스꺼움, 구통증이 나타나고, 눈앞에 나비가 날아다니는 현상이 나타난다고 한다. 항종양, 항균 작용이 있다.

083 말똥버섯

진정담자균강 주름버섯목 먹물버섯과 말똥버섯속

Panaeolus papilionaceus (Bull.:Fr.) Qul.

분포지역

전세계

서식장소/ 자생지

목장, 잔디밭, 소나 말의 똥

크기

균모 지름은 2~4㎝, 자루 길이 5~10㎝, 굵기 0.2~0.3㎝

생태와 특징

봄부터 가을까지 목장, 잔디밭, 소나 말의 똥에 무리지어 나며 부생생활을 한다. 균모의 지름은 2~4㎝이고, 반구형 또는 둥근 산 모양이며 가운데가 볼록하다. 표면은 연한 회색인데 가운데는 황토색 또는 갈색이고 매끄러우나 가끔 갈라진다. 가장자리는 안쪽으로 말린다. 주름살은 바른주름살로 회색에서 흑색으로 되며 가장자리는 백색이다. 자루의 길이는 5~10㎝, 굵기는 0.2~0.3㎝이고, 속은 차있다가 비게 된다. 자루 표면에는 미세한 가루가 있고 백색 또는 연한 붉은 갈색을 띠며 단단하지만 부러지기 쉽다.

약용, 식용여부

독버섯으로 식용할 수가 없다. 먹으면 신경계통을 해치는 독성분이 들어 있다. 환각작용이 있어 먹으면 술에 취한 상태가 되나 하루가 지나면 원상으로 회복된다.

헛깔때기버섯

버섯목 송이과 헛깔때기버섯속
Pseudoclitocybe cyathiformis(Bull.) Singer

분포지역

북미, 유럽

서식장소/ 자생지

너도밤나무 등이 쓰러진 것이나 마른나무 위

크기

갓 지름 5~15㎝, 대 길이 40~80 × 5~10㎜

생태와 특징

가을에 너도밤나무 등이 쓰러진 것이나 마른나무 위, 그 주변의 땅위에 발생한다. 갓은 지름 5~15㎝로 깔때기모양이며 옆은 회색이다. 주름살은 성기고 자라면서 대에 붙는다. 대 길이는 40~80 × 5~10㎜로, 갓과 같은 색이거나 조금 흰색이다. 밑동에 흰색 균사가 붙어 있다. 홀씨는 8~11 × 5~6㎛이다.

약용, 식용여부

식용엔 부적합하다.

085 비늘버섯

담자균류 주름버섯목 독청버섯과의 버섯
Pholiota squarrosa (Pers.) P. Kummer

분포지역

한국 등 북반구 온대

서식장소 / 자생지

살아 있는 나무의 껍질 또는 죽은 나무의 줄기 밑동이나 그루터기

크기

버섯 갓 지름 5~10㎝, 버섯 대 길이 5~12㎝, 굵기 1~1.5㎝

생태와 특징

북한명은 비늘갓버섯이다. 가을철 살아 있는 나무의 껍질 또는 죽은 나무의 줄기 밑동이나 그루터기에 뭉쳐서 자란다. 버섯 갓은 지름 5~10㎝로 처음에 원뿔 모양 또는 반구 모양이다가 가운데가 볼록한 둥근 산 모양으로 변하고 나중에 편평해진다. 갓 표면은 연한 누런 갈색이고 거칠게 갈라진 붉은 갈색의 비늘조각으로 덮여 있으며 살은 붉은빛을 띤 누런색이다. 주름살은 바른주름살로 처음에 녹황색이다가 갈색으로 변한다.

약용, 식용여부

목재부후균으로 식용할 수 없다.

※일반적으로 식용하지만 사람에 따라 복통과 설사를 일으키기도 한다. 목재부후균으로 목재를 분해하여 자연으로 되돌려 주는 역할을 한다.

노란귀느타리

담자균류 주름버섯목 느타리과의 버섯
Phyllotopsis nidulans(Pers.)Sing.

분포지역

한국(가야산) 등 북반구 온대 이북

서식장소 / 자생지

가을까지 활엽수 또는 침엽수의 목재

크기 버섯 갓 지름 1~8㎝

생태와 특징

북한명은 노란털느타리버섯이다. 여름에서 가을까지 활엽수 또는 침엽수의 목재에 여러 개가 겹쳐서 자란다. 갓은 지름이 1~8㎝이며 반원 모양, 신장 모양, 원형인데 갓의 옆 또는 등면의 일부가 나무에 붙는다. 대개 갓 가장자리가 안으로 말려 있다. 갓 표면은 선면한 노란색 또는 오렌지색으로 거친 털로 덮여 있다. 살은 얇고 질기며 좋지 않은 냄새가 난다. 주름살은 오렌지색이고 홀씨 무늬는 연한 홍색이다. 버섯 대가 없다. 홀씨는 4.2~5×2~2.5㎛의 소시지 모양이다. 나무에 흰색 부패를 일으킨다.

약용, 식용여부

식용할 수 없다.

087 꽃잎버짐버섯

은행잎버섯과 주름버짐버섯속의 버섯(꽃잎우단버섯)
Pseudomerulius curtisii (Berk.) Redhead & Ginns (=Paxillus curtisii Berk.)

분포지역

한국, 일본, 중국, 러시아(극동지방), 북아메리카 등

서식장소/ 자생지

침엽수의 고목

크기

갓 지름 2-6㎝

생태와 특징

여름에서 가을에 침엽수의 고목에 군생하는 갈색부후균이다. 갓은 반원형 또는 부채형, 심장형이고 털이 없으며 크기가 2-6㎝이다. 갓 표면은 황색이고, 평활하거나 약간 펠트상이며, 가장자리는 말린형이다. 주름살은 균모보다 진한 색이고 황색 또는 등황색으로 오래되면 올리브색을 띠며, 약간 밀생하고 방사상으로 배열하며 맥이 압축되어 불규칙하게 여러 번 갈라지고 측면에 분명한 세로줄무늬가 있다. 포자는 크기 3~4×1.5~2㎛이고, 원형 또는 약간 원주형이며, 포자문은 녹황색이다.

약용, 식용여부

독버섯으로 식용할 수 없다.

꽃무늬애버섯

088

담자균류 주름살버섯목 송이과의 버섯

Resupinatus applicatus (Batsch.) Gray

분포지역

북한(금강산, 묘향산), 일본, 중국, 유럽, 북아메리카, 오스트레일리아

서식장소 / 자생지

숲 속의 죽은 활엽수 줄기와 가지

크기 버섯 갓 지름 5~12㎜

생태와 특징

여름부터 가을까지 숲 속의 죽은 활엽수 가지에 무리를 지어 자란다. 버섯 갓은 지름 5~12㎜로 기주에 측생하여 술잔을 하고 있다가 자라면서 달걀 모양 또는 신장 모양으로 변한다. 버섯 갓 표면은 막질이고 부드러운 털로 덮여 있다. 갓 가장자리는 어두운 회색이고 흰색 가루처럼 생긴 것으로 덮여 있으며 안쪽으로 감겨 올라간다. 축축하면 줄무늬가 나타난다. 살은 흑갈색으로 얇고 아교질이며 맛과 냄새가 나지 않는다. 주름살은 방사상으로 나 있으며 어두운 회색이고 가장자리에는 흰색 가루가 있다. 버섯 대는 없다. 홀씨는 지름 4~5.5㎛의 공 모양이며 표면이 밋밋하다. 목재부후균이다.

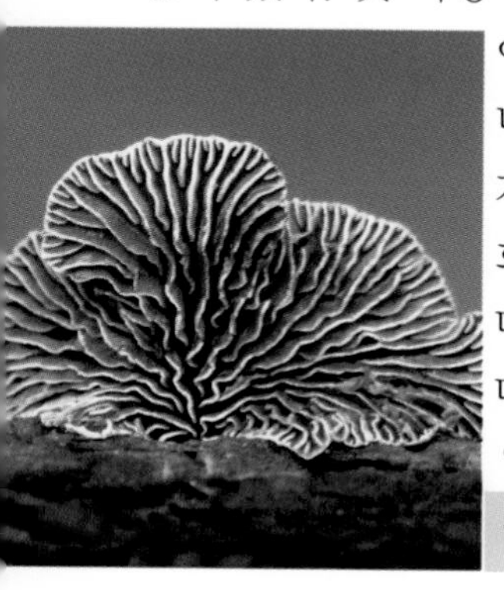

약용, 식용여부

독버섯으로 식용할 수 없다.

089 깔때기무당버섯

담자균류 주름버섯목 무당버섯과의 버섯
Russula foetens

분포지역

한국, 일본, 중국, 터키, 유럽, 북아메리카

서식장소 / 자생지

숲 속이나 풀밭의 땅 위

크기

버섯 갓 지름 약 10㎝, 버섯 대 길이 3~9㎝, 나비 0.5~3.5㎝

생태와 특징

애기깔때기버섯이라고도 하며 북한명은 썩은내갓버섯이다. 여름부터 가을에 걸쳐 숲 속이나 풀밭의 땅 위에서 자란다. 지름 10㎝ 정도로 얕은 깔때기 또는 만두 모양이고, 표면은 노란빛을 띤 갈색 또는 노란색이며 습하면 점성이 있다. 갓 가장자리에는 뚜렷한 방사상 돌기선이 있다. 주름살은 빽빽하고 흰색이었다가 나중에 갈색으로 변한다. 버섯 대는 길이 3~9㎝, 나비 0.5~3.5㎝로 위아래 굵기가 같으며 대의 표면이 흰빛을 띤 갈색이고 속은 비어 있다. 홀씨는 길이 7.5~10㎛, 나비 6.5~9㎛로 공 모양이고 포자무늬는 거의 흰색이다.

약용, 식용여부

독버섯으로 심한 냄새가 나고 맛이 매우며 식용할 수가 없다.

냄새무당버섯

담자균류 주름버섯목 무당버섯과의 버섯
Russula emetica (Schaeff.) Pers.

분포지역

한국(변산반도국립공원, 속리산, 오대산, 지리산, 다도해해상국립공원), 유럽, 북아메리카, 오스트레일리아

서식장소 / 자생지

소나무와 같은 침엽수림 또는 혼합림

크기 버섯 갓 지름 3~8㎝, 버섯 대 3~7㎜×7~15㎜

생태와 특징

무당버섯이라고도 하며 북한명은 붉은갓버섯이다. 여름부터 가을까지 소나무와 같은 침엽수림 또는 혼합림에 한 개씩 자라거나 무리를 지어 자란다. 버섯 갓은 지름 3~8㎝이며 처음에는 둥글지만 편평하게 펴지고 가운데가 약간 오목해진다. 갓 표면은 습할 때 끈기가 있고 선홍색이나 비를 맞으면 색이 바랜다. 생장함에 따라 주변에 홈줄이 나타나고 세로로 잘 쪼개지며 벗겨지기 쉽다. 살은 흰색이고 부서지기 쉬우며 구역질나게 심한 쓴맛이 난다.

약용, 식용여부

독버섯으로 생식하면 구토, 복통, 심한 설사 등을 일으키며, 익히면 독성이 약해진다.

091 노란이끼버섯(이끼패랭이버섯)

담자균문 주름버섯목 낙엽버섯과 이끼버섯속의 버섯
Rickenella fibula (Bulliard: Fries) Raithelhuber

분포지역

한국, 북반구 온대

서식장소/ 자생지

숲 속이나, 정원 등 이끼가 많은 곳

크기

갓 지름 0.5~1.3㎝, 자루 길이 2~5㎝

생태와 특징

봄부터 가을에 숲 속이나, 정원 등 이끼가 많은 곳에 홀로 또는 무리지어 발생한다. 갓은 지름 0.5~1.3㎝ 정도로 처음에는 종형 또는 반구형이나 성장하면서 가운데가 오목한 편평형이 된다. 갓 표면은 등황색 또는 등황적색이며, 가운데는 진한 색을 띠고, 가장자리는 연한 색을 띤다. 갓 가장자리는 성숙하면 파상형의 무늬가 나타나며, 건조하면 건성이나 습하면 점성이 있고, 반투명선이 나타난다. 살은 연약해서 쉽게 부서진다. 주름살은 내린주름살형이고, 성기고, 연한 황색이다. 자루는 길이 2~5㎝ 정도이며, 연한 황색을 띠고, 속은 비어 있다.

약용, 식용여부

약한 환각성 독성분이 있어 식용할 수 없다.

흙무당버섯

담자균류 주름버섯목 무당버섯과의 버섯
Russula senecis Imai

분포지역

한국, 일본, 중국

서식장소 / 자생지

활엽수림 속의 땅

크기 버섯 갓 지름 5~10㎝, 버섯 대 굵기 1~1.5㎝, 길이 5~10㎝

생태와 특징

북한명은 나도썩은내갓버섯이다. 여름에서 가을까지 활엽수림 속의 땅에 여기저기 흩어져 자라거나 무리를 지어 자란다. 버섯 갓은 지름이 5~10㎝이며 어릴 때 둥근 산 모양이다가 다 자라면 편평해지며 가운데가 파인다. 갓 표면은 황토빛 갈색이나 탁한 황토색이며 주름이 뚜렷하다. 살에서는 냄새가 약간 나면서 맛이 맵다. 주름살은 끝붙은 주름살이고 황백색 또는 탁한 흰색이며 가장자리는 갈색 또는 흑갈색이다. 버섯 대는 굵기 1~1.5㎝, 길이 5~10㎝이고 표면이 탁한 노란색이며 갈색 또는 흑갈색의 반점이 작게 나 있다.

약용, 식용여부

독버섯이지만 항암성분도 가지고 있다.

093 기생덧부치버섯

담자균류 주름버섯목 송이과의 버섯
Asterophora parasitica(Bull. ex pers.) Singer

분포지역

한국(모악산, 오대산, 지리산, 월출산, 무등산), 유럽

서식장소 / 자생지

썩은 무당버섯과의 버섯

크기

갓 지름 1~2.5㎝, 자루 굵기 3~4㎜

생태와 특징

여름철 썩은 무당버섯과의 혈색줄기무당버섯(Russula adusta), 푸른주름무당버섯(R. delica), 절구버섯(R. nigricans), 배젖버섯(Lactarius volemus) 등에 무리를 지어 자란다. 갓은 지름 1~2.5㎝로 반구형이고 처음에 가운데가 불룩하다가 자라면서 차차 펴져서 물결 모양으로 변한다. 갓 표면은 매끄러우며 처음에 흰색 또는 밝은 회색의 섬유질이지만 나중에 가장자리가 안쪽부터 회갈색으로 변한다. 갓 가장자리는 처음에 안으로 감기다가 나중에 물결 모양으로 변하고 위로 말리면서 갈라진다. 살은 흰색 또는 회갈색이다. 주름은 넓은 바른주름 또는 내린주름이고 가장자리에는 가늘고 작은 알갱이가 있다.

약용, 식용여부

식용할 수 없다.

독청버섯

담자균류 주름버섯목 독청버섯과의 버섯
Stropharia aeruginosa (Curt.) Qu?l.

분포지역

한국(가야산 · 모악산)을 비롯한 북반구 일대

서식장소 / 자생지

숲 속의 축축한 땅 또는 풀밭

크기

버섯 갓 지름 3~7㎝, 버섯 대 굵기 4~12㎜, 길이 4~10㎝

생태와 특징

북한명은 풀빛가락지버섯이다. 여름부터 초겨울까지 숲 속의 축축한 땅 또는 풀밭에서 무리를 지어 자라거나 한 개씩 자란다. 버섯 갓은 지름 3~7㎝로 처음에 만두 모양이다가 편평해진다. 갓 표면은 처음에 점액으로 덮여 있고 흰 솜털 모양의 작은 비늘조각이 흩어져 있는데 가장자리에 많이 붙어 있다. 갓 표면의 색은 녹색 또는 푸른빛을 띤 녹색으로 가운데가 더욱 진하고 가장자리로 갈수록 연하다. 살은 흰색이다. 주름은 처음에 회색빛을 띤 흰색이다가 나중에 자줏빛을 띤 갈색으로 되고 주변부는 흰색이다. .

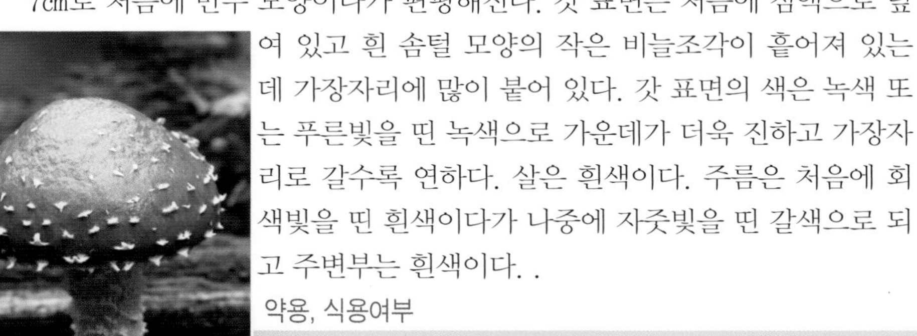

약용, 식용여부

유독버섯으로 알려져 왔지만 확실한 근거는 없다.

095 은행잎버섯(은행잎우단버섯)

진정담자균강 주름버섯목 우단버섯과 우단버섯속
Tapinella panuoides (Batsch) E.-J. Gilbert

분포지역

한국, 중국, 일본, 유럽, 북미, 오스트레일리아, 아프리카

서식장소/ 자생지

소나무의 그루터기나 목조건물

크기

버섯갓 지름 2.5~10㎝

생태와 특징

여름부터 가을에 침엽수의 고목에 군생하는 갈색부후균이다. 갓은 반원형 또는 부채형, 심장형이고 털이 없으며 크기가 2.5~10㎝이다. 갓 표면은 담갈색~황갈색으로 처음에는 미세한 벨벳상의 털이 있으나 나중에는 탈락하여 평활하게 되고, 가장자리는 말린형이다. 주름살은 갓보다 진한 색이고 황색 또는 등황색으로 오래되면 올리브색을 띠며, 약간 밀생하고 방사상으로 배열하며 맥이 압축되어 불규칙하게 여러 번 갈라지고 측면에 분명한 세로줄무늬가 있다.

약용, 식용여부

독성분이 있어 위장장애를 일으킨다. 황산화, 신경세포 보호 작용이 있다.

좀은행잎버섯(좀우단버섯)

은행잎버섯과 은행잎버섯속의 버섯
Paxilus atrotomentosus (Batsch) Fr.

분포지역

한국, 일본, 유럽, 북아메리카

서식장소/ 자생지

침엽수의 죽은 나무 또는 그 근처의 땅

크기 버섯갓 지름 5~20㎝, 버섯대 길이 3~12㎝, 굵기 1~3㎝

생태와 특징

북한명은 호랑나비버섯이다. 여름에서 가을까지 침엽수의 죽은 나무 또는 그 근처의 땅에 무리를 지어 자란다. 갓은 지름 5~20㎝로 편평형을 거쳐 중앙이 오목해지며, 질기고 단단하다. 갓 표면은 매끄럽거나 가루모양의 연한 털이 있으며 녹슨갈색~흑갈색이고, 주변부는 담색이며 안쪽으로 감

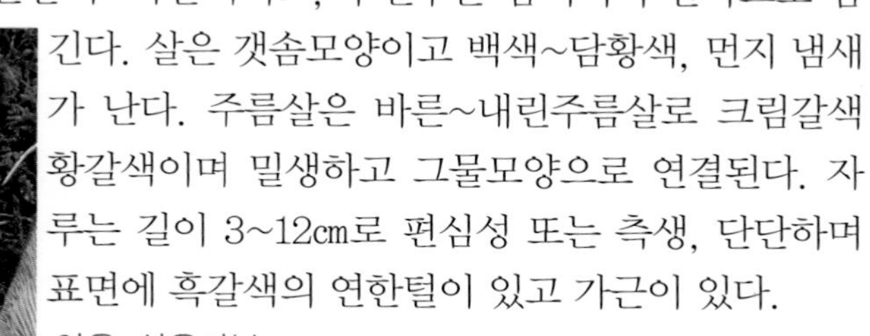

긴다. 살은 갯솜모양이고 백색~담황색, 먼지 냄새가 난다. 주름살은 바른~내린주름살로 크림갈색 황갈색이며 밀생하고 그물모양으로 연결된다. 자루는 길이 3~12㎝로 편심성 또는 측생, 단단하며 표면에 흑갈색의 연한털이 있고 가근이 있다.

약용, 식용여부

독버섯으로 사람에 따라 알레르기성 중독을 일으킨다. 항종양 작용이 있다.

097 이끼살이버섯

담자균류 주름버섯목 송이과의 버섯
Xeromphalina campanella (Batsch) Maire

분포지역

한국(오대산, 지리산, 한라산), 북한(백두산) 등 북반구 일대

서식장소 / 자생지

숲 속의 죽은 침엽수

크기

버섯 갓 지름 0.8~2.5㎝, 버섯 대 굵기 0.5~2㎜, 길이 1~5㎝

생태와 특징

북한명은 밤색애기배곱버섯이다. 여름부터 가을까지 숲 속의 죽은 침엽수에 무리를 지어 자란다. 버섯 갓은 지름 0.8~2.5㎝로 종 모양이나 둥근 산 모양이다가 가운데가 파이며 갓 표면이 밋밋하다. 살은 노란색이고 주름살은 내린주름살로 성긴 편이다. 버섯 대는 굵기 0.5~2㎜, 길이 1~5㎝로 각질이나 연골질이고 윗부분은 노란색, 아랫부분은 갈색이다. 홀씨는 6~7.5×3~3.5㎛로 좁은 타원형이다. 목재부후균이다. 침엽수에 돋는것을 Xeromphalina campanella(Batsch.) Maire. 이라하고, 활엽수에 돋는것을 Xeromphalina kauffmanii 라고 부른다. 항종양 작용이 있다.

약용, 식용여부

식용할 수 없다.

요정털버섯(요정풀버섯)

098

난버섯과 털버섯속

Volvariella pusilla(Pers) Singer

분포지역

멕시코, 북미, 유럽, 북아프리카, 뉴질랜드, 아시아(러시아, 인도, 한국)

서식장소/ 자생지

숲속의 땅

크기

갓 지름 0.5-3cm, 자루 길이 1-5cm, 자루 굵기 0.1-0.5cm

생태와 특징

여름부터 가을까지 숲속의 땅에 단생 또는 군생한다. 갓의 지름 0.5-3cm, 자루의 길이 1-5cm, 자루의 굵기 0.1-0.5cm이다. 자실체는 난형의 종형에서 둥근 산 모양을 거쳐 편평하게 되며 표면은 섬유상이고 가장자리에 방사상의 주름무늬선이 있다. 주름살은 떨어진 주름살이고 성기며 초기에는 백색이나 차차 살색이 된다. 자루는 상하굵기가 같고 평활하며 속은 차있고 대주머니는 막질이고 상단은 2-3열로 된다.

약용, 식용여부

식용할 수 없다.

099 먼지버섯

담자균류 먼지버섯과의 버섯
Astraeus hygrometricus (Pers.) Morgan

분포지역

한국(가야산, 소백산, 속리산, 지리산, 한라산), 일본, 유럽, 북아메리카

서식장소 / 자생지

등산로의 땅 또는 무너진 낭떠러지

크기 버섯 갓 지름 2~3㎝

생태와 특징

여름부터 가을까지 등산로의 땅 또는 무너진 낭떠러지 등에 무리를 지어 자란다. 버섯 갓은 지름이 2~3㎝이며 처음에 편평하게 둥근 공모양으로 땅 속에 반 정도 묻혀 있다가 나중에는 두껍고 튼튼한 가죽질의 겉껍질이 위쪽에서 6~8조각으로 터져 바깥쪽으로 뒤집혀 별 모양이 된다. 각 조각은 건조하면 안쪽으로 말리고 습기를 빨아들이면 바깥쪽으로 뒤집힌다. 겉껍질의 바깥쪽 면은 흑갈색이고 안쪽 면은 흰색이며 가는 거북등무늬를 이룬다. 내피는 갈색의 얇은 주머니 모양으로 꼭대기에 구멍이 있어 다 자라면 갈색 홀씨가 먼지 모양으로 뿜어 나온다.

약용, 식용여부

식용할 수 없다. 면역 활성 작용이 있으며, 한방에서 외상출혈, 기관지염 등에 이용된다.

붉은바구니버섯

바구니버섯과의 버섯
Clathrus ruber (Micheli) Pers.

분포지역

한국(가야산, 한라산), 일본, 중국, 유럽, 중앙아메리카, 이란

서식장소 / 자생지

산 속의 땅

크기 자실체 높이 약 6㎝, 지름 약 4㎝

생태와 특징

여름철 산 속의 땅에서 자란다. 어린 버섯은 지름 4~5㎝의 공 모양으로 흰색이고 표면에 거북등처럼 낮게 솟아오른 융기가 있으며 기부에 뿌리처럼 생긴 다발이 있다. 자실체는 높이 약 6㎝, 지름 약 4㎝로 거꾸로 선 달걀 모양이나 공 모양의 바구니로 변하고, 기부는 병 모양의 껍질 안쪽에 붙어 있다. 바구니 구멍은 10개 이상에 이르는데, 불규칙한 다각형이고 아래에 있는 것은 세로로 조금 길다. 전체가 홍색이고 안쪽 면은 진한 붉은색이며, 그곳에 부착한 점액은 어두운 갈색으로 고약한 냄새가 난다. 홀씨는 5~6×2㎛로 무색의 긴 타원형이다.

약용, 식용여부

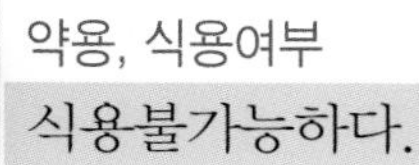

식용불가능하다.

101 찻잔버섯

담자균류 찻잔버섯과의 버섯

Crucibulum laeve (Huds.) Kambly =Crucibulum vulgare Tul. & C. Tul.

분포지역

한국 등 전세계

서식장소 / 자생지

썩은 나무나 나뭇가지 또는 낙엽

크기

자실체 지름 5~8㎜, 높이 5~8㎝

생태와 특징

여름에서 가을까지 썩은 나무나 나뭇가지 또는 낙엽 등에 무리를 지어 자란다. 자실체는 어릴 때는 공 모양이다가 자라면서 지름 5~8㎜, 높이 5~8㎝의 폭이 넓은 찻잔 모양으로 변한다. 버섯 갓은 지름 0.5~1㎝이고 표면에 누런 갈색의 융털이 촘촘하게 나 있다가 차차 없어져서 흰색이 드러난다. 찻잔의 입은 황토색의 막으로 덮여 있다가 나중에는 터져서 속이 드러난다. 찻잔 속에는 은빛 회백색 바둑알 모양의 작은 외피가 여러 개 들어 있고 찻잔 밑에 가는 실로 연결되어 있다. 홀씨는 8~12×4~6㎛이고 타원 모양이며 색이 없다. 부후균으로 나무에 부패를 일으킨다.

약용, 식용여부

식용할 수 없다.

가는꼴망태버섯

담자균류 말뚝버섯과 버섯
Ileodictyon gracile Berk.

분포지역

한국, 일본, 중국, 호주, 뉴질랜드, 남아프리카

서식장소/ 자생지

활엽수 또는 침엽수 임내 지상

크기 직경 3~7㎝, 가지 굵기 2.5~4㎜

생태와 특징

초여름에서 늦가을에 활엽수 또는 침엽수 임내 지상에 발생한다. 소형~중형이다. 어릴 때는 흰색 구형, 후에 허연색으로, 개열되기 전의 알 모양은 다소 요철이 있다. 후에 둥근 초롱 모양의 가지가 다각형 또는 아구형을 이룬다. 자실체는 어릴 때 흰색~연한 회갈색의 구형 또는 알 모양, 직경 2~4㎝ 정도이다. 개열되기 전의 외피 표면은 내부에 있는 가지의 영향으로 다소 요철이 있다. 알 모양이 개열되면 둥근 초롱 모양의 가지가 신장되고 퍼져 나와 직경 3~7㎝이다. 초롱모양의 가지는 다각형 또는 아구형을 이루는데, 6~12개가 있다. 가지의 굵기는 2.5~4㎜, 허연색이다.

약용, 식용여부

식용불가이다.

107 비늘말불버섯

담자균류 말불버섯과의 버섯
Lycoperdon mammaeforme Pers.

분포지역

한국(지리산, 한라산), 북한(백두산), 유럽

서식장소 / 자생지

활엽수림 속의 낙엽층 땅

크기

자실체 지름과 높이 30~50㎜

생태와 특징

여름에서 가을까지 활엽수림 속의 낙엽층 땅에 무리를 지어 자란다. 자실체는 지름과 높이가 30~50㎜에 이르며 꼭대기에 혹이 있어 넓은 서양배처럼 생겼다. 자실체 외피는 보자기처럼 보이고 양털 모양의 털이 나며 곧 터져서 큰 사마귀 같은 점이 표면을 드문드문 덮고 있지만 곧 떨어지며 기부에만 남고, 사마귀 점 같은 것 사이에 끝이 붙은 가는 가시가 겨처럼 붙어 있으며 흰색이다. 외피가 떨어진 다음에 내피는 처음에 분홍빛 흰색이다가 나중에 분홍빛 갈색으로 변하고, 얇고 밋밋하며 꼭대기에 구멍이 생긴다. 기본체는 흰색에서 누런 갈색으로 변하고 탄사(彈絲)는 갈색이다.

약용, 식용여부

식용할 수 없다.

뱀버섯

담자균류 말뚝버섯과 버섯

Mutinus caninus (Pers.) Fr.

분포지역

한국(지리산, 한라산), 일본, 유럽, 북아메리카

서식장소 / 자생지

등산로의 땅이나 썩은 나무

크기

버섯 높이 7~9cm, 버섯 대 지름 1cm 이하

생태와 특징

가을철 등산로의 땅이나 썩은 나무에 무리를 지어 자라거나 한 개씩 자란다. 버섯은 높이가 7~9cm이고 버섯 대의 지름이 1cm 이하이며 머리 부분과 버섯 대 사이에 형태적 분화가 없다. 버섯 대는 원기둥 모양으로 그 위끝에 기본체가 자리 잡고 있는데 기본체가 어두운 녹색의 점액을 덮고 있다. 버섯 대의 아랫부분은 흰색이고 윗부분은 연한 분홍색이고 버섯 갓 부분은 선홍색이다. 홀씨는 3.5~4.2×1.5~2μm로 연한 녹색의 타원형이다.

약용, 식용여부

독버섯으로 식용할 수 없다.

황토색어리알버섯

담자균류 어리알버섯과의 버섯
Scleroderma citrinum Pers.

분포지역

한국, 일본, 유럽, 북아메리카, 아프리카, 오스트레일리아

서식장소 / 자생지

숲 속의 부식토

크기

자실체 지름 2~5cm

생태와 특징

여름에서 가을까지 숲 속의 부식토에 무리를 지어 자란다. 자실체는 지름 2~5cm이고 공처럼 생겼거나 편평하며 밑부분은 물결 모양이다. 각피는 두께가 2mm이지만 마르면 수축해 1mm 이하로 변하며 황토색 또는 갈색이고 흠집이 생기면 분홍색으로 변한다. 자실체 표면에 생긴 균열은 튀어나와 있다. 버섯 대는 없다. 홀씨는 지름 8~11㎛의 공 모양이고 흑갈색 표면에 그물 모양의 돌기가 뚜렷하게 보인다. 한국, 일본, 유럽, 북아메리카, 아프리카, 오스트레일리아 등에 분포한다.

약용, 식용여부

독버섯으로 식용할 수 없다. 구토, 설사를 일으킨다. 한방에서는 소염작용이 있다고 한다.

점박이어리알버섯

담자균류 어리알버섯과의 버섯

Scleroderma areolatum Ehrenb.

분포지역

한국, 일본, 중국, 유럽, 북아메리카

서식장소 / 자생지

활엽수림 속의 땅이나 거친 땅

크기 자실체 지름 1~5㎝

생태와 특징

여름과 가을에 활엽수림 속의 땅이나 거친 땅에 무리를 지어 자란다. 자실체는 지름 1~5㎝이고 공 모양이거나 편평한 공 모양이다. 머리 부분의 표면은 갈라져 있으며 누런 갈색이나 연한 갈색 바탕에 어두운 갈색 또는 적갈색의 작은 비늘조각이 달라붙어 있고, 접촉에 의해서 적갈색으로 변한다. 살은 회색빛을 띤 자갈색이다. 버섯 대는 짧은 편으로 거의 보이지 않는 때도 있다. 홀씨는 지름 11~13㎛의 갈색 공 모양이고 표면에는 가시가 있다. 한국, 일본, 중국, 유럽, 북아메리카 등에 분포한다.

약용, 식용여부

독버섯으로 식용할 수 없다.

111 공버섯

공버섯과의 버섯
Sphaerobolus stellatus (Tode) Pers.

분포지역

한국(소백산, 한라산) 등 전세계

서식장소 / 자생지

썩은 나무 또는 짚 위

크기

자실체 지름 2~5㎜

생태와 특징

여름에서 가을까지 썩은 나무 또는 짚 위에 무리를 지어 자란다. 자실체는 지름 2~5㎜의 공 모양이고 자라면서 겉껍질이 4장으로 갈라졌다가 또다시 6~10개로 갈라져 주발처럼 변한다. 주발처럼 생긴 내부는 오렌지색이고 기본체는 처음에 흰색이다가 갈색으로 변한다. 별 모양으로 피었다가 몇 시간이 지난 다음 두꺼운 껍질은 바깥쪽의 2층과 안쪽의 2층 사이에서 떨어져 안쪽 껍질이 갑자기 부풀어올라 둥근 천정처럼 된다. 이 힘으로 기본체가 1~5m나 튀어나간다. 포자는 무색으로 두꺼운 막을 가지며 크기가 7~9×5~6㎛이고 달걀 모양이거나 타원형이다.

약용, 식용여부

식용할 수 없다.

긴송곳버섯(긴이빨송곳버섯)

구멍장이버섯목 아교버섯과 긴송곳버섯속의 버섯
Radulodon copelandii (Pat.) Maek

분포지역

한국(남산, 만덕산, 방태산, 속리산, 지리산, 한라산), 일본 등 아시아

서식장소/ 자생지

활엽수의 죽은 줄기 또는 나뭇가지의 껍질

크기 자실층 길이 0.3~1.5㎝

생태와 특징

봄~가을에 체취하며 활엽수, 침엽수의 죽은 나무 위에 군생한다. 목재 백색부후균이다.자실체는 배착성으로 기주 위에 약간 넓게 퍼지며, 표면의 자실층은 길이 0.3~1.5㎝의 침상돌기가 고드름 모양으로 밀생하며, 백색에서 담황색~담갈색이 된다. 가장자리는 기주와 밀착하며, 평활하고 침상돌기는 없다. 조직은 얇고 유연한 가죽질이나 건조하면 연골질이 된다. 포자는 지름 5~6㎛로 구형이며, 표면은 평활하고, 비아밀로이드이고 포자문은 백색이다.

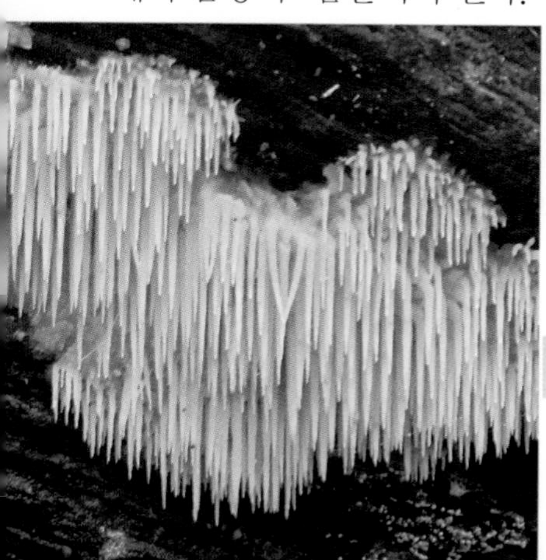

약용, 식용여부

식용하기에 부적합하다.

113 검은대낙엽버섯(검은대마른가지버섯)

담자균류 주름살버섯목 송이버섯과의 버섯
Marasmiellus nigripes (Schw.) Sing

분포지역

한국(변산반도국립공원, 방태산, 지리산, 오대산, 가야산), 북한(백두산), 일본, 남 · 북아메리카, 아프리카

서식장소/ 자생지

죽은 나무의 줄기 또는 떨어진 나뭇가지와 잎, 열매

크기

갓 지름 3~6cm, 자루 지름 0.6~1cm, 길이 9~13cm

생태와 특징

여름부터 가을까지 죽은 나무의 줄기 또는 떨어진 나뭇가지와 잎, 열매 등에 무리를 지어 난다. 갓은 지름이 3~15mm이고 차차 편평하며 가운데쪽이 오목하다. 표면은 흰색이며 작은 가루로 덮여 있고 다 자란 후에는 줄무늬의 홈이 방사형으로 생긴다. 주름은 바른주름으로 흰색이었다가 어두운 색으로 변하며 성긴 맥처럼 이어져 있다. 자루는 굵기 0.5~1mm, 길이 1~2cm로 윗부분은 흰색이고 아랫부분은 푸른빛을 띤 검은색인데 자라면서 전체적으로 색이 어둡게 변한다.

약용, 식용여부

식용할 수 없다.

소녀먹물버섯(소녀두엄먹물버섯)

담자균류 주름버섯목 먹물버섯과의 버섯
Coprinus lagopus (Fr.)

분포지역

한국, 일본, 유럽, 북아메리카, 아프리카

서식장소 / 자생지

숲 속의 낙엽 사이 또는 쓰레기장

크기

버섯 갓 지름 2~3cm, 버섯 대 굵기 2~3.5mm, 길이 5~8cm

생태와 특징

여름부터 가을까지 숲 속의 낙엽 사이 또는 쓰레기장에 한 개씩 자란다. 버섯 갓은 지름 2~3cm로 처음에 달걀 모양이다가 차차 거의 편평해지며 가장자리는 위로 감긴다. 갓 표면은 회색 바탕에 흰색 또는 갈색의 섬유가 덮고 있지만 가운데만 제외하고 없어진다. 주름살은 끝붙은주름살로 폭이 좁고 촘촘하며 처음에 회색이다가 검은색으로 변한다. 버섯 대는 굵기 2~3.5mm, 길이 5~8cm로 위쪽이 더 가늘며 쉽게 부서진다.

약용, 식용여부

식용할 수 없다.

115 좀환각버섯

담자균류 주름버섯목 독청버섯과의 버섯
Psilocybe coprophila (Bull. & Fr.) Kummer

분포지역

한국(소백산) 등 전세계

서식장소 / 자생지

말이나 토끼의 똥

크기

버섯 갓 지름 0.5~2.5㎝, 버섯 대 길이 2.5~4㎝, 굵기 1~3㎜

생태와 특징

여름에서 가을부터 말이나 토끼의 똥에 뭉쳐서 자란다. 버섯 갓은 지름 0.5~2.5㎝이고 원뿔형의 종 모양, 반구 모양, 편평한 둥근 산 모양 등이며 완전히 펴지지 않는다. 갓 표면은 축축하면 연한 갈색 또는 붉은 갈색 빛을 띠고 가장자리에 줄무늬가 있다. 껍질은 얇고 투명하며 쉽게 벗겨지는데 끈적끈적 거리고 건조하면 보릿짚 같은 색으로 변한다. 살은 얇고 버섯 갓과 색이 같다. 주름살은 바른주름살 또는 내린주름살이고 촘촘하며 삼각형인데 연한 잿빛 갈색에서 검은색으로 변한다. 버섯 대는 길이 2.5~4㎝, 굵기 1~3㎜로 밑부분이 약간 불룩하고 속이 비어 있다.

약용, 식용여부

환각 효과가 있는 독버섯이기 때문에 식용할 수 없다.

노란각시갓버섯

담자균류 주름버섯목 갓버섯과의 버섯
Leucocoprinus birnbaumii (Corda) Singer

분포지역

한국(가야산) 등 세계의 열대 또는 아열대 지방

서식장소 / 자생지

정원의 땅 위 또는 온실 화분

크기 버섯 갓 지름 2.5~5㎝, 버섯 대 길이 5~7.5㎝

생태와 특징

북한명은 노란각시버섯이다. 여름에서 가을까지 정원의 땅 위 또는 온실 화분에 자란다. 버섯 갓은 지름 2.5~5㎝이며 처음에 달걀 모양에서 출발해 종 모양 또는 원뿔 모양으로 변하고 나중에 편평해지며 가운데는 매우 봉긋하다. 갓 표면은 솜털처럼 생긴 비늘조각으로 덮이며 레몬색이고 갓 가장자리는 부챗살 모양으로 방사상 홈선이 있다. 살은 노란색이고 주름살은 연한 노란색의 끝붙은주름살이며 촘촘하다. 버섯 대는 길이 5~7.5㎝이며 아랫부분은 곤봉 모양으로 불룩하다. 버섯 대 표면은 레몬색의 가루처럼 생긴 물질로 덮여 있으며 버섯 대 속은 비어 있다.

약용, 식용여부

식용할 수 없다.

117 황토버섯속

주름버섯목 독청버섯과 황토버섯속의 버섯

분포지역

북미, 유럽

서식장소/ 자생지

늦가을~봄, 이끼류 사이에 발생

크기

갓은 지름 0.5~3㎝로 반구형에서 원추형이 되었다가 볼록형

생태와 특징

갓 표면은 황갈색이며, 중앙은 오렌지~갈색이고 조선이 있다. 습하면 투명한 조선이 나타나고, 건변색성이 있다. 주름살은 끝붙은형~떨어진형으로 성기고 갈과 같은 색이다.

대는 2~5×0.05~0.2㎝로 원통형이며, 황갈색이고 미세한 백색가루로 덮여 있으며, 기부에는 백색 균사로 덮여 있다

포자는 12~14×5~7㎛로 타원형이며, 비아밀로이드이다.

약용, 식용여부

독버섯으로 식용할 수 없다.

이 속의 다른 버섯들은 아마니틴 독소를 가지고 있어 심한 간손상을 일으킨다.

갈색균핵술잔버섯

균핵버섯과의 버섯.
Dumontinia tuberasa(Bull.:Fr.)Kohn.

분포지역

한국, 일본, 유럽, 북아메리카 등

서식장소 / 자생지

활엽수림의 땅 위

크기

균핵 지름 10~40㎜, 자루 2~10㎝×2㎜

생태와 특징

봄에 활엽수림의 땅 위에 분포한다. 균핵은 지름 10~40㎜의 공 모양 또는 불규칙한 덩어리 모양으로 검은색이고 땅속에 있다. 균핵의 내부는 두꺼운 막의 균조직이 촘촘하게 연결된 상태이고 그 외피 층은 어두운 갈색이며 2~4개의 층으로 된 세포균 조직을 이루고 있다. 균핵에서 자란 자루는 2~10㎝×2㎜로 밑동에 털이 나서 흙 알맹이가 들러붙게 된다. 위쪽의 자낭 반은 지름 1~3㎝의 주발 모양 또는 깔때기 모양이고 어두운 계피색을 띠고 있다. 자낭반은 외피 층과 속 층으로 이루어지며 서로 다른 균조직이다.

약용, 식용여부

식용할 수 없다.

119 기계충버섯

바늘버섯과의 버섯
Irpex lacteus (Fr.) Fr

분포지역

한국(남산, 소백산, 오대산, 가야산, 두륜산, 변산반도국립공원, 지리산), 북한(백두산), 중국, 시베리아, 유럽, 북아메리카

서식장소 / 자생지

죽은 활엽수

크기

자실체 0.1~1.5×1~4×0.1~0.2㎝

생태와 특징

일 년 내내 죽은 활엽수에서 자란다. 자실체는 크기가 0.1~1.5×1~4×0.1~0.2㎝이다. 갓은 편평하거나 조개껍데기 모양, 선반 모양으로 대개 겹쳐서 자란다. 자실체는 기주에 반배착생으로 달라붙고 가장자리가 위로 말려 올라가 좁거나 반원 모양으로 변한다. 표면은 흰색이고 짧고 부드러운 털이 있으며 고리처럼 생긴 홈이 나 있다. 살은 흰색으로 얇고 가죽질이다. 자실 층은 흰색이나 황백색이고 길이 1~2㎜의 이빨모양으로 바늘은 짧고 불규칙하다.

약용, 식용여부

식용할 수 없다.

흰알광대버섯

담자균류 주름버섯목 광대버섯과의 버섯
Amanita verna (Bull.) Lam.

분포지역

한국, 일본, 유럽, 미국

서식장소 / 자생지

활엽수 또는 혼효림의 지상

크기 버섯 갓은 지름 5~8㎝, 버섯 대 굵기 1~1.5㎝, 길이 7~10㎝

생태와 특징

북한명은 흰닭알독버섯이다. 여름과 가을에 활엽수림 또는 혼합림 속의 땅 위에서 무리를 지어 자라거나 한 개씩 자란다. 버섯 갓은 지름 5~8㎝이며 처음에 둥근 산 모양이고 가운데가 오목하지만 나중에 편평하게 펴진다. 갓 표면은 축축할 때 점성이 생기며 흰색이고 가운데가 노란색이다. 살은 흰색이고 불쾌한 냄새가 난다. 주름살은 촘촘한 끝붙은주름살이고 흰색이다. 버섯 대 표면은 흰색이고 턱받이 아래에 솜털처럼 보이는 가루가 있다. 버섯 대 속은 처음에 차 있다가 나중에 비게 된다.

약용, 식용여부

맛이 부드럽지만 맹독성의 버섯으로 아마톡신 중독을 일으킨다. '죽음의 천사' 로 불리우는 백색의 치명적 맹독버섯이다.

121 웃음버섯

주름살버섯목 먹물버섯과의 버섯
Panaeolus papilionaceus (Bull. ex Fr.) Quel.

분포지역

동아시아, 유럽, 북미, 오스트레일리아

서식장소 / 자생지

거름기가 있는 풀밭이나 밭

크기

버섯 대 길이 4~7㎝, 두께 2~5㎜

생태와 특징

봄에서 가을에 걸쳐 목장이나 잔디밭, 소똥이나 말똥 혹은 두엄기가 있는 풀판, 밭 등에 한 개씩 나거나 무리 지어 난다. 버섯 갓은 지름 2~4㎝로 초기에는 원추형 모양을 하고 있으며 자라면서 편평해진다. 표면은 습하면 연한 회색이 되고 건조하면 갈색을 띤다. 주름살은 바른주름살의 형태이며, 회색에서 점차 검은색으로 변하며, 가장자리는 흰색이다. 버섯 대는 길이 4~7㎝, 두께 2~5㎜이며 위아래 두께의 차이가 없다. 대의 표면에 밀가루 같은 분질물이 있다. 한국에서는 구체적인 산지가 알려져 있지 않으며, 동아시아, 유럽, 북미, 호주 등에 분포한다.

약용, 식용여부

신경계통을 해치는 독이 들어 있는 독버섯이다.

부채버섯

담자균류 주름버섯목 송이과의 버섯

Panellus stypticus (Bull.) P. Karst.(다른 곳에는 Panellus stipticus로 되어있음.)

분포지역

한국 · 일본 · 중국 · 시베리아 · 유럽 · 북아메리카 · 오스트레일리아

서식장소 / 자생지

활엽수의 썩은 나무나 잘라낸 나무의 그루터기 위

크기

버섯 갓 지름 1~2㎝, 버섯 대 2~4×2~4㎜

생태와 특징

여름에서 가을에 활엽수의 썩은 나무나 잘라낸 나무의 그루터기 위에서 무리를 지어 겹쳐서 자란다. 버섯 갓은 지름 1~2㎝로 신장 모양이고 단단하다. 갓 표면은 건조하고 미세한 가루 모양의 비늘 조각이 생기며 연한 누런 갈색 또는 연한 육계색으로 가죽질이고 질기다. 버섯 갓 가장자리는 안쪽으로 말리고 물결 모양인 것도 가끔 있다. 살은 흰색 또는 연한 노란색이며 맛이 쓰다. 버섯 대는 2~4×2~4㎜로 짧고 옆으로 난다. 버섯 대 표면은 버섯갓과 색이 같고 단단하며 속이 차 있다. 홀씨는 3~6×2~3㎛로 좁은 원통형이고 밋밋하다.

약용, 식용여부

독성이 있어 식용할 수 없다.

3 식독여부를 알수 없는 식독불명버섯 81가지

001 짧은대꽃잎버섯

자낭균류 고무버섯목 두건버섯과의 버섯

Ascocoryne cylichnium (Tul.) Korf.

분포지역

한국, 일본, 유럽, 북아메리카

서식장소/ 자생지

썩은 나뭇가지 또는 쓰러진 나무

크기

자실체 지름 0.5~2㎝

생태와 특징

가을에서 겨울까지 썩은 나뭇가지 또는?쓰러진 나무에 무리를 지어 자란다. 자실체는 지름 0.5~2㎝이고 얇은 컵 모양이며 홈이 일정하지 않게 나 있다.?자실체 표면은 자주색이고 비듬처럼 생긴 조각이 있다. 버섯 대는 매우 짧으며 경우에 따라서는 전혀 없는 것도 있다. 홀씨는 크기가 22.5~28×5~6㎛이며 방추형이다. 홀씨 표면은 밋밋하고 색이 없으며 몇 개의 격막을 가지고 있다. 홀씨주머니에는 홀씨 8개가 두 줄로 늘어서 있다. 목재부후균으로 나무에 부패를 일으킨다.

약용, 식용여부

식용불명이다.

들주발버섯

자낭균류 주발버섯목 접시버섯과의 버섯

Aleuria aurantia

분포지역

한국(변산반도국립공원, 만덕산) 등 전세계

서식장소 / 자생지

진흙질이고 풀이 없는 맨땅, 햇볕이 잘 드는 절개지 땅, 숲 속의 땅

크기

자실체 지름 1~4㎝

생태와 특징

여름에서 가을까지?진흙질이고 풀이 없는 맨땅, 햇볕이 잘 드는 절개지 땅, 숲 속의 땅에 뭉쳐서 자라거나 무리를 지어 자란다. 자실체는 지름 1~4㎝로 주발 모양 또는 접시 모양이다. 자실체 표면은 주발의 안쪽이 밝은 주홍색이나 주황색이고, 바깥면이 연한 붉은색이며 흰 가루 같은 털로 덮여 있다. 살은?육질이고 쉽게 부서진다. 홀씨는?16~22×7~10㎛로 타원형이고 표면에 그물눈 같은 조각 모양이 있으며 양끝에 짧은 돌기가 있다.

약용, 식용여부

식용불명이다.

003 황색황고무버섯

자낭균류 고무버섯목 두건버섯과의 버섯

Bisporella citrina

분포지역

한국, 북한(백두산), 유럽

서식장소 / 자생지

활엽수의 썩은 나뭇가지 또는 죽은 나무

크기

자실체 지름 1~3㎜

생태와 특징

황색고무버섯이라고도 한다. 여름에서 가을까지 활엽수의 썩은 나뭇가지 또는 죽은 나무에 노란색으로 무리를 지어 자란다. 자실체는 지름 1~3㎜이고 쟁반 모양, 넓은 원뿔형의 판 모양이다. 자실 층이 있는 바깥 면은 밋밋하며 레몬 색 또는 선명한 노란색이고 가장자리는 색이 어둡다. 버섯 대가 없거나 있어도 매우 짧다. 홀씨는 크기 8~12×3~3.6㎛의 타원형이다. 홀씨 표면은 밋밋하고 색이 없으며 2개의 알맹이와 1개의 격막이 있다. 목재부후균으로 나무를 부패시킨다.

약용, 식용여부

식용불명이다.

둥근머리 균핵동충하초

잠자리동충하초과 균핵동충하초속의 버섯

Elaphocordyceps capitata (Holmsk.) G.H. Sung, J.M. Sung & Spatafora

분포지역

북미, 유럽

서식장소/ 자생지 숲속 침엽수 밑

크기 지름 5~15㎝, 대 2~8㎝,

생태와 특징

여름에서 가을에 걸쳐 숲속 침엽수 밑에 단생 또는 그룹으로 돋는데 땅속에 묻힌 둥그런 균핵(Elaphomyces granaulatus 영어속명 Flase Truffle)위에 기생하는 기생균이다. 5~15㎝로 대는 원통형이고 미세한 인편이 있다. 두부는 구형으로 직경 1~1.5㎝로 올리브흑색이다. 조직은 두껍고 단단하며 질기다. 대는 2~8㎝ 높이로 역시 두껍고 질기며, 아래 위 굵기가 비슷하다. 대 표면은 매끄럽거나 약간 주름져 있다. 최근에는 이 동충하초가 땅 속에 있는 균핵 Elaphomyces에서 돋고 DNA연구결과에 따라 속명이 Elaphocordyceps로 바뀌었다. 그래서 Elaphocordyceps capitata라고 부른다.

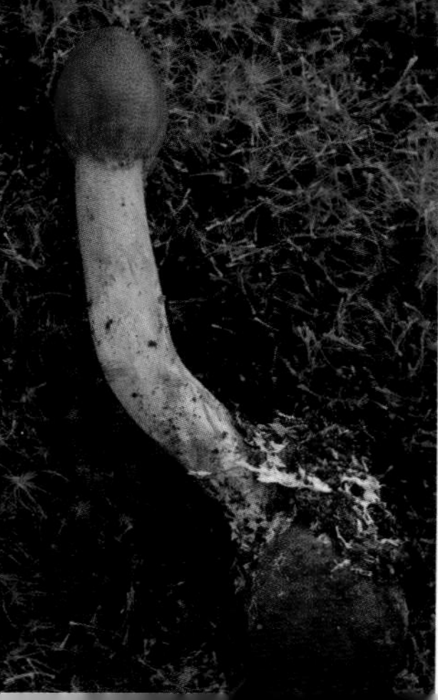

약용, 식용여부

식용불명이며, 드물다.

005 갈색사발버섯

자낭균류 주발버섯목 접시버섯과의 버섯

Humaria hemisphaerica

분포지역

한국(가야산, 방태산), 중국, 유럽 지역

서식장소 / 자생지

음지의 습한 땅이나 썩은 고목

크기

자실체 지름 1~3cm

생태와 특징

여름에서 가을까지 음지의 습한 땅이나 썩은 고목에 홀로 자라거나 무리를 지어 자란다. 자실체는 지름 1~3cm로 쟁반 모양이며 자루가 없이 기물에 붙어 있다. 쟁반 안쪽의 자실층은 회백색이고 때로는 푸른색을 나타내며, 바깥 면과 가장자리는 갈색이고 전면에 점처럼 생긴 어두운 갈색 털로 덮여 있다. 포자는 22.5~27×10~13μm로 무색의 넓은 타원형이며 거친 사마귀점 같은 것이 있고 2개의 알맹이가 있다. 목재부후균이다.

약용, 식용여부

식독불명이다.

작은입술잔버섯

006

반균강 주발버섯목 술잔버섯과 작은입술버섯속

Microstoma aggregatum Otani

분포지역

한국, 북아메리카의동남부

서식장소/ 자생지

물참나무나 떡갈나무의 쓰러진 나무 혹은 마른 나무

크기

덩어리로서 약 15~20㎝

생태와 특징

버섯의 지름은 0.5~1cm, 높이는 1cm 정도이고 컵 모양이다. 바깥면에 백색의 털이 거칠게 나 있고 안쪽은 진한 홍색이다. 자낭이 안쪽의 자실층면에 파묻혀 있어서 밋밋하다. 자루의 길이는3~5cm, 굵기는 0.15~0.5cm이고, 백색이며 가늘고 털이 많이 나있다. 고목의 옆에 붙어서 나는 것은 자루가 고목의 옆을 따라 자라기 때문에 길다. 여름에서 가을 사이에 활엽수의 고목, 땅에 묻힌 나무, 이끼류가 자라는 고목 등에 무리지어 난다. 특히 초가을에 많이 발견되며 부생생활을 한다. 희소종으로서, 8월하순부터 10월중순에 물참나무나 떡갈나무의 쓰러진 나무 혹은 마른 나무에 덩어리 형태로 핑크색의 버섯이 다수 모여서 발생한다.

약용, 식용여부

식독불명이다.

007 벌동충하초

잠자리동충하초과 벌동충하초속의 버섯
Ophiocordyceps sphecocephala (Klotz.) G. Sung, J. Sung, Hywel-J. & Spat.

분포지역

한국, 일본, 중국, 유럽

서식장소/ 자생지

죽은 벌과 파리의 사체

크기

자실체의 머리크기 5×2~3㎜, 버섯대 높이 약 6㎝

생태와 특징

봄에서 가을까지 죽은 벌과 파리의 사체에 한 개씩 자란다. 자실체는 머리 크기가 5×2~3㎜로 짧은 곤봉 모양이고 노란색이다. 버섯대는 높이 약 6㎝로 가늘고 구부러져 있으며 표면이 밋밋하다. 홀씨주머니 껍질 주위에 홈으로 된 그물 모양의 조직이 있고 진한 노란색 뚜껑이 있으며, 아주 작은 반점이 많이 있다. 홀씨주머니 껍질은 움푹 파여 있지만 머리 표면에 대하여 각이 져 있고, 부분적으로 서로 겹쳐져 있다.

홀씨주머니는 250×8㎛로 원통 모양이고 홀씨가 8개가 들어 있다. 홀씨는 8~15×1.5~2.5㎛로 좁은 타원형이며 표면이 색이 없고 밋밋하다.

약용, 식용여부

식독불명이다(약용버섯으로 이용).

녹슨비단그물버섯

진정담자균강 주름버섯목 그물버섯과 비단그물버섯속

Suillus viscidus (L.) Rouss. (=Suillus laricinus (Berk.) O. Kuntze)

분포지역

한국, 일본, 중국, 유럽, 북미, 시베리아

서식장소/ 자생지

낙엽송림내 땅 위

크기 갓 지름 5~10cm, 자루 길이 5~9cm

생태와 특징

여름에서 가을에 낙엽송림내 땅 위에 군생한다. 갓은 지름 5~10cm로 낮은 원추형~편평형이 된다. 갓 표면은 끈기가 많고, 백색 또는 회색 바탕에 녹색 또는 황색을 띤 암갈색의 반점이 있으며, 중앙부는 진하나 후에 퇴색한다. 살은 백색인데 청색으로 변하지 않는다. 관은 백색 후 회색을 거쳐 암녹색으로 된다. 주름살은 내린주름살이다. 구멍은 다각형이고 대형이다. 자루는 길이 5~9cm로 백색 후 담녹갈색이 되며 끈기가 있고, 상부는 그물눈무늬를 나타낸다. 고리는 백색 또는 갈색이다.

약용, 식용여부

식용불명이다.

009 집주발버섯

반균강 주발버섯목 주발버섯과 주발버섯속

Peziza domiciliana Cooke

분포지역

서식장소/ 자생지

벽, 카펫과 같은 건물의 내장재 또는 야외의 모래땅 위

크기

자실체 크기 2~6cm

생태와 특징

봄에서 가을에 걸쳐 벽, 카펫과 같은 건물의 내장재 또는 야외의 모래땅 위에 단생 또는 군생한다. 자실체는 크기 2~6cm로 컵형에서 불규칙한 접시형이 되며, 가장자리는 안쪽으로 굽어 있고 파형이며 부분적으로 찢어진다. 내면의 자실층은 백색~담황갈색이나, 오래되면 갈색이 되고 평활하다. 외면은 내면보다 옅은색이며 약간의 거의스러미가 붙어있다. 자루는 길이 0.5~1cm, 어릴 때는 짧은 대가 있으나 성숙하면 불분명해진다. 포자는 크기 14~16×8~9㎛이다. 타원형이며 표면은 평활하고 무색이다.

약용, 식용여부

식독불명이다.

파상땅해파리

주발버섯목 안장버섯과 땅해파리속

Rhizina undulata Fr.

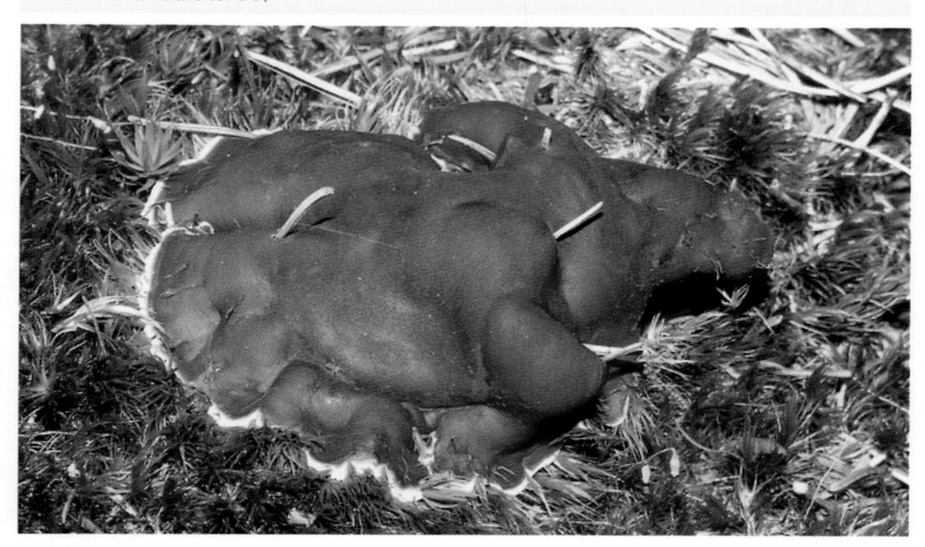

분포지역

한국 등 북반구 온대 이북

서식장소/ 자생지

침엽수림의 땅, 특히 불탄 자리

크기 버섯 지름 3~10㎝, 두께 0.2~0.3㎝

생태와 특징

버섯의 지름은 3~10㎝, 두께는 0.2~0.3㎝이고, 쟁반처럼 생긴 구름모양이며 땅 위로 퍼진다. 표면은 불규칙하게 자라 올라와서 울퉁불퉁하고, 가장자리는 아래쪽으로 구부러진다. 쟁반 윗면의 자실층은 밤갈색, 적갈색 또는 흑갈색이다. 가장자리는 백색의 단단한 살로 되어 있으며 불규칙한 물결형이다. 살은 단단하고 적갈색이며 두껍다. 아랫면에는 백색의 균사다발이 뿌리처럼 뭉쳐 기주에 부착한다.

여름에서 겨울 사이에 침엽수림의 땅, 특히 불탄 자리에 무리지어 나며 부생생활을 한다. 집단적으로 발생해서 소나무를 말라 죽게 한다.

약용, 식용여부

식용불명이다.

011 붉은대술잔버섯

담자균류 주름버섯목 그물버섯과의 버섯

Sarcoscypha occidentalis(Schwein.) Sacc.

분포지역

북미

서식장소/ 자생지

습한 활엽수림 땅에 떨어진 나뭇가지 위

크기

대 길이 1-3㎝

생태와 특징

주홍술잔버섯고 흡사한 긴대를 가진 붉은대술잔버섯은 대가 길어 영어속명으로 Stalked Scarlet Cup이라고 부른다. 비교적 긴대 위에 있는 자실체는 오목한 접시처럼 생겼고 자실체 안쪽은 주홍색이고 바깥쪽은 흰색과 분홍색을 띄고 있다. 대가 긴 것은 1-3㎝나 되며 아래 위 굵기가 같고 희거나 분홍색을 가지고 있다. 살은 질기고 단단한 편으로 부서지지 않고 냄새나 맛도 별 특이한 것이 없다. 봄에서 여름에 걸쳐 습한 활엽수림 땅에 떨어진 나뭇가지 위에 단생 또는 무리지어 돋는다. 위에서 본 주홍술잔버섯 보다 그 크기가 작고 덜 오목하며 돋는 시기도 주홍술잔보다 좀 늦게 돋는다.

약용, 식용여부

식독불명이다.

말미잘버섯

털고무버섯과

Urnula craterium(Schwein.) Fr

분포지역

북미, 유럽(체코, 필란드, 스페인포함), 일본, 중국

서식장소/ 자생지

땅에 파묻힌 떨어진 나뭇가지 등

크기

주발 직경 1~3cm, 깊이 0.8~2cm

생태와 특징

봄에서 초봄에 땅에 파묻힌 떨어진 나뭇가지 등에서 발생하며, 깊은 완형(椀形)은 대가 있으며, 흑색이다. 주발은 직경 1~3cm, 깊이는 0.8~2cm이다.

약용, 식용여부

식독불명이다.

013 황금넓적콩나물버섯

자낭균류 고무버섯목 두건버섯과의 버섯

Spathularia flavida

분포지역

한국, 북한(백두산), 일본, 중국, 유럽, 북아메리카

서식장소 / 자생지

침엽수림 속의 낙엽으로 덮인 땅

크기

자실체 높이 2~8cm

생태와 특징

여름에서 가을까지 침엽수림 속의 낙엽으로 덮인 땅에 무리를 지어 자란다. 자실체는 높이 2~8cm이며 전체적으로 부채처럼 생겼으며 자루가 분리되어 있다. 머리 부분은 눌려서 편평하고 방사상의 물결 모양이 불규칙하거나 홈이 파져 있으며 비틀려 있다. 머리 부분의 색은 황토색 또는 진한 노란색이고 밋밋하며 건조한 편이다. 자루부분은 밑쪽이 더 가늘고 눌려서 편평하다. 자루부분의 표면은 밋밋하거나 약간의 돌기가 있으며 흰색이다.

약용, 식용여부

식용불명이다.

콩꼬투리버섯

자낭균류 콩버섯목 콩꼬투리버섯과의 버섯

Xylaria hypoxylon

분포지역

한국, 일본, 중국, 유럽, 북아메리카

서식장소 / 자생지

숲 속의 죽은 나무

크기

자실체 지름 2~6㎜, 높이 3~8㎝

생태와 특징

1년 내내 숲 속의 죽은 나무에 한 개씩 자란다. 자실체는 지름 2~6㎜, 높이 3~8㎝이고 연필 또는 닭 볏처럼이나 나뭇가지처럼 생겼으며 목탄질로 단단하다. 자실체 표면에는 작은 사마귀 점을 닮은 돌기가 많이 붙어 있으며, 그 속에 있는 방에는 홀씨주머니가 매우 많이 들어 있다. 자실체 표면은 검은색이다. 홀씨는 크기 12~15×6㎛이고 콩 모양이다. 홀씨표면은 밋밋하고 검은색이며, 알갱이 1~2개와 발아공 1개가 있다.

약용, 식용여부

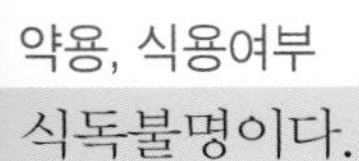

식독불명이다.

015 주황혀버섯(혀버섯, 노란주걱혀버섯)

목이목 목이과 주황혀버섯속의 버섯

Dacryopinax spathularia (Schwein.) G.W. Martin (=Guepinia spathularia Fr.)

분포지역

한국, 일본, 세계의 난대 및 열대지방.

서식장소/ 자생지

침엽수의 고목, 드물게 활엽수 고목

크기

자실체 높이 1~1.5㎝

생태와 특징

봄에서 가을에 침엽수의 고목에 군생하는 목재부후균이다. 드물게 활엽수의 고목에도 발생한다. 자실체의 높이는 1~1.5㎝로 아교모양의 연골질인 작은 버섯이고 거의 주걱모양, 전체가 등황색이며 건조하면 한쪽은 백색으로 된다. 자실층은 등황색면에 발달한다. 포자크기는 7~10.5×3.5~4㎛로 싹트기 전에 1장의 격막을 만든다. 담자기는 Y자형이고 2개의 가지 끝에 난형 또는 소시지형의 포자가 붙는다.

약용, 식용여부

식독불명이다.

분홍좀목이

목이목 목이과 좀목이속

Exidia recisa(Ditmar) Fr.

분포지역

한국, 일본, 유럽, 북미

서식장소/ 자생지

활엽수의 썩은 나뭇가지

크기

자실체 0.5~3cm, 높이 0.5~1.5cm

생태와 특징

봄~가을에 걸쳐 활엽수의 썩은 나뭇가지에 발생한다. 자실체는 0.5~3cm에 높이 0.5~1.5cm이며, 불규칙한 원추형에서 편평한 모양 또는 귓바퀴모양으로 하나씩 별도로 발생한다. 황갈색~암갈색으로 윗표면이 자실층이며 돌기는 없다. 배착면은 작은 요철로 덮여 있다. 외측은 톱니상이다.

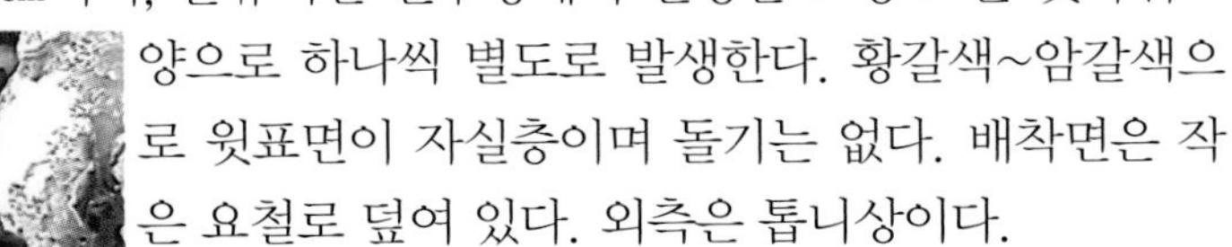

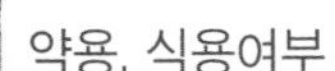

약용, 식용여부

자실체조직은 젤라틴질이고 질긴편으로 식용불명이다.

017 주걱혀버섯(주걱목이)

버섯목 버섯과 버섯속

Phlogiotis helvelloides (Fr.)Martin

분포지역

전세계

서식장소/ 자생지

침엽수림 · 혼합림 내 땅 위, 또는 썩은 가지

크기

자실체 지름 1~7㎝, 높이 2.5~9㎝

생태와 특징

봄부터 가을에 걸쳐 침엽수림 · 혼합림 내 땅 위, 또는 썩은 가지에 군생 또는 단생한다. 자실체 지름 1~7㎝, 높이 2.5~9㎝로 주걱형이며 반추명의 젤라틴질이다. 자실체 색은 담홍색, 장미색, 적등 색이고 비단상 광택이 있으며, 갓 끝은 굽은 형이다. 자실층은 갓 아랫면에 있고 장미색~적등 색을 띈다. 대의 편심생이며 짧고 자실층과 같은 색이다. 담자기는 구형이며 세로 막에 의해 2~4실을 이룬다. 포자 9~12×4~6㎛로 유구형 (類球形)~타원형이고, 표면은 평활. 포자문 백색.

약용, 식용여부

식용불명이다.

줄버섯

담자균류 민주름버섯목 구멍장이버섯과의 버섯
Bjerkandera adusta

분포지역 한국, 북한(백두산)을 비롯한 전세계

서식장소 / 자생지 죽은 활엽수의 줄기

크기 자실체 1~5×2~10×0.1~0.8㎝

생태와 특징

북한명은 검은구멍버섯이다. 일 년 내내 죽은 활엽수의 줄기에 무리를 지어 반배착하거나 배착해 자라며 한해살이이다. 자실체는 1~5×2~10×0.1~0.8㎝이고 겹쳐서 발생하여 서로 달라붙기도 한다. 자실체 표면은 흰색이나 잿빛 갈색의 물결 모양을 이루며 거칠고 방사상 줄이 보인다. 자시첼 표면의 가장자리는 얇고 날카롭다. 버섯 갓은 조개껍데기처럼 생겨 단단하며 마르면 가죽처럼 되거나 뻣뻣해진다. 살은 부드러우며 건조하면 코르크질로 변하고 흰색이나 연한 색이다.

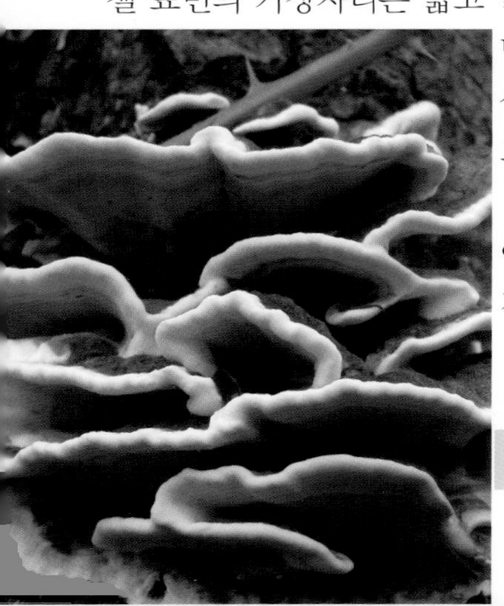

관공은 길이 0.5~1㎜이고 구멍은 작은 원형이거나 각이 져 있으며 검은색 또는 회색이고 건조하면 막힌다.

약용, 식용여부

식독불명이다.

019 겨우살이버섯

구멍장이버섯과의 버섯

Coltricia perennis

분포지역

한국(가야산, 지리산, 한라산), 북한(백두산), 일본, 중국, 시베리아, 유럽 북아메리카, 오스트레일리아

서식장소 / 자생지

숲 속 땅과 불탄 땅

크기

버섯 갓 지름 1~6cm, 두께 1~6mm

생태와 특징

북한명은 밤색깔때기버섯이다. 일 년 내내 숲 속 땅과 불탄 땅에 한 개씩 자란다. 버섯 갓은 지름 1~6cm, 두께 1~6mm로 처음에 원 모양 또는 둥근 산 모양이고 가운데가 파인다. 갓 표면은 밤갈색 또는 회갈색으로 털이 없는 고리 무늬와 작은 털이 있는 고리 무늬가 있다. 갓 가장자리는 얇고 물결 모양이며 다발로 된 털이 있다. 살은 갓과 색이 같다. 버섯 대는 원기둥 모양이고 위쪽과 아래쪽이 각각 굵으며 속이 차 있다.

약용, 식용여부

식용불명이다.

등갈색미로버섯(띠미로버섯) 020

민주름버섯목 구멍장이버섯과 미로버섯속

Daedalea dickinsii(Beke.&Cooke) Yasuda

분포지역

아시아

서식장소/ 자생지 활엽수의 쓰러진 고목

크기 폭 3~7×20㎝, 두께 1~2.5㎝

생태와 특징

발생 여름과 가을에 활엽수의 쓰러진 고목에 발생하는 1년~다년생 버섯이다. 아시아에 분포한다.

자실체 폭은 3~7×20㎝, 두께는 1~2.5㎝로, 대가 없고 갓은 반원형이고, 표면은 털이 없으며 베이지색~담갈색이고, 표면은 매끄럽고 얕은 고리홈, 때로는 방사상의 가는 주름이 있으며 가장자리는 예리하다. 평평한 돌기를 갖고 있는 것도 있다. 조직은 담갈색이다. 자실층은 관공상이고 공구는 담갈색이며, 원형으로 소형으로 미로상이다. 포자의 크기는 3.5-5㎛로 무색의 구형이며 매끄럽다.

약용, 식용여부

항종양, 항돌연변이, 항균, 황산화작용이 있어 약용으로 사용된다.

021 범부채대구멍버섯

소나무비늘버섯과의 버섯

Onnia scaura

분포지역

한국, 일본, 북아메리카

서식장소 / 자생지

활엽수의 그루터기, 죽은 나무의 뿌리근처

크기

버섯 갓 폭 12cm, 두께 1cm

생태와 특징

활엽수의 그루터기, 죽은 나무의 뿌리 근처에서 자라며 한해살이 또는 여러해살이이다. 버섯 대가 있는 것도 있고 없는 것도 있다. 버섯 갓은 폭 12cm, 두께 1cm로 부채 모양 또는 신장 모양이고 가장자리는 얇다. 갓 표면은 누런 갈색 또는 어두운 갈색이고 가장자리는 선명한 노란색이다. 윗면에는 방사상의 주름이 있고 확실하지 않은 고리 무늬와 고리 홈이 있다. 전체적으로 가는 털이 촘촘하게 나 있다. 이 털 층 아래에 껍질이 생긴다. 살은 목질로 단단하고 황갈색이다. 아랫면은 선명한 노란색이다가 잿빛 갈색 또는 어두운 갈색으로 변한다.

약용, 식용여부

식독불명이다.

붓버섯(흰붓버섯)

주름버섯목 깃싸리버섯과 붓버섯속의 버섯
Deflexula fascicularis (Bres. & Pat.) Corner

분포지역

한국, 일본, 유럽

서식장소/ 자생지

활엽수의 쓰러진 나무 위

크기

자실체는 높이 1~2㎝

생태와 특징

여름에서 가을에 활엽수의 쓰러진 나무 위에 발생한다. 자실체는 높이 1~2㎝로 다수의 짧은 가지가 꽃양배추 모양을 이룬다. 가지는 굽어 있고 아래로 처지며, 표면은 백색에서 담갈황색이 되고 오래되면 황갈색이 된다. 살은 유연하다. 포자는 크기 9~10.5㎛이다. 구형이며 표면은 평활하고 무색이다.

약용, 식용여부

식독불명이다.

031 애광대버섯

담자균류 주름버섯목 광대버섯과의 버섯

Amanita citrina

분포지역

한국, 유럽, 북아메리카, 오스트레일리아

서식장소 / 자생지

혼합림의 땅

크기

버섯 갓 지름 3~8㎝, 버섯 대 굵기 5~15㎜, 길이 5~12㎝

생태와 특징

북한명은 작은닭알독버섯이다. 여름부터 가을까지 혼합림의 땅에 무리를 지어 자라거나 한 개씩 자란다. 버섯 갓은 지름 3~8㎝로 처음에 반구 모양이다가 둥근 산 모양으로 변하고 나중에 편평해진다. 갓 표면은 누런 갈색이지만 누런 잿빛의 파편이 붙어 있다. 주름살은 끝붙은주름살로 촘촘하고 흰색이다. 버섯 대는 굵기 5~15㎜, 길이 5~12㎝로 기부가 둥근뿌리 모양이고 윗부분에 연한 노란색의 막질 턱받이가 있으며 표면은 노란색이다. 버섯 대주머니는 탁한 색이며 기부에 둥글게 붙어 있다. 홀씨는 지름 7.5~10㎛로 공 모양이다.

약용, 식용여부

식용불명이다.

그물소똥버섯

주름버섯목 소똥버섯과 소똥버섯속의 버섯
Bolbitius titubans var. olivaceus

분포지역

한국, 일본, 유럽, 북아메리카

서식장소/ 자생지

짚더미, 마분 등

크기 지름 4.5~7.5㎝

생태와 특징

봄~가을균모는 지름 4.5~7.5㎝로 난형 또는 종형에서 중앙이 높은 편평형이 된다. 표면은 점액으로 덮이고, 중앙부는 암올리브색 또는 암갈색으로 그물모양의 주름이 생기고 주변부는 레몬색이고, 방사상의 홈선이 있다. 살은 황색이고, 주름살은 올린주름살 또는 떨어진주름살로 백색 후 육계색이 된다. 자루는 7~11㎝x6~8㎜로 속이 비어 있고, 표면은 백색 또는 황색으로 가루모양 또는 인편으로 덮여 있다. 노란소똥버섯은 이것과 비슷하다. 균모는 처음부터 황색이고 표면에 주름이 없다.

약용, 식용여부

식독불명이다.

033 유착나무종버섯

송이버섯과 나무종버섯속의 버섯

Campanella junghuhnii

분포지역

한국 (지리산, 방태산), 일본, 남태평양군도

서식장소 / 자생지

죽은 나무에 뭉쳐서 난다.

크기

버섯 갓 지름 5~20㎜

생태와 특징

죽은 나무나 떨어진 나뭇가지 등에 무리 지어 자란다. 버섯 갓은 흰빛을 띤 누런색으로 그물 모양의 주름이 있으며, 지름은 5~20㎜이다. 형태는 불규칙한 편평형이다. 조직은 매우 얇으며 투명하다. 주름살 간에 가는 주름으로 연결되어 있다. 자루가 없으며 배착생으로 나무에 달라붙어 있다. 홀씨는 타원형으로 크기는 8~9 x 5.5~6.5㎛이다.

약용, 식용여부

식용불명이다.

콩애기버섯

038

주름버섯목 송이과 애기버섯속의 버섯

Collybia cookei (Bres.) J. D. Arnold

분포지역

한국(지리산)

서식장소/ 자생지

숲속의 부식토나 썩은 버섯 위

크기 갓 크기 0.4~0.9㎝, 자루길이 2.5~4㎝, 굵기 0.05㎝

생태와 특징

여름에서 가을에 숲속의 부식토나 썩은 버섯 위에 군생한다. 갓은 크기 0.4~0.9㎝로 평반구형에서 중앙이 오목한 편평형이 된다. 갓 표면은 평활하며, 백색, 중앙부는 약간 짙은 색이고, 가장자리는 말린형이다. 살(조직)은 백색이다. 주름살은 바른주름살로 주름살 간격이 약간 촘촘하고, 백색이다. 자루는 길이 2.5~4㎝, 굵기 0.05㎝로 자루 표면은 담황색~담갈색이 되고, 솜털 모양의 털로 덮여 있으며, 기부에는 구형~콩팥형의 갈황색 균핵이 달려 있다. 포자는 크기 4~6.8×2.5~3.4㎛이다. 타원형이며, 표면은 평활하고, 포자문은 백색이다.

약용, 식용여부

식독불명이다.

귀버섯

균심아강 주름버섯목 귀버섯과 귀버섯속

Crepidotus mollis (Schaeff.) Staude

분포지역

전세계

서식장소/ 자생지

활엽수림의 고사목

크기

자실체는 1~5㎝

생태와 특징

여름부터 가을 사이에 활엽수림의 고사목에 무리지어 발생하며 나무를 분해하는 부후성 버섯이다. 귀버섯의 자실체는 1~5㎝ 정도로 부채형이다. 갓 표면은 초기에 백색이나 성장하면서 연한 황갈색 또는 갈색이 되고 편평하고 매끄러우며, 습하면 점성을 가진다. 주름살은 내린주름살형이고 빽빽하며, 백색에서 갈색으로 변한다. 조직은 백색이며 얇아서 쉽게 부서진다. 대는 거의 없고 갓이 직접 기주에 부착되어 있다. 포자문은 황갈색이며, 포자모양은 타원형이다. 갓이 직접 기주에 부착되어 있다.

약용, 식용여부

식용여부는 알려져 있지 않다.

털가죽버섯

송이버섯과

Crinipellus stipitaria

분포지역

한국, 일본, 중국, 유럽, 아프리카, 북아메리카

서식장소/ 자생지

벼과식물의 뿌리나 땅 소 뿌리에 군생

크기

버섯갓 지름 7~14㎜, 버섯대 2~4.5㎝×1㎜

생태와 특징

봄에서 가을까지 죽거나 살아 있는 벼과 식물 줄기에 자란다. 버섯갓은 지름 7~14㎜이고 처음에 호빵 모양이다가 나중에 편평해진다. 갓 표면은 밤갈색의 털로 덮여 있으며 광택이 나고 고리무늬가 보인다. 주름살은 떨어진주름살이고 흰색이다. 버섯대는 2~4.5㎝×1㎜이고 표면이 어두운 갈색이며 촘촘한 털이 짧게 나 있다. 홀씨는 8~10×4~5㎛이고 달걀 모양이다. 한국, 일본, 중국, 유럽, 아프리카, 북아메리카 등에 분포한다.

약용, 식용여부

식용불명이다.

041 방패외대버섯

주름버섯목 외대버섯과 외대버섯속의 버섯

Entoloma clypeatum(L.) P. Kumm

분포지역

한국(가야산, 한라산) 등 북반구 온대

서식장소/ 자생지

숲속, 길가, 정원, 과수나무 아래

크기

버섯갓 지름 4.6~6㎝, 버섯대 5~8×1~1.5㎝

생태와 특징

봄에서 초여름에 숲속, 길가, 정원, 과수나무 아래에 군생 또는 소수 속생한다. 갓은 크기 3~8㎝로 처음에는 종형~둥근산형이다가 거의 편평하게 펴지고 중앙부는 낮게 돌출한다. 갓 표면은 평활하며, 회갈색~쥐색 또는 연한 쥐색이고, 진한 색의 섬유상 줄무늬가 있다. 가장자리는 어릴 때 안쪽으로 말린다. 오래되면 가장자리는 골이 생기거나 물결모양이 된다. 살(조직)은 허연색, 건조하면 백색이 된다. 주름살은 바른~홈파진주름살로 후에 대에서 떨어져 분리되고 깊이 만입된다. 주름살 간격이 약간 성기고 폭은 넓다. 백색이다가 살구색이 된다.

약용, 식용여부

식독불명이다.

물젖버섯아재비

담자균류 주름버섯목 무당버섯과의 버섯

Lactarius uvidus var. uvidus

분포지역

한국(지리산), 북아메리카

서식장소 / 자생지 혼합림의 땅

크기

버섯 갓 지름 4.0~8.0㎝, 버섯 대 굵기 0.6~1.2㎝, 길이 3.5~6.0㎝

생태와 특징

여름부터 가을까지 혼합림의 땅에 무리를 지어 자라거나 여기저기 흩어져 자란다. 버섯 갓은 지름 4.0~8.0㎝로 처음에 봉긋한 모양이다가 나중에 편평해지며 가운데가 파인다. 갓 표면은 끈적끈적하며 가장자리가 가루처럼 보이고 안으로 감긴다. 주름살은 바른주름살 또는 올린주름살로 촘촘하며 너비가 중간 정도이고 처음에 크림빛 흰색 또는 바랜 황토색이었다가 나중에 노란빛 황토색으로 변한다. 버섯 대는 굵기 0.6~1.2㎝, 길이 3.5~6.0㎝로 원통 모양이다. 버섯 대 표면은 흰색 또는 바랜 색으로 점이 있는 것도 있고 밑부분이 황토색이며 속은 비어 있다.

약용, 식용여부

식독불명이다.

047 주홍여우갓버섯(여우갓버섯)

주름버섯목 갓버섯과 갓버섯속

Leucoagaricus rubrotinctus (Peck) Sing. (Lepiota rubrotincta Pk.)

분포지역

한국, 북아메리카

서식장소/ 자생지

혼합림, 정원, 대나무밭 속의 낙엽이나 땅

크기

버섯갓 지름 4~7cm, 버섯대 굵기 0.3~0.7cm, 길이 5~10cm

생태와 특징

여름부터 가을까지 혼합림, 정원, 대나무밭 속의 낙엽이나 땅에 무리를 지어 자란다. 버섯갓은 붉은색으로 지름은 4~7cm이고, 종 모양에서 차차 편평한 모양으로 되지만 가운데는 볼록하다. 가장자리는 아래로 말려 있고 백색의 막질이 톱니처럼 붙어 있다. 표면은 붉은색이지만 가운데는 검은적색이다. 어떤 것은 가장자리로 갈수록 색이 엷어져서 진분홍색에 가깝다. 표면 군데군데가 찢어져 백색의 살이 보이며, 방사상의 미세한 줄무늬가 있는 것도 있다. 살은 백색이며 매우 얇다. 주름살은 떨어진주름살 또는 끝붙은주름살로 간격은 보통이며 백색이다.

약용, 식용여부

식용버섯인지 독버섯인지는 불분명하다.

갈색털느타리버섯

담자균류 주름버섯목 느타리과의 버섯

Lentinellus ursinus (Fr.) Khner

분포지역

한국, 일본, 동남아시아, 북아메리카, 유럽 등

서식장소 / 자생지 활엽수의 고목이나 넘어진 나무

크기 갓 지름 1.5~4㎝

생태와 특징

여름철 활엽수의 고목에 무리를 지어 자란다. 갓은 지름 1.5~4㎝의 반원 또는 부채 모양이고 솜털로 덮여 있지만 갓 가장자리에는 털이 없다. 갓의 표면은 어려서는 연한 갈색이지만 연한 노란색으로 변하고 분홍색을 조금 띠기도 한다. 다 자라면 밝은 갈색이나 흑갈색으로 변한다. 살은 얇고 질긴 편이며 처음에 흰색이다가 나중에 분홍색으로 변하고 마르면 단단해진다. 쓴맛이 난다. 주름은 촘촘히 나 있는 것도 있으나 성긴 것도 있으며 가장자리는 톱니처럼 생겼고 연한 갈색에서 회갈색으로 변한다. 자루는 없다.

약용, 식용여부

식용불명이다. (식용으로 되어 있었으나, 블로그 및 미국사이트 확인시 식용불명으로 나와 있다.)

049 곰잣버섯

느타리과 털느타리속

Lentinellus ursinus

분포지역

한국(지리산), 일본, 아시아

서식장소 / 자생지

활엽수의 고목

크기

갓 지름 1.5~4㎝

생태와 특징

여름철 활엽수의 고목에 무리를 지어 자란다. 갓은 지름 1.5~4㎝의 반원 또는 부채 모양이고 솜털로 덮여 있지만 갓 가장자리에는 털이 없다. 갓의 표면은 어려서는 연한 갈색이지만 연한 노란색으로 변하고 분홍색을 조금 띠기도 한다. 다 자라면 밝은 갈색이나 흑갈색으로 변한다. 살은 얇고 질긴 편이며 처음에 흰색이다가 나중에 분홍색으로 변하고 마르면 단단해진다. 쓴맛이 난다. 주름은 촘촘히 나 있는 것도 있으나 성긴 것도 있으며 가장자리는 톱니처럼 생겼고 연한 갈색에서 회갈색으로 변한다.

약용, 식용여부

식용불명이다.

이끼오렌지버섯

담자균류 주름버섯목 이끼버섯과 버섯.

Loreleia postii(Fr.) Redhead, Moncalvo, Vilgalys&Lutzoni

분포지역

한국, 일본, 유럽, 북아메리카 등

서식장소/ 자생지

이끼 사이

크기

갓 지름 2~5㎝, 대 2~4×0.15~0.25㎝

생태와 특징

갓은 지름 2~5㎝로 중앙은 배꼽모양으로 들어갔고, 표면은 오렌지색이며, 주름살은 긴 내린형이고 대황색이며, 대는 2~4×0.15~0.25㎝로 대황색이다. 포자는 5.8~7×3.5~4.5㎛로 타원형이다. 여름~가을에 주로 이끼 사이에서 발생한다. 한국, 일본, 유럽, 북아메리카 등에 분포한다.

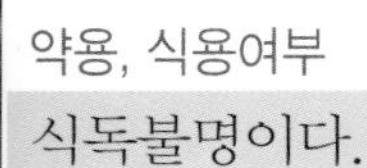

약용, 식용여부

식독불명이다.

051 흰애주름버섯

담자균문 균심아강 주름버섯목 송이과 애주름버섯속

Mycena alphitophora (Berk.) Sacc.

분포지역

한국, 동아시아, 유럽, 북미

서식장소/ 자생지

침엽수의 그루터기, 고목이나 낙엽 위

크기

갓 지름 0.5~1cm, 대 2~4×0.05cm

생태와 특징

갓은 지름 0.5~1cm로 반구형에서 차차 평반구형이 된다. 갓 표면은 백색으로 분말같은 인편이 있고, 방사상 홈선이 있다. 조직은 백색이다. 주름살은 떨어진형이며 성기고, 백색이다. 대는 2~4×0.05cm로 가늘고, 기부 쪽이 약간 굵으며, 표면은 백색으로 미세한 털로 덮여 있다. 포자는 6~8×3.5~4.5㎛로 타원형이고, 표면은 평활하고, 포자문은 백색이다. 여름에 침엽수의 그루터기, 고목이나 낙엽 위에 군생 또는 산생하는 버섯이다.

약용, 식용여부

식독불명이다.

분홍애주름버섯

송이버섯과 애주름버섯속

Mycena adonis(Bull.) Gray

분포지역

북미, 중국, 유럽(독일, 네덜란드, 브리튼, 스코틀랜드) 등

서식장소/ 자생지

침엽수림 혹은 죽림의 떨어진 낙엽위

크기

갓 지름 3~20㎜, 대 줄기15~40×0.5~2㎜

생태와 특징

봄에서 가을에 걸쳐 침엽수림 혹은 죽림의 떨어진 낙엽위에서 자란다. 소형이나, 갓의 색은 매우 선명하여, 작지만 눈에 잘 띈다. 원추형에서 종형, 줄기선이 확인된다. 주홍색에서 후에 옅어 진다. 표면 끝은 흰색이고 자루는 담홍색~흰색으로, 속은 비었다.

약용, 식용여부

너무나 작아 식용엔 적합하지 않다.

053 빨판애주름버섯

자균강 주름버섯목 주름버섯과 주름버섯속

Mycena stylobates(Pers.) P.Kumm

분포지역

한국, 일본 등 북반구 온대

서식장소/ 자생지

혼합림 내의 낙엽, 떨어진 가지 위

크기

갓 지름 0.4~1cm, 대 2~3×0.05~0.1cm

생태와 특징

갓은 지름 0.4~1cm로 종형~반구형이며, 표면은 점성이 있으며, 긴 방사상 조선이 나타나고, 백색이나 중앙부는 담회갈색이다. 조직은 백색이고 막질이다. 주름살은 떨어진형이며 성기고, 백색~회백색이다. 대는 2~3×0.05~0.1cm로 표면은 백색이며, 반투명하고, 백색 가루로 덮여 있으며, 기부에는 둥근 흡반(吸盤)이 있다. 포자는 6~7×3~4μm로 타원형이고, 표면은 평활하고, 포자문은 백색이다. 여름~가을에 혼합림 내의 낙엽, 떨어진 가지 위에 산생한다. 한국, 일본 등 북반구 온대에 분포한다.

약용, 식용여부

식독불명이다.

느타리은색버섯

주름버섯목 만가닥버섯과 은색버섯속의 버섯
Ossicaulis lignatilis (Pers.) Redhead & Ginns

분포지역

한국, 일본, 유럽, 북미

서식장소/ 자생지

활엽수 그루터기의 움푹 패인 부분이나 지면에 접한 부분

크기

균모 크기 1.5~5(10)cm, 자루 길이 2~6cm, 굵기 0.3~0.8cm

생태와 특징

가을에 활엽수 그루터기의 움푹 패인 부분이나 지면에 접한 부분에 많이 난다. 드물게 발생한다.균모는 크기 1.5~5(10)cm로 갓이 약간 오목해지고 부채모양 또는 둥근모양이 되며 중앙이 오목해진다. 표면은 크림색을 띤 백색, 오래되면 다소 갈색끼를 띤다. 가장자리는 흔히 물결모양으로 굴곡되기도 하며 갈라지기도 한다. 살은 얇고 백색이며 약간 질긴편이고 식용여부는 알려져 있지 않다. 주름살은 백색이나 후에 크림색을 띤다. 내린 주름살이고 밀생한다. 자루는 길이 2~6cm, 굵기 0.3~0.8cm로 백색이고 편심생 또는 측생한다.

약용, 식용여부

식용불명이다.

055 그물난버섯(그물치마버섯, 그물사슴버섯)

그물버섯과 그믈버섯속

Pluteus umbrosus(Pers.) Kumm.

분포지역

북반구 온대

서식장소/ 자생지

활엽수, 때로는 침엽수의 그루터기, 가지 위

크기

갓의 지름은 3-9㎝이며, 자루의 길이는 3-9㎝, 자루의굵기 4-12㎜

생태와 특징

갓은 지름 3~7㎝로 종형~원추형에서 평반구형이 된다. 갓 표면은 담황백색~담갈색 바탕에 암갈색의 섬유상 인편으로 덮여 있으며, 종종 융기한 망목상 무늬가 있고, 중앙부는 흑갈색을 띤다. 조직은 백색이다. 주름살은 떨어진형으로 빽빽하고 백색에서 담적갈색이 되며 주름살날에는 흑갈색 털이 있다. 대는 3~8 × 0.4~1㎝로 원통형이고 때로는 기부쪽이 굵으며, 표면은 담황백색~담갈색 바탕에 전체가 갈색 인편으로 덮여 있다. 포자는 5.5~7.4 × 4.3~5.8㎛로 타원형이고 표면은 평활하고 포자문은 담적갈색이다.

약용, 식용여부

식독불명이다.

대머리양산버섯

주름버섯과 주름버섯속

Parasola leiocephala(P.D. Orton) Redhead, Vilgalys&Hopple

분포지역

전세계

서식장소/ 자생지

산림 내 습하고 음지인 지상

크기 갓 지름 1.5~3㎝, 대 2~6.5×0.1~0.2㎝

생태와 특징

갓은 지름 1.5~3㎝로 난형~원주형에서 종형을 거쳐 편평형이 된다. 갓 표면은 황갈색~회색이고, 중앙부는 원반형으로 오목하고 짙은 색이며, 선명한 방사상 홈선이 있다. 조직은 담회갈이다. 주름살은 떨어진형으로 약간 성기고, 백색~담갈색에서 흑색으로 되나 액화하지 않는다. 대는 2~6.5×0.1~0.2㎝로 가늘고 평활하며 속은 비었고 기부는 약간 팽대하다. 포자는 8.4~10.1×4.2~5.5㎛로 난형~심장형이며, 표면은 평활하고 암갈색이며, 포자문은 흑색이다. 봄~가을에 산림 내 습하고 음지인 지상에 발생한다. 한국 등 거의 전세계에 분포한다.

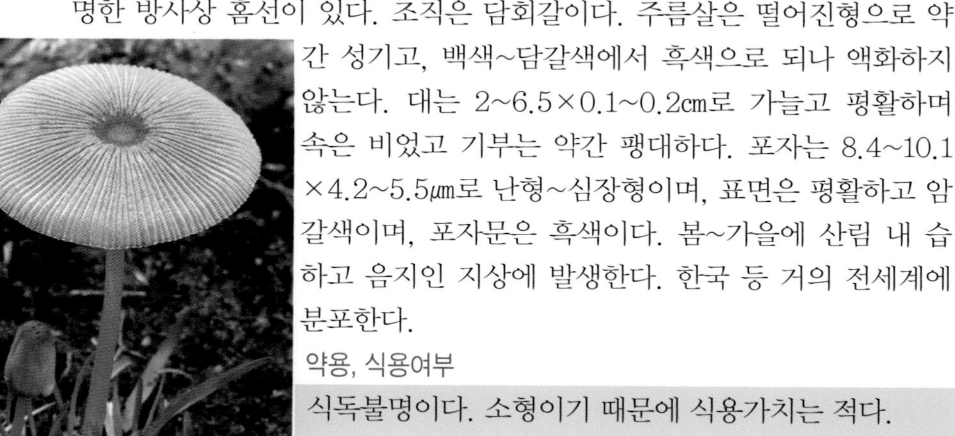

약용, 식용여부

식독불명이다. 소형이기 때문에 식용가치는 적다.

057 진노랑비늘버섯

주름버섯목 독청버섯과 비늘버섯속의 버섯

Pholiota alnicola (Fr.) Sing. var. alnicola (=Pholiota alnicola (Fr.) Sing.)

분포지역

한국, 일본, 유럽, 북미

서식장소/ 자생지

활엽수의 그루터기

크기

갓 크기 3~10cm, 자루 길이 4~9cm, 굵기 0.4~1.1cm

생태와 특징

여름에서 가을까지 활엽수의 그루터기에 속생한다. 갓은 크기 3~10cm로 반구형에서 편평형이 된다. 갓 표면은 평활하고 습할 때는 점성이 있으며 선황색~농황색 바탕에 때때로 적갈색 또는 황록색을 띤다. 살은 담황색이다. 주름살은 바른주름살로 밀생하고, 황색에서 황갈색이 된다. 자루는 길이 4~9cm, 굵기 0.4~1.1cm로 자루 표면은 황색이나 차츰 아래쪽으로 적갈색이 짙어지며 섬유상이다. 턱받이는 섬유질이고, 쉽게 탈락하며, 자루의 윗부분에 희미한 흔적이 남아 있다.

약용, 식용여부

식독불명이다. 항산화 작용이 있다.

벌집난버섯

진정담자균강 민주름버섯목 구멍장이버섯과 구멍장이버섯속

Pluteus thomsonii(Berk.&Broome) Dennis

분포지역

한국, 일본, 유럽, 북미

서식장소/ 자생지 활엽수의 나무 위

크기

갓의 지름 2.5-4.5㎝, 자루의 길이 2-4.5㎝, 자루의 굵기 2-6㎜

생태와 특징

가을에 활엽수의 나무 위에 발생한다. 갓은 크기 2~4㎝로 원추형~반구형에서 평반구형~편평형이 된다. 갓 표면은 융기한 망목상의 무늬와 가는 방사상의 조선이 있고,갈색~흑갈색이 되며 중앙부는 짙은 색을 띤다. 살은 백색~회갈색이다.

주름살은 떨어진 주름살로 약간 밀생하고 담갈색에서 암적갈색이 된다. 자루는 길이 2~4.5㎝, 굵기 0.2~0.5㎝로 자루 표면은 갓보다 옅은 색이고, 분말상이며 세로 섬유상 무늬가 있다.

약용, 식용여부

식독불명이다.

059 가는대눈물버섯

주름버섯목 눈물버섯과 눈물버섯속의 버섯

Psathyrella corrugis (Pers. Fr.) Konrad & Maubl.

분포지역

한국,북반구 일대, 아프리카

서식장소/ 자생지

숲속의 낙엽 사이나 떨어진 나뭇가지

크기

갓 지름 1.5-2.5㎝, 자루 길이 7-10㎝, 굵기 1-2㎜

생태와 특징

가을에 숲속의 낙엽 사이나 떨어진 나뭇가지에 무리지어 나며 부생생활로 목재를 썩힌다. 균모는 지름 1.5-2.5㎝로 둔한 원추형 또는 종 모양으로 된다. 표면은 매끄럽고 습기가 있을 때는 회갈색인데 가장자리에 줄무늬 선이 있고, 마르면 없어지며 연한 홍색 또는 백색으로 된다. 주름살은 흑갈색이고 가장자리는 홍색의 분상이다. 자루는 길이 7-10㎝이고 굵기는 1-2㎜로 백색이며 속은 비어 있고 약하며 근부는 흰털로 덮여 있다. 포자는 크기 11-14.5×6-7.5㎛이고 타원형이다.

약용, 식용여부

식독불명이다.

쥐털꽃무늬애버섯

담자균류 주름버섯목 송이과의 버섯

Resupinatus trichotis (Pers.) Sing.

분포지역

한국, 일본, 유럽, 북아메리카

서식장소 / 자생지

활엽수의 마른 줄기

크기

버섯 갓 지름 5~12㎜

생태와 특징

여름에서 가을까지 활엽수의 마른 줄기에 무리를 지어 자란다. 버섯 갓은 지름 5~12㎜이고 조개껍데기 또는 부채처럼 생겼으며 등 면의 일부가 배착하여 발생한다. 갓 표면은 회색이고 방사상의 주름선이 있으며 기부에 어두운 갈색 또는 검은 갈색 털이 촘촘하게 나 있다. 주름살은 회색을 띤다. 버섯 대는 없다. 홀씨는 지름 4.5~5.5㎛이고 공 모양이다.

약용, 식용여부

식용불명이다.

회갈색무당버섯

무당버섯목 무당버섯과 무당버섯속의 버섯
Russula sororia Fr.

분포지역

한국(주로 두륜산, 모악산, 방태산, 운문산, 월출산, 아차산, 영축산, 지리산, 천성산) 일본, 중국 등 북반구 온대지역

서식장소/ 자생지

숲, 정원, 길가 등의 땅 위

크기

갓 지름 3~8cm, 자루 2~6×0.6~1.2cm

생태와 특징

여름에서 가을에 숲, 정원, 길가 등의 땅 위에 산생 또는 군생한다. 갓은 지름 3~8cm로 평반구형에서 깔때기 형으로 된다. 갓 표면은 담회갈색, 중앙부는 짙은 색이고 습할 때는 점성이 있으며, 가장자리에는 뚜렷한 홈 선이 있다. 살은 백색이며, 불쾌한 냄새가 난다. 주름살은 떨어진주름살이고, 약간 성기고 백색이다. 자루는 2~6×0.6~1.2cm, 표면은 백색, 아랫부분은 담회색이다. 포자는 7~8×6~6.4㎛이고, 유구형이다. 표면에는 돌기가 있고, 포자문은 담황색이다.

약용, 식용여부

식용불명이다.

테두리방귀버섯

담자균류 방귀버섯과의 버섯

Geastrum sessile (Sow.) Pouz.

분포지역

한국, 북한, 일본, 중국, 유럽, 북아메리카, 오스트레일리아

서식장소 / 자생지

숲 속의 낙엽 사이의 땅

크기 자실체 지름 1.5~4㎝

생태와 특징

가을에 숲 속의 낙엽 사이의 땅에 무리를 지어 자란다. 자실체는 지름 1.5~4㎝이고 처음에는 공 모양이며 자실체의 부속물 속에 파묻혀 있다. 다 자라면 외피의 위쪽 절반이 5~10조각으로 갈라진다. 각 조각은 위로 뒤집히고 아래로 구부러져 편평한 둥근 방석처럼 되며 그 위에 내피가 있다. 내피 층은 밋밋하고 갈라진 줄이 있으며 살구 색 또는 붉은 갈색이다. 내피는 지름 1.5~2㎝의 공 모양에 가깝고 흰색 또는 누런 갈색이다. 홀씨는 지름 3~4㎛의 공 모양이고 표면이 연한 누런 갈색이며 작은 사마귀 점과 같은 돌기가 있다.

약용, 식용여부

식용불명이다.

067 목도리방귀버섯

담자균류 방귀버섯과의 버섯

Geastrum triplex (Jungh.) Fisch.

분포지역

한국(속리산, 지리산, 한라산), 일본, 유럽

서식장소 / 자생지

낙엽 속의 땅

크기

지름 3cm 정도

생태와 특징

가을에 낙엽 속의 땅에 무리를 지어 자란다. 공 모양이며 지름 3cm 정도의 어린 버섯은 위쪽에 뾰족한 입부리를 가지고 있다. 성숙됨에 따라 겉껍질은 꼭대기에서 기부로 반 정도 찢어져서 불가사리 팔 모양의 5~6개의 조각이 되어 목도리 모양이 된다. 속껍질은 편평한 공 모양인데 막질이고 겉껍질에 싸여 있으며 꼭대기에 1개의 구멍이 있다. 구멍 기부에 원형의 오목한 곳이 있고 속껍질 내부에 기부에서 약 1cm 높이로 돌출한 영구성인 기둥축이 있다. 겉껍질은 육질이고 적갈색이며, 속껍질은 회갈색에서 점차 적갈색을 띠게 되고 꼭대기 구멍이 터져 내

약용, 식용여부

약용이지만 식용불명이다. 지혈, 해독 효능이 있어, 한방에서는 각종 염증, 외상출혈, 감기기침 등에 이용된다.

흰찐빵버섯

담자균류 찐빵버섯과의 버섯

Kobayasia nipponica (Kobay.) Imai&Kawam.

분포지역

한국, 일본

서식장소 / 자생지 숲 속의 땅

크기 자실체 지름 3~7㎝

생태와 특징

가을철 숲 속의 땅에 한 개씩 자란다. 자실체는 지름 3~7㎝이고 짓눌린 공 모양이다. 갓 표면은 연한 회색빛을 띤 흰색의 얇은 외피로 덮여 있고 기부의 한쪽 끝에서 뿌리가 나온다. 자실체 내부의 기본체는 중심에서 방사상으로 늘어선 혀 모양으로 갈라지고 처음에는 조직이 우무와 같지만 차차 액체로 변해서 없어져 중심이 빈다. 기본체는 어두운 녹색이고 연골질로서 단단하다. 이 안에 자실층이 형성된다. 홀씨는 4~5×2㎛의 타원 모양이고 밋밋하며 어두운 녹색이다. 담자세포는 막대 모양이며 그 끝에 6~8개의 홀씨가 생긴다. 한국, 일본 등에 분포한다.

약용, 식용여부

식용 불명이다.

069 새둥지버섯

담자균류 찻잔버섯과의 버섯

Nidula niveotomentosa (Henn.) Lloyd

분포지역

한국 등 전세계

서식장소 / 자생지

썩은 나무, 썩은 나뭇가지, 썩은 막대기

크기

자실체 높이 약 10㎜, 개구부 지름 약 5㎜

생태와 특징

여름에서 가을까지 썩은 나무, 썩은 나뭇가지, 썩은 막대기 등에 무리를 지어 자란다. 자실체는 처음에 흰색의 어릴 때 털이 촘촘하게 나 있으며 유구형으로 성숙하면 위로 입을 열어 밑이 넓은 찻잔 모양으로 되는데, 높이는 약 10㎜, 개구부 지름은 약 5㎜이다. 각피는 1층인데, 안쪽은 밋밋하고 연한 갈색이며 광택이 난다. 작은 알갱이는 지름 0.5~0.8㎜로 누런 갈색 또는 붉은 갈색의 바둑돌 모양이고 두꺼운 외피막 속에 들어 있으나 쉽게 벗겨진다. 홀씨는 6~9×4~6㎛로 무색의 넓은 타원형이며 후막이다.

약용, 식용여부

식독불명이다.

노란말뚝버섯

말뚝버섯과 말뚝버섯속
Phallus costatus(Penz.) Lloyd

분포지역

한국(가야산, 다도해해상국립공원, 두륜산 등), 일본, 중국, 아시아(자바) 지역, 스리랑카, 인도네시아 등

서식장소/ 자생지

깊은 산의 활엽수(너도밤나무 등)의 썩은 나무

크기 지름 2.5~3㎝,

생태와 특징

어린 버섯은 백색의 난형이며, 지름 2.5~3㎝로 비가 온 뒤에 주머니를 뚫고 생장하여 흑록색의 균모와 황색의 자루가 나온다. 균모는 끝에 구멍이 있고 표면은 선황색이며 불규칙하고 작은 그물눈이 있으며, 속에 암녹색의 고약한 냄새가 나는 점액질 포자액이 붙는다. 자루는 위쪽이 황색이고 황록색의 원주상이며, 속이 균모 꼭대기까지 비어 있다. 포자는 타원형으로 3.5~4.2×1.5~2㎛인 담록 색이다. 활엽수 목재의 2차분해 균이다. 발생은 여름부터 가을까지이며 깊은 산의 활엽수(너도밤나무 등)의 썩은 나무에 군생한다.

약용, 식용여부

식독불명이다.

071 벌레알점균

망사점균과 벌레알점균속의 벌레알점균

Leocarpus fragilis(j.Dick.) Rostaf

분포지역

한국, 동아시아, 북아메리카, 유럽 등

서식장소/ 자생지

활엽수의 썩은 나무, 낙엽, 생나무 등

크기

자실체 폭 0.4~1.5㎜, 높이 1.2~3㎜

생태와 특징

자실체는 폭이 0.4~1.5㎜, 높이는 1.2~3㎜로 둥근 난형이며, 표면은 평활하고 황적색 또는 적갈색이며 광택이 있고 부서지기 쉽다. 대는 짧고 연하며 황백색이다. 포자의 지름은 11~16.2㎛로 구형이며 갈색이고, 표면에는 사마귀상 돌기가 있다. 여름~가을에 활엽수의 썩은 나무, 낙엽, 생나무 등에 군생하며, 한국, 동아시아, 북아메리카, 유럽 등지에 분포한다.

약용, 식용여부

식용불명이다.

납작곤약버섯

곤약버섯목 곤약버섯과 곤약버섯속의 버섯

Sebacina incrustans (Pers.) Tul. & C. Tul.

분포지역

한국, 일본, 유럽, 미국 등

서식장소/ 자생지

살아 있거나 죽은 식물의 줄기, 밑동

크기

포자 14~18×9~10㎛

생태와 특징

여름에서 가을에 살아 있거나 죽은 식물의 줄기, 밑동에서 발생한다. 자실체는 완전 배착성이며, 기주에 단단히 부착하여 넓게 퍼지며, 때로는 닭볏 모양~원뿔 모양의 돌기를 형성한다. 표면은 백색~담황백색 바탕에 종종 회색~분홍색을 띠며, 평활 하거나 혹 모양의 요철이 있다. 조직은 왁스 같은 연골질이다. 담자기는 세로 격막에 의해 4실로 나눠진다. 포자는 14~18×9~10㎛로 타원형~난형으로 되고 표면은 평활하고 무색이다.

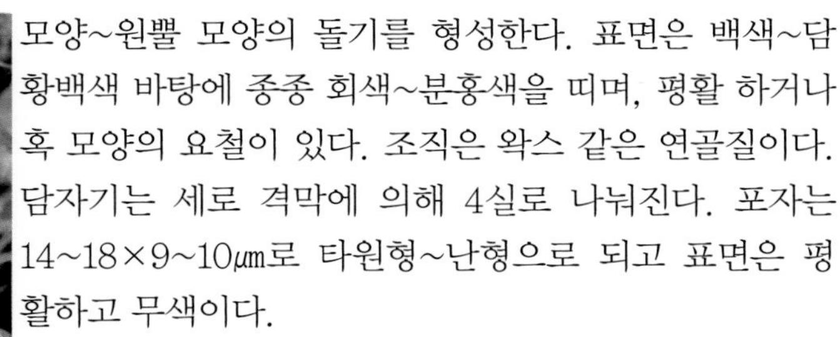

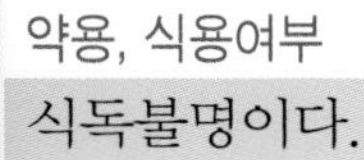

약용, 식용여부

식독불명이다.

073 황색고무버섯

반균강 두건버섯목 두건버섯과 황색고무버섯속

Bisporella citrina (Batsch.:Fr.) Korf. et Carpenter

분포지역

한국, 유럽

서식장소/ 자생지

활엽수의 죽은 가지 또는 고목

크기

버섯의 지름은 0.1~0.3㎝

생태와 특징

여름에서 가을에 걸쳐서 활엽수의 죽은 가지 또는 고목에 무리지어 나며, 부생생활을 하고 목재를 썩힌다. 버섯의 지름은 0.1~0.3㎝이고 쟁반 모양 또는 넓은 원추형의 접시 모양이다. 바깥 면과 자실 층이 있는 안쪽 면은 매끄럽고 노란색 또는 노른자 황색이다. 가장자리는 어두운 노란색이다. 자루가 없거나 있을 경우에는 짧은 자루가 기주에 붙는다.

포자 크기는 8~12×3~3.6㎛이고 무색의 타원형이며, 1개의 격막이 있다. 작은 기름 방울을 가진 것도 있다. 목재부후균으로 목재를 분해하여 자연에 환원시킨다. 버섯 전체가 노란색을 나타내고 자루가 있다.

약용, 식용여부

식독불명이다.

낙엽버섯속

주름버섯목 송이과 만가닥버섯족 낙엽버섯속

Marasmius sp.

분포지역

서식장소/ 자생지

마른 잎이 퇴적한 땅 위

크기

높이4~6cm

생태와 특징

높이4~6cm의 소형균이다. 전체에 담갈색으로 갓은 흡수성이 강하고 중앙부터 건조하여 하얗게 된다. 갓 둘레 가장자리에는 홈이 있어, 평개하면 물결치는게 특징이다. 자루는 직선적으로 딱딱하고, 아래쪽으로 갈수록, 갈색이 진해지며 하얀 미분이 있다. 마른 잎이 퇴적한 땅 위에 수개의 자루씩 산생하는 경우가 많다.

약용, 식용여부

식용불명이다.

075 선녀버섯속

주름버섯목 송이과 만가닥버섯족 선녀버섯속

Marasmiellus sp.

분포지역

한국에는 방태산, 어래산을 비롯하여 일본, 유럽 등

서식장소/ 자생지

활엽수의 죽은 가지

크기

지름 4~18mm

생태와 특징

균모는 지름 4~18mm로 반구형에서 편평형이 되고 주변부는 위로 뒤집힌다. 표면은 털이 나 있고 백크림색 또는 살색으로 가장자리는 예리하다. 살은 희고 막질이다. 주름살은 백크림색 또는 살색으로 바른주름살이며 가장자리는 털이 나 있다. 버섯자루는 5~20×0.3~1mm로 원통형이며 꼭대기는 희고 기부로 감에 따라 적갈색이고 백색털이 나 있고 섬유질이다. 포자문은 백색으로 포자는 방추형 또는 타원형으로 민둥하고 7.7~10.36×2.7~3.7㎛이다. 여름부터 가을에 걸쳐서 활엽수의 죽은 가지 위에 난다. 광릉에서 채집하였다. 분포는 한국에는 방태산, 어래산을 비롯하여 일본, 유럽 등에 자생한다.

약용, 식용여부

식용불명이다.

종떡따리버섯

담자균류 민주름버섯목 구멍버섯과의 버섯

Fomitopsis officinalis

분포지역

북한(백두산), 일본, 중국, 필리핀, 유럽, 북아메리카

서식장소 / 자생지

잎갈나무 등의 침엽수

크기 버섯 갓 3~8×5~15×5~15㎛

생태와 특징

일 년 내내 잎갈나무 등의 침엽수에 무리를 지어 자란다. 자실체는 나무질로 되어 있으며 버섯 대가 없다. 버섯 갓은 3~8×5~15×5~15㎛로 종 모양 또는 말발굽 모양이다. 버섯 갓 표면은 흰색, 연한 누른색, 회색빛을 띤 누른색 바탕에 연한 누른밤색의 반점이 있으며 밋밋하고 가는 세로릉과 얕은 둥근 홈이 있다. 살은 석면처럼 생겼고 맛이 쓰며 처음에 흰색이다가 나중에 누른색으로 변한다. 관공은 길이 약 1㎝이고 여러 개의 층으로 이루어져 있으며 흰색에서 연한 누른색으로 변한다. 공구는 4~5.5×2~3㎛이고 둥근 모양이다.

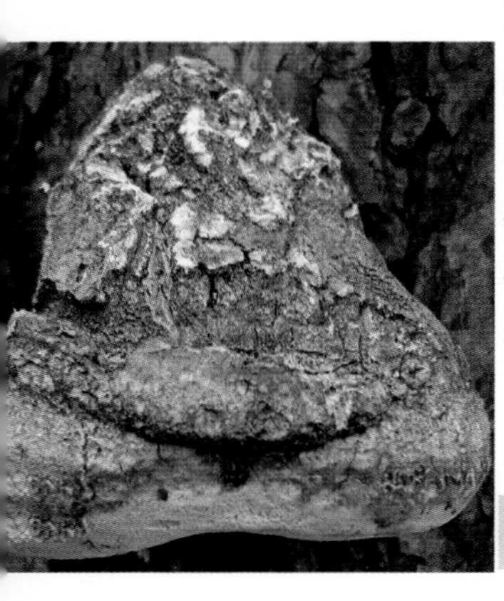

약용, 식용여부

약용할 수 있지만 식용불명이다.

077 복령

민주름버섯목 구멍장이버섯과의 버섯
Wolfiporia extensa (Peck) Ginns

분포지역

한국, 중국, 일본, 북아메리카

서식장소 / 자생지

소나무 등의 나무뿌리

크기

균핵 크기 10~30㎝

생태와 특징

북한명은 솔뿌리혹버섯이다. 일 년 내내 땅속에서 소나무 등의 나무뿌리에 기생한다. 자실체는 전배착생이며 버섯 갓을 만들지 않고 전체가 흰색인데 관이 촘촘하다. 관은 길이 2~20㎜로 구멍은 원형 또는 다각형, 구멍 가장자리는 톱니 모양이다. 살은 육계색 또는 흰색이다. 균핵(菌核)은 지하에 있는 소나무뿌리에 크기 10~30㎝로 형성되고 둥근 모양 또는 길쭉하거나 덩어리 모양이다. 버섯 갓 표면은 적갈색, 담갈색, 흑갈색으로 꺼칠꺼칠한 편이며, 때로는 근피(根皮)가 터져 있는 것도 있다.

약용, 식용여부

식용불명이다. 모두 한약재로 강장, 이뇨, 진정 등에 효능이 있어 신장병, 방광염, 요도염에 이용한다.

저령

잔나비걸상과의 버섯인 저령의 균핵으로 만든 약재
Grifola umbellata Fr.

분포지역

한국, 일본, 유럽, 중국, 미국

서식장소/ 자생지 활엽수림 속의 오리나무 · 참나무류의 산 뿌리

크기 자실체 높이 10~20㎝, 지름 12~20㎝

생태와 특징

잔나비걸상과의 버섯인 저령의 균핵으로 만든 약재(한국). 중국과 일본에서도 기원이 같다. 저령이란 약의 생김새에서 온 말인데 검은색 덩어리가 마치 돼지 똥과 비슷하기 때문에 붙여진 이름이다. 령(零)이란 돼지 똥처럼 덩어리가 조금씩 떨어지는 것을 말하며 말똥처럼 한 번에 떨어지는 것은 통(通)이라 한다. 생김새는 고르지 않은 흑갈색 덩어리 모양이며 바깥 면은 움푹 파인 듯 한 자국과 거친 주름이 많고 꺾어지기 쉬우며 꺾은 면은 연한 코르크 모양으로 거의 흰색을 띤다. 안쪽에는 흰색 얼룩 모양이 있고 질은 가볍다.

약용, 식용여부

식용불명이다. 약리작용으로 이뇨작용, 항암작용, 생쥐 망상 내피 계통에 탐식기능 증강작용, 항균작용이 보고 되었다.

079 흰가루꽃동충하초

자낭균류 맥각균목 동충하초과의 버섯

Isaria sinclairii

분포지역

한국, 일본, 중국, 남아메리카, 오스트레일리아

서식장소 / 자생지

애매미의 유충의 머리 부분

크기

자실체 높이 2.2~3㎝

생태와 특징

가을에 애매미의 유충의 머리 부분에 자실체가 여러 개씩 기생한다. 자실체는 높이 2.2~3㎝이고 윗부분에는 가루처럼 생긴 흰색 홀씨를 형성한다. 버섯 대는 원기둥처럼 생겼거나 편편하며 연한 오렌지색이고 밑 부분은 거의 흰색이다. 홀씨는 5~9×2~3㎛이고 달걀 모양, 타원모양, 방추형이다.

약용, 식용여부

식용불명이다.

마른갈때기버섯

담자균류 주름버섯목 느타리과의 버섯

Panus conchatus (Bull.ex Fr.)Fr.

분포지역

북한, 일본, 중국, 유럽, 북아메리카, 오스트레일리아

서식장소 / 자생지

활엽수의 썩은 줄기 또는 그루터기

크기 버섯 갓 지름 5~8cm, 버섯 대 길이 2~3cm

생태와 특징

여름에서 가을까지 활엽수의 썩은 줄기 또는 그루터기 등에 뭉쳐서 자란다. 갓의 색은 처음 누런 밤색에서 붉은색 또는 보라색을 거쳐 색이 바래 밤빛 누런색으로 변한다. 갓 가장자리는 얇고 나중에 줄이 생기는 것도 있다. 살은 흰색으로 처음에 질기지만 나중에는 가죽질 같은 코르크질로 변하며 맛이 부드럽고 냄새는 좋은 편이다. 주름살은 내린주름살로 촘촘한 것도 있고 약간 성긴 것도 있으며 폭이 좁다. 주름살은 연한 색 또는 보라빛 붉은색이다가 황토색으로 변한다. 버섯 대는 길이 2~3cm로 한쪽에 치우치며 때로는 옆에 붙는다.

약용, 식용여부

식용불명이다.

4 약으로 쓰는 약용버섯 79가지

001 키다리끈적버섯

끈적버섯과

Cortinarius livido-ochraceus (Berk.) Berk.

분포지역

한국 등 북반구 온대 이북

서식장소/ 자생지

활엽수림 속의 땅

크기

버섯갓 지름 5~10㎝, 버섯대 굵기 1~2㎝, 길이 5~15㎝

생태와 특징

북한명은 기름풍선버섯이다. 가을철 활엽수림 속의 땅에 한 개씩 자라거나 무리를 지어 자란다. 버섯갓은 지름 5~10㎝이고 처음에 종 모양 또는 끝이 둥근 원뿔 모양이지만 나중에 편평해지며 가운데는 봉긋하다. 갓 표면은 매우 끈적끈적하고 올리브빛 갈색이나 자줏빛 갈색이며 건조하면 진흙빛 갈색 또는 황토색으로 변한다. 갓 가장자리에는 홈으로 된 주름이 있다. 살은 흰색이거나 황토색이다. 주름살은 바른주름살 또는 올린주림살이고 진흙빛 갈색이다.

한국 등 북반구 온대 이북에 분포한다.

약용, 식용여부

식용할 수 있다. 식용약용이다.

노란띠끈적버섯(노란띠버섯)

끈적버섯과

Cortinarius caperatus(Pers.) Fr.

분포지역

한국(한라산)등 북반구 일대

서식장소/ 자생지 숲속의 땅

크기 버섯갓 지름 4~15cm, 버섯대 굵기 7~25mm, 길이 6~15cm

생태와 특징

가을에 숲속의 땅에 단생 또는 군생한다. 자실체는 반구형~난형이었다가 편평하게 된다. 자실체크기는 4~15cm이고, 표면은 황토색~자주색이나 백색~자주색 비단 광택이 있는 섬유로 덮였다가 없어지고 방사상의 주름을 나타낸다. 자실층은 백색에서 녹슨 색이며 바른~올린~끝붙은 주름살이다. 대길이 6~15cm이고 속은 차 있고 섬유상인데 균모보다 담색이며 위에 백색의 막질 턱받이가 있고 내피막은 불완전하고 없어진다.

포자는 아몬드형이며 가는 사마귀로 덮여 있고, 크기는 11.5~15.5x6.5~8μm이다.

약용, 식용여부

식용·약용이다.

003 팽나무버섯 (팽이버섯)

담자균류 주름버섯목 송이과의 버섯

Flammulina velutipes

분포지역

한국, 일본, 중국, 유럽, 북아메리카, 오스트레일리아

서식장소 / 자생지

팽나무 등의 활엽수의 죽은 줄기 또는 그루터기

크기

버섯 갓 지름 2~8cm, 버섯 대 굵기 2~8mm, 길이 2~9cm

생태와 특징

늦가을에서 이른 봄에 팽나무 등의 활엽수의 죽은 줄기 또는 그루터기에 소복하게 자란다. 버섯 갓은 지름 2~8cm이며 처음에 반구 모양이다가 나중에 편평해진다. 갓 표면은 점성이 크고 노란색 또는 누런 갈색이며 가장자리로 갈수록 색이 연하다. 살은 흰색 또는 노란색이며 주름살은 흰색 또는 연한 갈색의 올린주름살이고 성기다. 버섯 대는 굵기 2~8mm, 길이 2~9cm이고 위아래의 굵기가 같으며 연골질이다. 버섯 대 표면은 어두운 갈색 또는 누런 갈색이고 윗부분이 색이 연하며 짧은 털이 촘촘하게 나 있다. 홀씨는 크기 5~7.5×3~4μm이고 타원 모양이다. 겨울에 쌓인 눈 속에서도 자라는 저온성 버섯이고 목재부후균이다.

약용, 식용여부

식용하거나 약용할 수 있다.

오렌지밀버섯(애기버섯 개칭, 속 변경) 004

담자균문 주름버섯목 낙엽버섯과 밀버섯속의 버섯

Gymnopus dryophilus (Bull.) Murr.

분포지역

한국, 북한(백두산) 등 전세계

서식장소/ 자생지

숲 속의 부식토 또는 낙엽

크기 , 버섯갓 지름 1~4㎝, 버섯대 굵기 1.5~3㎜, 길이 2.5~6㎝

생태와 특징

굽은애기무리버섯이라고도 한다. 봄부터 가을까지 숲 속의 부식토 또는 낙엽에 무리를 지어 자란다. 버섯갓은 지름 1~4㎝로 처음에 둥근 산 모양이다가 나중에 거의 편평해지며 가장자리가 위로 뒤집힌다. 갓 표면은 밋밋하고 가죽색, 황토색, 크림색이지만 건조하면 색이 연해진다. 주름살은 올린주름살 또는 끝붙은주름살로 촘촘하고 폭이 좁으며 흰색 또는 연한 크림색이다.

버섯대 표면은 버섯갓과 색이 같고 밋밋하며 속이 비어 있다.한국, 북한(백두산) 등 전세계에 분포한다.

약용, 식용여부

식용버섯이나 사람에 따라 약한 중독을 일으킬 수 있다.

약용으로 항염증 작용이 있다.

005 만가닥버섯(느티만가닥버섯)

담자균류 주름버섯목 송이과의 버섯

Hypsizygus marmoreus (Peck) H.E. Bigelow

분포지역

한국, 동남아시아, 유럽, 북아메리카 등

서식장소 / 자생지 느릅나무 등의 활엽수 고사목 그루터기

크기 버섯갓 지름 5~15㎝

생태와 특징

북한명은 느릅나무무리버섯이다. 만가닥이라는 명칭은 다발성이 매우 강해서 수많은 개체가 생긴다고 하여 붙여진 것이다. 가을철 느릅나무 등의 말라 죽은 활엽수나 그루터기에서 다발로 무리를 지어 자란다. 초기의 갓 표면은 짙은 크림색을 띠다가 자라면서 차차 옅어진다. 날씨가 건조해지면 갓의 표면이 갈라져 거북의 등처럼 생긴 무늬가 나타나는 것이 특징이다.

흰색과 갈색종이 있는데 다른 버섯에 비해 재배기간이 긴 특성 때문에 '백일송이', 대가 길고 다발로 자라기 때문에 '만가닥버섯', 버섯 본래 이름을 따라 '느티만가닥'이라는 서로 다른 상품명으로 국내에 유통되는데 모두 느티만가닥버섯의 재배종이다.

약용, 식용여부

여러 가지 요리에 잘 어울린다. 체내 콜레스테롤 함량을 줄이고, 지방세포의 크기를 줄여 주는 효과가 밝혀졌고, 항산화, 항종양, 항통풍, 혈행개선, 피부미백 등의 효능이 있다

자주졸각버섯

진정담자균강 주름버섯목 송이버섯과 졸각버섯속

Laccaria amethystea (Bull.) Murr.

분포지역

한국(지리산, 한라산), 일본, 중국, 유럽 등 북반구 온대 이북

서식장소/ 자생지 양지바른 돌 틈이나 숲 속의 땅

크기 버섯갓 지름 1.5~3㎝, 버섯대는 길이 3~7㎝, 굵기 2~5mm

생태와 특징

북한명은 보라빛깔때기버섯이다. 여름부터 가을까지 양지바른 돌 틈이나 숲 속의 땅에 무리를 지어 자란다. 버섯갓은 지름 1.5~3㎝로 처음에 둥근 산 모양이다가 나중에 편평해지지만 가운데가 파인다. 갓 표면은 밋밋하며 가늘게 갈라져 작 비늘조각처럼 변하고 자주색이다. 주름살은 올린주름살로 두껍고 성기며 짙은 자주색인데, 건조하면 주름살 이외에는 황갈색 또는 연한 회갈색이 된다.

한국(지리산, 한라산), 일본, 중국, 유럽 등 북반구 온대 이북에 분포한다. 버섯 전체가 자주색이어서 졸각버섯과는 쉽게 식별할 수 있다. 외생균근 형성버섯으로 산림녹화 등에 이용이 가능하다.

약용, 식용여부

식용과 항암버섯으로 이용한다.

007 애잣버섯(애참버섯 개칭, 속 변경)

담자균문 구멍장이버섯목 구멍장이버섯과 잣버섯속의 버섯

Lentinus strigosus Fr. (*=Panus rudis Fr.)

분포지역

한국(방태산, 속리산) 등 전세계

서식장소/ 자생지

활엽수의 죽은 나무나 그루터기

크기

버섯갓 지름 1.5~5㎝, 버섯대 굵기 0.4㎝, 길이 0.5~2㎝

생태와 특징

북한명은 거친털마른깔때기버섯이다. 초여름부터 가을까지 활엽수의 죽은 나무나 그루터기에 뭉쳐서 자라거나 무리를 지어 자란다. 버섯갓은 지름 1.5~5㎝로 처음에 둥근 산 모양이다가 나중에 깔때기 모양으로 변한다. 갓 표면은 처음에 자줏빛 갈색이지만 차차 연한 황토빛 갈색으로 변하며 전체에 거친 털이 촘촘히 나 있다. 살은 질긴 육질 또는 가죽질이다. 주름살은 내린주름살로 촘촘하고 폭이 좁으며 처음에 흰색이다가 나중에 연한 황토빛 갈색 또는 자주색으로 변하며 가장자리가 밋밋하다.

약용, 식용여부

어릴 때는 식용한다. 민간에서는 부스럼 치료에 이용되기도 한다.

표고버섯

담자균류 주름버섯목 느타리과의 버섯

Lentinula edodes

분포지역

한국 · 일본 · 중국 · 타이완

서식장소 / 자생지 참나무류 · 밤나무 · 서어나무 등 활엽수의 마른 나무

크기 버섯 갓 지름 4~10cm, 버섯 대 3~6cm×1cm

생태와 특징

북한명은 참나무버섯이다. 표고는 느타리버섯과 잣버섯속, 구멍장이버섯과 잣버섯속 ,송이과 표고속으로 분류하는 등 여러 주장이 있다.

봄과 가을 2회에 걸쳐 참나무류 · 밤나무 · 서어나무 등 활엽수의 마른 나무에 발생한다. 갓 표면은 다갈색이고 흑갈색의 가는 솜털처럼 생긴 비늘조각으로 덮여 있으며 때로는 터져서 흰 살이 보이기도 한다. 갓 가장자리는 어렸을 때 안쪽으로 감기고 흰색 또는 연한 갈색의 피막으로 덮여 있다가 터지면 갓 가장자리와 버섯 대에 떨어져 붙는다.

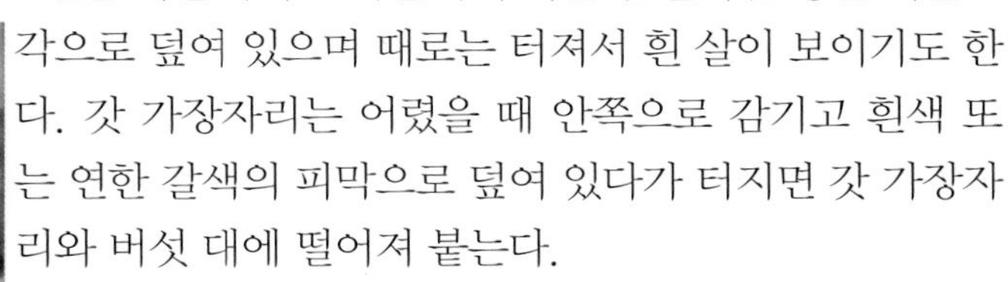

약용, 식용여부

식용으로 자주 먹지만 약용으로 많이 사용되며 원목에 의한 인공재배가 이루어져 한국, 일본, 중국에서는 생표고 또는 건표고를 버섯 중에서 으뜸가는 상품의 식품으로 이용한다.

009 잣버섯(솔잣버섯)

담자균문 균심아강 주름버섯목 느타리과 잣버섯속
Neolentinus lepideus (Fr.)

분포지역

한국 · 일본 · 유럽 · 미국 · 오스트레일리아 · 시베리아

서식장소/ 자생지

소나무 · 잣나무 · 젓나무 등의 고목

크기

갓 지름 5~15cm , 자루 2~8cm×1~2cm

생태와 특징

봄부터 가을에 걸쳐 소나무, 잣나무, 젓나무 등의 고목에 발생한다. 처음에는 둥근 모양이나 편평해지며 살은 백색이고 풍부하나 질긴 편이다. 주름은 거의 백색이고 폭이 넓으며 두껍고, 자루에 홈이 파져 붙거나 내려 붙으며 주름 끝이 길게 자루에 붙어 있다. 자루는 2~8cm×1~2cm이고 속이 차 있으며, 표면은 백색이고 황갈색 비늘 모양의 털이 산재한다. 포자는 긴 타원형이며 포자무늬는 백색이다.

약용, 식용여부

식용으로 송진냄새가 약간 나는 것이 향기롭다. 자루가 졸깃하고 쓰지만, 자루 3/1이상 갓부분은 맛있다. 중독을 일으키는 경우도 있으니 반드시 익혀서 먹어야 한다. 약용버섯으로 항종양, 면역증강, 항균, 항진균 작용이 있으며 섭취시 건강증진, 강장에도 좋다.

족제비눈물버섯 010

담자균문 균심아강 주름버섯목 먹물버섯과 눈물버섯속

Psathyrella candolleana (Fr.) Maire

분포지역

한국, 동아시아, 유럽, 북아메리카, 아프리카, 오스트레일리아

서식장소/ 자생지

활엽수의 그루터기, 죽은 나무의 줄기

크기

갓 지름 3~7㎝, 버섯대 높이 4~8㎝, 두께 4~7㎜

생태와 특징

여름과 가을에 활엽수의 그루터기, 죽은 나무의 줄기 등에 무리를 지어 자란다. 버섯갓은 지름 3~7㎝이며 처음에는 원뿔 모양이지만 반구 모양으로 변하고 나중에는 펴지면서 편평해진다. 버섯갓 표면은 처음에 흰색이다가 붉게 변하고 나중에는 밝은 갈색으로 변하거나 보라빛을 띠기도 한다. 처음에 버섯갓에는 막이 생기지만 나중에는 막이 찢어지며 떨어져서 완전히 없어진다.

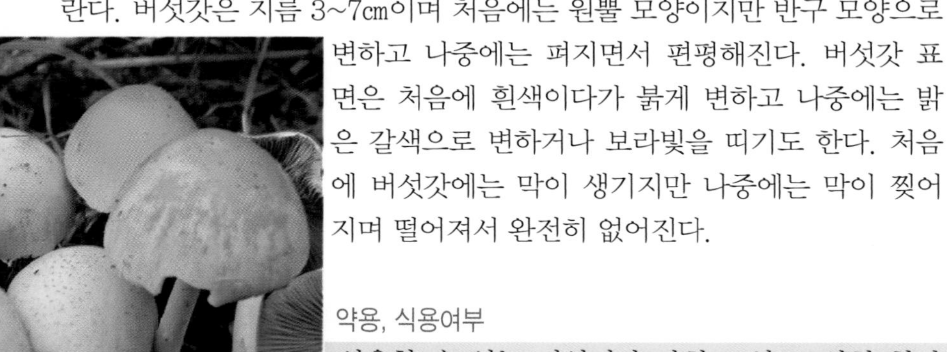

약용, 식용여부

식용할 수 있는 버섯이나 가치도 없고, 약한 환각 독성분을 함유한다. 혈당저하 작용이 있다.

011 검은비늘버섯

담자균문 균심아강 주름버섯목 독청버섯과 비늘버섯속

Pholiota adiposa (Batsch) P. Kumm.

분포지역

한국, 중국, 유럽, 북미

서식장소/ 자생지

활엽수 또는 침엽수의 죽은 가지나 그루터기

크기

갓 지름 3~8㎝, 대 길이 7~14㎝, 직경 0.7~0.9㎝

생태와 특징

봄부터 가을에 걸쳐 활엽수 또는 침엽수의 죽은 가지나 그루터기에 뭉쳐서 무리지어 발생한다. 검은비늘버섯의 갓은 지름이 3~8㎝ 정도이며, 처음에는 반구형이나 성장하면서 평반구형 또는 편평형이 된다. 갓 표면은 습할 때 점질성이 있으며, 연한 황갈색을 띠며, 갓 둘레에는 흰색의 인편이 있는데 성장하면서 탈락되거나 갈색으로 변한다. 조직은 비교적 두껍고, 육질형이며, 노란백색을 띤다. 주름살은 대에 완전붙은주름살형이며, 약간 빽빽하고, 처음에는 유백색이나 성장하면서 적갈색으로 된다.

약용, 식용여부

식용버섯이지만 많은 양을 먹거나 생식하면 중독되므로 주의해야 한다. 혈압 강하, 콜레스테롤 저하, 혈전 용해 작용이 있으며, 섭취하면 소화에도 도움이 된다.

산느타리버섯

주름버섯목 느타리과의 버섯

Pleurotus pulmonarius (Fr.) Quel.

분포지역

한국, 일본, 유럽 등 북반구 일대

서식장소 / 자생지 활엽수의 죽은 나무 또는 떨어진 나뭇가지

크기 버섯 갓 지름 2~8cm, 버섯 대 길이 0.5~1.5cm, 굵기 4~7mm

생태와 특징

봄부터 가을에 걸쳐 활엽수의 죽은 나무 또는 떨어진 나뭇가지에 무리를 지어 자라거나 한 개씩 자란다. 버섯 갓은 지름 2~8cm로 처음에 둥근 산 모양이다가 나중에 조개껍데기 모양으로 변한다. 버섯 갓 표면은 어릴 때 연한 회색 또는 갈색이다가 자라면서 흰색 또는 연한 노란색으로 변한다. 살은 얇고 밀가루 냄새가 나며 부드러운 맛이 난다. 주름살은 촘촘한 것도 있고 성긴 것도 있으며, 흰색에서 크림색이나 레몬 색으로 변한다. 버섯 대는 길이 0.5~1.5cm, 굵기 4~7mm이며 버섯 대가 없는 것도 있다.

약용, 식용여부

식용할 수 있다.

항종양, 혈당저하 작용이 있다.

013 노루버섯

주름버섯목 닭알독버섯과의 버섯
Pluteus cervinus (Schaeff.) P. Kumm.

분포지역

북한(묘향산, 평성시), 일본, 중국, 유럽, 북아메리카, 오스트레일리아

서식장소 / 자생지

활엽수림 또는 혼합림 속의 땅이나 썩은 나무

크기 갓 지름 5~9㎝, 대 지름 0.4~1.2㎝, 길이 5~10㎝

생태와 특징

봄에서 가을까지 활엽수림 또는 혼합림 속의 땅이나 썩은 나무에 여기저기 흩어져 자라거나 한 개씩 자란다. 버섯 갓은 지름 5~9㎝로 처음에 종 모양이다가 나중에 넙적한 둥근 산 모양을 거쳐 나중에는 거의 편평해지며 가운데가 약간 봉긋해진다. 갓 표면은 축축하면 약간의 점성을 띠고 잿빛 밤색으로 가운데로 갈수록 어두워지며 밋밋한 편이거나 부채 모양의 섬유 무늬 또는 작은 비늘로 덮여 있다. 살은 흰색으로 얇으며 불쾌한 맛과 냄새가 난다. 주름살은 끝붙은주름살로 촘촘하고 폭이 넓으며 처음에 흰색이다가 나중에 살구 색으로 변한다.

약용, 식용여부

식용할 수 있다.
항종양 작용이 있다.

점박이버터버섯(점박이애기버섯)

담자균문 주름버섯목 낙엽버섯과 버터버섯속의 버섯

Rhodocollybia maculata (Alb. & Schwein.) Singer

분포지역

한국, 유럽, 북아메리카

서식장소/ 자생지 침엽수, 활엽수림의 땅

크기 갓 지름 7~12㎝, 자루 길이 7~12㎝, 굵기1~2㎝

생태와 특징

여름부터 가을까지 침엽수, 활엽수림의 땅에 홀로 또는 무리지어 나며 부생생활을 한다. 갓의 지름은 7~12㎝로 처음은 둥근 산 모양에서 차차 편평하게 된다. 처음에는 자실체 전체가 백색이나 차차 적갈색의 얼룩 또는 적갈색으로 된다. 갓 표면은 매끄럽고 가장자리는 처음에 아래로 말리나 위로 말리는 것도 있다. 살은 백색이며 두껍고 단단하다. 주름살은 폭이 좁고 밀생하며 올린 또는 끝붙은주름살인데, 가장자리는 미세한 톱니처럼 되어있다. 자루의 길이는 7~12㎝이고 굵기는1~2㎝로 가운데는 굵고 기부 쪽으로 가늘고 세로 줄무늬 홈이 있으며 질기고 속은 비어 있다.

약용, 식용여부

식용이지만 종종 쓴맛이 난다. 혈전 용해 작용이 있다.

015 기와버섯

주름버섯목 무당버섯과의 버섯

Russula virescens (Schaeff.) Fr.

분포지역

한국, 일본, 타이완, 중국, 시베리아, 유럽, 북아메리카

서식장소 / 자생지

활엽수림의 땅 위

크기

버섯 갓 지름 6~12㎝, 버섯 대 굵기 2~3㎝, 길이 5~10㎝

생태와 특징

청버섯, 청갈버섯이라고도 하며 북한명은 풀색무늬갓버섯이다. 여름에서 가을까지 활엽수림의 땅 위에 한 개씩 자란다. 버섯 갓은 지름 6~12㎝이고 처음에 둥근 산 모양이다가 편평해지며 나중에는 깔때기 모양으로 변한다. 갓 표면은 녹색이나 녹회색이고 표피는 다각형으로 불규칙하게 갈라져 얼룩무늬를 보인다. 살은 단단하며 흰색이다. 주름살은 처음에 흰색이지만 나중에 크림색으로 변한다. 버섯 대는 굵기 2~3㎝, 길이 5~10㎝이고 속이 차 있다. 버섯 대 표면은 단단하고 흰색이다. 홀씨는 지름 약 1㎝, 길이 5~7㎝이고 공 모양에 가까우며 작은 돌기와 가는 맥이 이어져 있다.

약용, 식용여부

무당버섯류에서는 가장 맛있는 버섯으로 통하며, 한방에서는 시력저하, 우울증에 도움이 된다고 한다.

졸각무당버섯

주름버섯목 무당버섯과의 버섯

Russula lepida Fr. ('=Russula rosea Pers.)

분포지역

한국 등 북반구 온대 이북

서식장소 / 자생지 활엽수림 속의 땅

크기 버섯 갓 지름 5~11cm, 버섯 대 굵기 1~2.5cm, 길이 3~9cm

생태와 특징

북한명은 피빛갓버섯이다. 여름부터 가을까지 활엽수림 속의 땅에 무리를 지어 자란다. 버섯 갓은 지름 5~11cm이고 처음에 둥근 산처럼 생겼다가 나중에 편평해지며 가운데가 약간 파여 있다. 갓 표면은 점성이 있으며 핏빛이나 분홍색이고 때로는 갈라져서 흰색 살이 드러난다. 살은 단단하고 흰색이다. 매운맛이 나거나 맛이 없는 것도 있다. 주름살은 불투명한 흰색이고 버섯 갓 가장자리는 붉은색이다. 버섯 대는 굵기 1~2.5cm, 길이 3~9cm이고 표면이 연한 홍색이거나 흰색이다. 홀씨는 8~9.5×6~8㎛이고 달걀 모양이며 표면에 가시와 불완전한 그물눈이 있다.

약용, 식용여부

식용할 수 있다.
항종양 작용이 있다.

017 혈색무당버섯

주름버섯목 무당버섯과의 버섯
Russula sanguinea (Bull.) Fr.

분포지역

한국, 일본, 유럽, 북아메리카, 오스트레일리아

서식장소 / 자생지

소나무숲 속의 모래땅

크기

버섯 갓 지름 4~10㎝, 버섯 대 길이 8~13㎝

생태와 특징

가을철 소나무숲 속의 모래땅에 무리를 지어 자란다. 버섯 갓은 지름 4~10㎝이고 처음에 호빵 모양이다가 나중에 깔때기 모양으로 변한다. 갓 표면은 핏빛이고 가장자리는 편평하면서 매끈하며 표피는 잘 벗겨지지 않는다. 주름살은 폭이 좁고 촘촘하며 처음에 흰색이다가 나중에 크림색으로 변한다. 살은 조직이 촘촘하고 흰색이며 맛이 맵다. 버섯 대는 길이 8~13㎝이고 처음에 흰색이다가 나중에 흰색빛을 띤 붉은색으로 변한다. 홀씨는 7~8×6~7㎛이며 공 모양에 가깝고 표면에 가시가 많다. 홀씨 무늬는 불투명한 흰색이다.

약용, 식용여부

식용과 약용할 수 있다.

치마버섯

주름버섯목 치마버섯과의 버섯

Schizophyllum commune Fr.

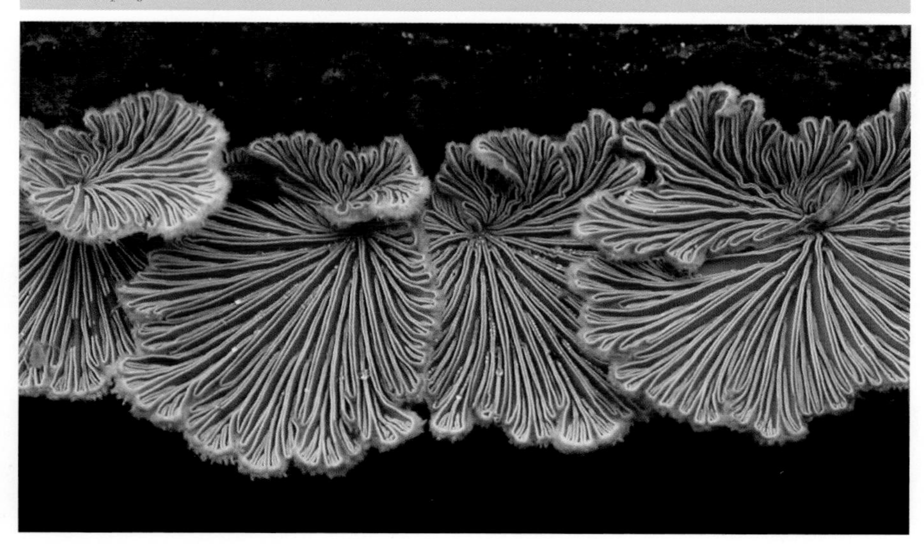

분포지역

한국, 유럽, 북아메리카 등 전세계

서식장소 / 자생지

말라 죽은 나무 또는 나무 막대기, 활엽수와 침엽수의 용재

크기 버섯 갓 지름 1~3㎝

생태와 특징

봄에서 가을까지 말라 죽은 나무 또는 나무 막대기, 활엽수와 침엽수의 용재에 버섯 갓의 옆이나 등 면의 일부가 달라붙어 있다. 갓 표면은 흰색, 회색, 회갈색이고 거친 털이 촘촘하게 나 있다. 주름살은 처음에 흰색이지만 점차 회색빛을 띤 자갈색을 띠며, 버섯 대가 없이 갓의 한쪽이 기부에 붙어 부챗살 모양으로 퍼져 있다. 주름살 끝은 2장씩 쪼개져 있는 것같이 보이고, 건조하면 말려서 오므라들며, 수분을 흡수하면 부챗살 모양으로 다시 펴진다.

약용, 식용여부

어린 버섯은 식용하며, 섭취하면 자양강장에 도움이 되고, 항종양, 면역강화, 상처치유, 항산화작용이 있다. 이 버섯의 sizofiran성분은 암 치료제로 이용된다.

솔버섯

주름버섯목 송이과의 버섯

Tricholomopsis rutilans (Schaeff.) Sing.

분포지역

한국, 북한, 일본, 중국, 유럽

서식장소 / 자생지

침엽수의 썩은 나무 또는 그루터기

크기

버섯 갓 지름 4~20cm, 버섯 대 길이 6~20cm, 굵기 1~2.5cm

생태와 특징

북한명은 붉은털무리버섯이다. 여름부터 가을까지 침엽수의 썩은 나무 또는 그루터기에 뭉쳐서 자라거나 한 개씩 자란다. 버섯 갓은 지름 4~20cm로 처음에 종 모양이다가 나중에 편평해진다. 갓 표면은 노란색 바탕에 어두운 붉은 갈색 또는 어두운 붉은색의 작은 비늘조각으로 덮여 있고 연한 가죽과 같은 느낌이 든다. 주름살은 바른주름살 또는 홈파진주름살로 촘촘하며 노란색이고 가장자리에는 아주 작은 가루 같은 것으로 덮여 있다. 버섯 대는 길이 6~20cm, 굵기 1~2.5cm로 뿌리부근이 약간 더 가늘고 노란색 바탕에 적갈색의 작은 비늘조각으로 덮여 있다.

약용, 식용여부

식용하기도 하지만 설사를 일으킬 수 있기 때문에 주의해야 한다.
항산화 작용이 있다.

왕그물버섯

주름버섯목 그물버섯과의 버섯

Boletus edulis

분포지역

북한, 일본, 중국, 유럽, 북아메리카, 오스트레일리아, 아프리카

서식장소 / 자생지

혼합림 속의 땅

크기 버섯 갓 지름 7~22cm, 버섯 대 지름 1.2~3cm, 길이 7~12cm

생태와 특징

여름에서 가을까지 혼합림 속의 땅에 무리를 지어 자라거나 한 개씩 자란다. 버섯 갓은 지름 7~22cm로 처음에 거의 둥글지만 나중에 펴지면서 만두 모양으로 변한다. 갓 표면은 축축하면 약간 끈적끈적하고 거의 밋밋하며 밤색, 어두운 밤색, 붉은밤색, 누런밤색 등이다. 대개 가장자리는 색깔이 연하다. 살은 두꺼우며 흰색 또는 누런색이고 겉껍질 밑과 관공 주위는 붉은빛을 띠는데 공기에 닿아도 푸른색으로 변하지 않는다. 버섯 대 표면은 전체적으로 특히 윗부분에 흰색을 띤 그물무늬가 있으며 밑부분에 흰색의 부드러운 털이 있다.

약용, 식용여부

식용하거나 약용할 수 있다.

021 동충하초(번데기동충하초, 붉은동충하초)

자낭균류 맥각균목 동충하초과의 버섯

Cordyceps militaris(Vull.)Fr.

분포지역

전세계

서식장소 / 자생지

산림내 낙엽, 땅속에 묻힌 인시류의 번데기, 유충등에 기생

크기 자실체는 3~6㎝의 곤봉형

생태와 특징

번데기버섯이라고도 한다. 여름에서 가을에 걸쳐 잡목림의 땅 속에 있는 곤충체에서 발생한다. 나비목 곤충의 번데기에 기생하며 자실체는 번데기 시체의 머리 부분에서 발생하고 곤봉 모양이다. 버섯 대는 둥근 기둥 모양으로 조금 구부러지며 오렌지색이고 머리 부분은 방추형으로 선명한 주황색이다.

약용, 식용여부

약용할 수 있다.

동충하초 효능은 뛰어나지만 부작용 또한 치명적이기 때문에 동충하초 복용할 땐 특별히 주의를 기울여야 한다.불로장생의 비약으로 알려져 있는 동충하초는 인삼, 녹용과 함께 3대 약재로 꼽히는데 이러한 동충하초 효능은 폐를 튼튼하게 하며 강장제 및 항암 작용이 뛰어난 것으로 널리 알려져 있다.

긴대안장버섯

자낭균류 주발버섯목 안장버섯과의 버섯

Helvella elastica Bull.

분포지역

한국(월출산, 지리산, 가야산, 만덕산, 한라산), 북한(백두산), 일본, 유럽, 북아메리카

서식장소 / 자생지

숲 속의 땅 위

크기 자실체 지름 2~4㎝, 높이 4~10㎝

생태와 특징

여름에서 가을까지 숲 속의 땅 위에 한 개씩 자란다. 자실체는 지름 2~4㎝, 높이 4~10㎝로 머리 부분은 말안장 모양인데, 자루의 윗부분을 양쪽에 끼고 그 표면에 자실층이 발달한다. 자실층은 연한 노란빛을 띤 회백색이다. 자루는 너비 약 5㎜인 원기둥 모양이며 가늘고 길다. 포자는 19~22×10~12㎛이고 무색의 타원형이다. 측사는 실 모양이다.

약용, 식용여부

식용할 수 있다.

혈전용해 작용이 있으며, 민간에서는 기침, 가래 제거 등에 이용되기도 한다.

023 갈색균핵동충하초

자낭균류 맥각균목 동충하초과의 버섯

Elaphocordyceps ophioglossoides (Ehrh.) G. Sung, J. Sung & Spat.

분포지역

전세계

서식장소/ 자생지

소나무나 너도밤나무 밑 땅 속, 땅 속에서 돋는 균핵 Elaphomyces류에 기생

크기

1-4㎝

생태와 특징

갈색균핵동충하초는 폐와 신장의 강장제로 몸의 기를 높여주고 특히 여성들의 생리불순과 자궁출혈에 좋으며 항진균, 항종양 작용이 있다.

일반 동충하초의 학명 가운데 속명 Cordyceps라는 이름은 '곤봉(club)'을 뜻하는 그리스어 kordyle이라는 말과 '머리, 두부'를 뜻하는 ceps라는 말이 합하여 생긴 것이다. 즉 '균핵에서 돋아난 동충하초'라는 뜻이다.

동충하초는 다른 생물에 기생하는 버섯으로 갈색균핵동충하초의 경우 땅속에서 돋는 균핵 Elaphomyces류에 기생하여 돋은 것이다. 균핵(Elaphomyces granulatus Fr.)은 여름에서 가을까지 소나무나 너도밤나무 밑 땅속에서 발생하는데 그 크기가 1-4㎝의 둥그런 구형인데 표면은 갈황색이고 아주 미세하게 오톨도톨한 과립상이다. 소나무나 너도밤나무와 균근을 형성하는 균근균이다.

갈색균핵동충하초의 전통 의학적 사용에서 갈색균핵동충하초는 그 맛이 약간 맵거나 온화한 편이다. 중국에서 폐와 신장의 강장제로 사용한다. 또 갈색균핵동충하초는 적혀루와 정자 생산을 증가시켜 몸의 기를 높여준다고 한다. 또 생리불순에 좋은 식용 오이풀 뿌리와도 잘 어울려 갈색균핵동충하초와 함께 사용한다. 이러한 생리불순 조절작용은 이 버섯의 균사체에서 추출할 수 있는 두 가지 성분 때문인 것으로 알려졌는데 이 성분은 여성호르몬 에스트로겐의 활성 작용과 같은 작용이 있다고 한다.

갈색균핵동충하초의 화학성분은 항진균 성분인 ophiocordin과 항종양 성분인 galactosaminoglycans 3종이 들어 있다. 또 둥근 머리를 가지고 있는 또 다른 균핵동충하초 Elaphocordyceps capitata에는 indole alkaloids와 베타(103) 글로겐이 들어있다.

갈색균핵동충하초의 약리작용은 갈색균핵동충하초의 ophiocordin 성분에는 염증을 치료하는 소염성 및 항균 성분을 포함하고 있고, 또 말초혈류를 자극하는 polysaccharide CO-1도 함유하고 있다. 뿐만 아니라 항생물질도 포함하고 있어 항진균 작용을 가지고 있고 면역성을 활성화하여 인체의 유해 물질 제거력이 있는 대식세포를 활성화한다고 한다.

항종양 성분인 galactosaminoglycans에는 항종양 작용을 하는 CO-N, SN-C, CO-1 등 3종의 항종양 성분이 들어 있다. CO-N을 예로 들면 수용성 글리칸으로 sarcoma 180에 대한 높은 억제율을 보여 98.7%라는 놀라운 억제율을 기록하고 있다. 또 SN-C는 표고의 lentinan이나 구름송편버섯(=구름버섯=운지)에서 추출한 것 보다 더 광범위한 항종양 작용이 있다고 한다. 또 이 SN-C 성분은 세포독작용과 면역 활성 성분이기도 하다. CO-1 성분은 SN-C안에 들어 있는 중요 다당체로 표고의 lentinan 구조와 아주 흡사한 구조를 가지고 있는 성분이다. 물에는 녹지 않으나 구연산, 식초, 젖산에는 좋은 반응을 보여준다고 한다. 바로 이 성분이 sarcoma 180에 대한 강한 억제율을 보여주는 것이다.

약용, 식용여부

약용과 식용할 수 있다.

024 눈꽃동충하초

자낭균류 맥각균목 동충하초과의 버섯

Isaria tenuipes Peck (=Isaria japonica Yasuda)

분포지역

한국, 일본, 네팔

서식장소 / 자생지

산지나 숲 등의 낙엽 속

크기 자실체 높이 10~40mm

생태와 특징

나방꽃동충하초라고도 부른다. 자실체 높이 10~40mm이다. 전체적으로 산호처럼 생겼으며 눈꽃처럼 보이기도 한다. 분생자자루가 다발을 이루고 있다. 자루는 주황색이고 머리는 흰색의 밀가루처럼 생긴 분생포자 덩어리로 덮여 있으며 나뭇가지 모양이다. 머리에 있는 분생포자는 흔들리거나 외부적인 자극을 주면 쉽게 날아간다. 불완전세대형의 대표적인 동충하초이다. 숙주는 나비류와 나방류에 속하는 곤충의 어른벌레와 애벌레, 번데기 등이며 이들의 몸에 들어가 기생한다. 9~10월에 산지나 숲 등의 낙엽 속에서 흔히 볼 수 있다.

약용, 식용여부

식용할 수 있다. 혈전용해 작용이 있으며, 민간에서는 기침, 가래 제거 등에 이용되기도 한다. 항종양,면역 활성, 피로 회복, 항산화, 혈당 강하, 콜레스테롤 감소 작용이 있다.

굵은대곰보버섯

025

주발버섯목 곰보버섯과 곰보버섯속

Morchella crassipes(Vent.) Pers.

분포지역

한국, 중국 등

서식장소/ 자생지

숲속땅 위

크기

자실체 길이 약 6cm~15cm, 지름 5cm정도

생태와 특징

여름에 숲속땅 위에서 발생한다. 자실체 길이는 약 6cm~15cm, 지름은 5cm 정도이다. 봄에 발생하며, 대는 백색, 갓은 엷은 노란색을 띠고 있다. 홀씨 크기는 230-260㎛×18-21㎛이다.

약용, 식용여부

식용할 수 있으나, 독이 있다. 소화불량과 가래가 많은 데 좋다.

주름목이버섯

담자균류 목이목 목이과의 버섯

Auricularia mesenterica

분포지역

한국, 일본, 중국, 시베리아, 유럽, 북아메리카, 오스트레일리아

서식장소 / 자생지

죽은 활엽수

크기

자실체 지름 5~15㎝, 두께 1.5~2.5㎜

생태와 특징

1년 내내 죽은 활엽수에 무리를 지어 자란다. 자실체는 지름 5~15㎝, 두께 1.5~2.5㎜이고 기주에 넓게 달라붙는다. 자실체는 대부분 버섯 갓처럼 생겨서 위로 뒤집혀 말리거나, 단단한 아교질로 이루어져서 가장자리가 얕게 갈라져 있다. 버섯 갓은 반원 모양이며 가장자리가 갈라진 것도 있고 밋밋한 것도 있다. 갓 표면에는 동심원처럼 생긴 고리무늬가 있으며, 검은색인 곳은 밋밋하고 잿빛 흰색인 곳에는 부드러운 털이 있다. 갓 안쪽은 붉은색 또는 어두운 갈색이고 방사상 주름벽이 있는데, 건조하면 검은색의 가루 같은 가죽질로 변하며 단단하다. 홀씨는 8.5~13.5×5~7㎛이고 달걀모양이거나 신장모양이며, 작은 알갱이가 표면에 붙어 있다.

약용, 식용여부

좀목이버섯(장미주걱목이)

담자균류 흰목이목 좀목이과의 버섯

Exidia glandulosa

분포

한국 등 전세계

서식장소 / 자생지 각종 활엽수의 죽은 가지나 그루터기

크기 자실체 지름 10㎝, 두께 0.5~2㎝

생태와 특징

여름에서 가을에 걸쳐 각종 활엽수의 죽은 가지나 그루터기에 무리를 지어 자란다. 자실체는 지름 10㎝로 자라 죽은 나무 위에 편평하게 펴진다. 자실체 두께는 0.5~2㎝로 연한 젤리질이며 작은 공 모양으로 무리를 지어 자라지만 차차 연결되어 검은색 또는 푸른빛이 도는 검은색으로 되고 뇌와 같은 주름이 생긴다. 마르면 종이처럼 얇고 단단해진다. 자실체 표면에는 작은 젖꼭지 같은 돌기가 있다. 홀씨는 12~15×4~5㎛의 소시지 모양이고 색이 없다. 담자세포는 흰목이 모양이다. 목재부후균이다.

약용, 식용여부

식용과 약용할 수 있다.

028 단색구름버섯

담자균문 균심아강 민주름버섯목 구멍장이버섯과 단색구름버섯속

Cerrena unicolor (Bull.) Murrill

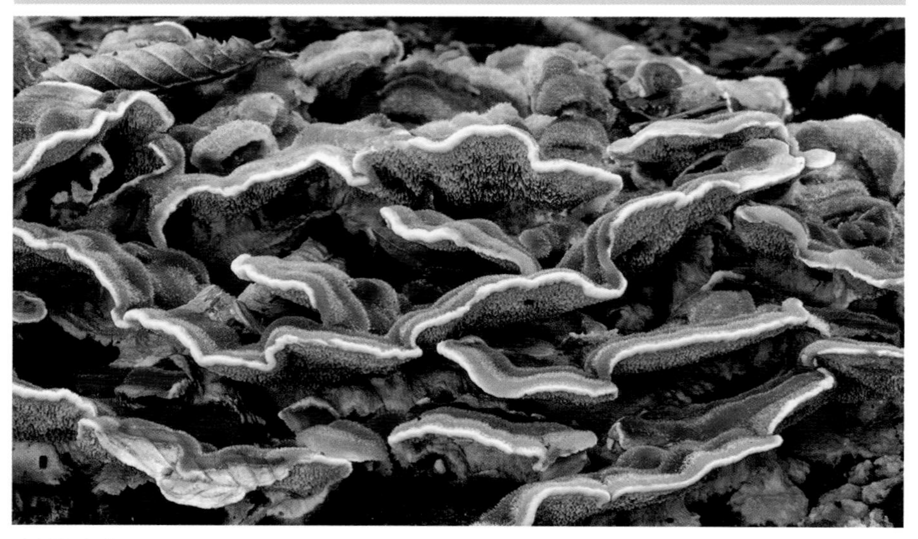

분포지역

한국, 일본, 중국 등 북반구 일대

서식장소/ 자생지

침엽수, 활엽수의 고목 또는 그루터기

크기

갓의 지름은 1~5cm, 두께는 0.1~0.5cm

생태와 특징

단색구름버섯 갓의 지름은 1~5cm, 두께는 0.1~0.5cm 정도이며, 반원형으로 얇고 단단한 가죽처럼 질기다. 표면은 회백색 또는 회갈색으로 녹조류가 착생하여 녹색을 띠며, 고리무늬가 있고, 짧은 털로 덮여 있다. 조직은 백색이며, 질긴 가죽질이다. 대는 없고 기주에 부착되어 생활한다. 관공은 0.1cm 정도이며, 초기에는 백색이나 차차 회색 또는 회갈색이 되고, 관공구는 미로로 된 치아상이다. 포자문은 백색이고, 포자모양은 타원형이다.

1년 내내 침엽수, 활엽수의 고목 또는 그루터기에 기왓장처럼 겹쳐서 무리지어 발생하며, 부생생활을 한다.

약용, 식용여부

약용으로, 항종양제의 효능이 있다.
버섯에서 처음 항암물질이 발견되었으며, 기관지염과 간염에도 효능이 탁월하다. 한국에서는 구름버섯, 중국에서는 운지버섯이라고 부른다.
약리실험에서는, 항종양 억제율 100%로 항암효과에 탁월하며 만성 간염, 기관지염, 콜레스테롤 저하 등 여러 가지 효능이 들어있어 이미 일본에서는 악성종창치료제로도 쓰이고 있고 또한 구름버섯을 이용한 면역증강제를 만들어 이용되고 있다.
약용버섯으로 쓰이는 구름버섯은 회색빛이 나는 버섯만 쓰이고, 갈색 빛이 나는 구름버섯은 식용불가버섯이니 주의해야한다.

029 잔나비불로초

담자균문 균심아강 민주름버섯목 불로초과 불로초속

Ganoderma applanatum (Pers.) Pat.

분포지역

한국 및 전세계

서식장소/ 자생지

활엽수의 고사목이나 썩어가는 부위

크기

갓의 지름 5~50㎝, 두께 2~5㎝

생태와 특징

봄부터 가을 사이에 활엽수의 고사목이나 썩어가는 부위에 발생하며, 다년생으로 1년 내내 목재를 썩히며 성장한다. 잔나비불로초의 갓은 지름이 5~50㎝ 정도이고, 두께가 2~5㎝로 매년 성장하여 60㎝가 넘는 것도 있으며, 편평한 반원형 또는 말굽형이다. 갓 표면은 울퉁불퉁한 각피로 덮여 있으며, 동심원상 줄무늬가 있으며, 색깔은 황갈색 또는 회갈색을 띤다. 종종 적갈색의 포자가 덮여 있다. 갓 하면인 자실층은 성장 초기에는 백색이나 성숙하면서 회갈색으로 변하나, 만지거나 문지르면 갈색으로 변한다.

북한명은 넙적떡다리버섯이며, 외국에서는 갓의 폭이 60㎝ 이상 되는 것도 있어 원숭이들이 버섯 위에서 놀기도 한다고 한다.

약용, 식용여부

약용으로 이용된다.

구름버섯

담자균류 민주름버섯목 구멍장이버섯과의 버섯

Coriolus versicolor(L. ex Fr.) Qul

분포지역 한국, 일본, 중국 등 전 세계

서식장소/ 자생지 침엽수, 활엽수의 고목 또는 그루터기, 등걸

크기 갓 너비 1~5cm, 두께 0.1~0.2cm

생태와 특징

조직은 백색이고 강인한 혁질(革質)이며, 표면의 털 밑에 짙은 색의 하피(下皮)가 있다. 갓 하면의 관공은 길이 0.1cm로 백색~회백색이고, 관공구는 원형~각형이며 1mm에 3~5개가 있다. 포자는 5~8×1.5~2.5μm로 원통형이고, 표면은 평활하고 비아밀로이드이며, 포자문은 백색이다. 봄부터 가을에 걸쳐 침엽수, 활엽수의 고목 또는 그루터기, 등걸에 수십 내지 수백 개가 중생형(重生形)으로 군생하는 목재 백색 부후성 버섯이다. 한국, 일본, 중국 등 전세계에 분포한다.

약용, 식용여부

약용으로 사용하며 성분은 유리아미노산 18종, 항그람양성균(Staphylococcus aureus), 항염증, 보체활성, 면역 효과, 콜레스테롤 저하, 혈당 증가억제. 적응증으로는 B형 간염, 천연성 간염, 만성활동성 간염, 만성 기관지염, 간암의 예방과 치료, 소화기계 암, 유암, 폐암이 있다.

035 수실노루궁뎅이(산호침버섯, 산호침버섯아재비)

담자균문 균심아강 민주름버섯목 산호침버섯과 산호침버섯속

Hericium coralloides(Scop.) Pers.

분포지역

한국(북한산), 북아메리카, 유럽

서식장소/ 자생지

침엽수의 고목, 그루터기, 줄기

크기

자실체크기 직경 10~20㎝, 침의 길이 1~6㎜

생태와 특징

여름에서 가을에 걸쳐 침엽수의 고목, 그루터기, 줄기위에 단생한다. 산호모양으로 분지하고, 가지를 옆으로 분지하며 무수히 많은 침을 내리뜨린다. 자실체크기 직경 10~20㎝, 침의 길이 1~6㎜이다. 자실체 조직은 백색 또는 크림색으로 부드러운 육질로, 자실체표면은 전체가 백색이며, 건조하면 황적색~적갈색으로 변한다.

자실층은 침모양의 자실체 표면에 분포하고, 기부는 가지가 크나 상단은 소형 가지가 침으로 분지, 기부는 서로 융합하여 자실체 덩어리 형성, 백색, 건조하면 담황갈색 내지 갈색으로 변한다. 포자특징 유구형이고, 표면은 미세한 돌기가 분포한다.

약용, 식용여부

식용과 약용이다.

노루궁뎅이

담자균문 균심아강 민주름버섯목 산호침버섯과 산호침버섯속

Hericium erinaceus (Bull.) Pers.

분포지역

한국, 북반구 온대 이북

서식장소/ 자생지

활엽수의 줄기

크기

지름 5~20㎝

생태와 특징

여름에서 가을까지 활엽수의 줄기에 홀로 발생하며, 부생생활을 한다. 노루궁뎅이의 지름은 5~20㎝ 정도로 반구형이다. 윗면에는 짧은 털이 빽빽하게 나 있고, 전면에는 길이 1~5㎝의 무수한 침이 나 있어 고슴도치와 비슷해 보인다. 처음에는 백색이나 성장하면서 황색 또는 연한 황색으로 된다. 조직은 백색이고, 스펀지상이며, 자실층은 침 표면에 있다. 포자문은 백색이며, 포자모양은 유구형이다.

약용, 식용여부

식용과 약용이고 항암 버섯으로 이용하며, 농가에서 재배도 한다.

037 싸리버섯

담자균문 균심아강 민주름버섯목 싸리버섯과 싸리버섯속

Ramaria botrytis (Pers.) Ricken

분포지역

한국, 오스트레일리아, 유럽, 북아메리카

서식장소/ 자생지

침엽수림, 활엽수림내 땅 위

크기

자실체 높이 7~12㎝, 너비 4~15㎝, 하반부 굵기 3~5㎝

생태와 특징

여름부터 가을에 침엽수림, 활엽수림내 땅 위에 난다. 자실체는 높이 7~12㎝, 너비 4~15㎝, 하반부는 굵기 3~5㎝인 흰 토막과 같은 자루로 되며, 위쪽에서 분지를 되풀이 한다. 가지는 차차 가늘고 짧게 되며 끝은 가늘고 작은 가지의 집단으로 되어, 위에서 보면 꽃배추모양이다. 가지의 끝은 담홍색~담자색으로 아름답다. 끝을 제외하고는 희나 오래되면 황토색이 된다. 살은 백색이며 속이 차 있다. 포자는 14~16×4.5~5.5㎛로 긴 타원형이고 표면에 세로로 늘어선 작은 주름이 있으며, 포자문은 담황백색이다.

약용, 식용여부

식용가능하며, 약용으로는 항종양, 항돌연변이, 항산화, 간 손상보호 작용이 있다.

버들볏짚버섯

진정담자균강 주름버섯목 소똥버섯과 볏짚버섯속,
Agrocybe cylindracea (DC.:Fr.) Maire

분포지역

한국, 유럽

서식장소/ 자생지

활엽수림의 죽은 줄기나 살아 있는 나무의 썩은 부분

크기 균모의 지름은 5~10cm

생태와 특징

봄부터 가을 사이에 활엽수림의 죽은 줄기나 살아 있는 나무의 썩은 부분에 뭉쳐서 나며 부생생활을 한다. 북한명은 버들밭버섯이다. 흔히 버들송이라고도 하며 송이버섯류로 착각하기 쉽지만 소나무와 공생하는 송이와는 다른 버섯이다. 균모의 지름은 5~10cm이고 둥근 산 모양에서 편평해진다. 표면은 매끄럽고 황토 갈색(가장자리는 연한 색)이며 얕은 주름이 있다. 살은 백색이다. 주름살은 바른주름살로 밀생한다. 자루의 길이는 3~8cm, 굵기는 0.5~1.2cm로 섬유상의 줄무늬 선을 나타낸다. 백색이며 밑은 탁한 갈색이고 방추형으로 부풀어 있다. 턱받이는 막질이며 자루 위쪽에 있다.

약용, 식용여부

식용, 항암버섯이며, 인공 재배도 가능하다.

039 점박이광대버섯

광대버섯과 광대버섯속

Amanita ceciliae (Berk. & Br.) Bas

분포지역

한국, 일본, 중국, 유럽 및 미국

서식장소/ 자생지

숲속지상

크기

지름 5~12.5㎝, 자루 5~15㎝×1~1.5㎝

생태와 특징

잿빛광대버섯이라고도 한다. 여름과 가을에 숲속 지상에 발생한다. 갓은 처음에는 반구형이지만 편평하게 펴지며 지름 5~12.5㎝이다. 표면은 황갈색에서 암갈색이고 끈기가 있으며 회흑색의 사마귀점이 많이 붙어 있다. 갓 둘레에는 방사상의 홈줄이 있다. 주름살은 백색이다.

자루는 5~15㎝×1~1.5㎝이고, 표면은 회색의 가루 모양 또는 섬유 모양의 인피로 뒤덮여 있다. 자루테가 없고 자루 밑동에는 회흑색의 주머니의 흔적이 고리 모양으로 붙어 있다. 포자는 구형이며 포자무늬는 백색이다.

약용, 식용여부

식용하나, 설사 등의 위장 장애를 일으킨다. 약용으로는 습진 치료에 도움이 된다고 한다.

뽕나무버섯

담자균문 균심아강 주름버섯목 송이과 뽕나무버섯속

Armillaria mellea (Vahl) P. Kumm.

분포지역 한국(발왕산, 한라산), 북한(백두산) 등 전세계

서식장소/ 자생지 활엽수와 침엽수의 그루터기, 풀밭 등

크기 갓 지름 3~15㎝

생태와 특징

북한명은 개암버섯이다. 여름에서 가을까지 활엽수와 침엽수의 그루터기, 풀밭 등에 무리를 지어 자란다. 버섯갓은 지름 4~15㎝로 처음에 반구 모양이다가 나중에는 거의 편평하게 펴지지만 가운데가 조금 파인다. 갓 표면은 황갈색 또는 갈색이고 가운데에 어두운 색의 작은 비늘조각이 덮고 있으며 가장자리에 방사상 줄무늬가 보인다. 살은 흰색 또는 노란색을 띠며 조금 쓴맛이 난다. 주름살은 바른주름살 또는 내린주름살로 약간 성기고 폭이 넓지 않으며 표면은 흰색이지만 연한 갈색 얼룩이 생긴다.

약용, 식용여부

우리나라에서는 식용으로 이용해 왔으나 생식하거나 많은 양을 먹으면 중독되는 경우가 있으므로 주의해야 되는 버섯이다. 지방명이 다양해서 혼동을 일으킬 수 있는 버섯이기도 하다. 강원도지역에서는 가다발버섯으로 부르고 있다.

041 붉은그물버섯

담자균문 그물버섯목 그물버섯과 그물버섯속의 버섯

Boletus fraternus Peck. (=Boletus rubellus krombh.)

분포지역

한국. 일본. 중국. 유럽

서식장소/ 자생지

숲속의 땅 위나 잔디밭

크기

갓 지름 4~7㎝

생태와 특징

여름부터 가을에 숲속의 땅 위나 잔디밭에 난다. 갓은 지름 4~7㎝로 반구형에서 호빵 형으로 된다. 갓 표면은 매끄럽고 건조하며 적갈색 또는 혈홍색을 띠고, 표피는 갈라져서 가늘게 갈라지기 쉽다. 살은 황색이며 표피 바로 아래는 담홍색이나 공기와 접촉하면 잠시 후 청색으로 변한다. 관은 황색인데, 상처를 입은 부분은 녹색이 된다. 자루는 높이 3~6㎝로 황색 바탕에 붉은 선이 있고 때로는 비뚤어진다. 포자는 타원형, 지름 10~12×5~6㎛이다.

약용, 식용여부

식용과 약용할 수 있다.

흰둘레그물버섯 042

주름버섯목 그물버섯과의 버섯

Gyroporus castaneus (Bull.) Qul.

분포지역

한국(무등산) 등 북반구 온대 이북

서식장소 / 자생지

소나무 등 침엽수림의 땅

크기 버섯 갓 지름 4~7cm, 버섯 대 굵기 7~12mm, 길이 5~8cm

생태와 특징

북한명은 밤색그물버섯이다. 여름부터 가을까지 활엽수림의 땅에 무리를 지어 자라거나 한 개씩 자란다. 버섯 갓은 지름 3~7cm로 처음에 둥근 산 모양이다가 나중에 편평해지고 가운데가 오목해진다. 갓 표면은 벨벳 모양

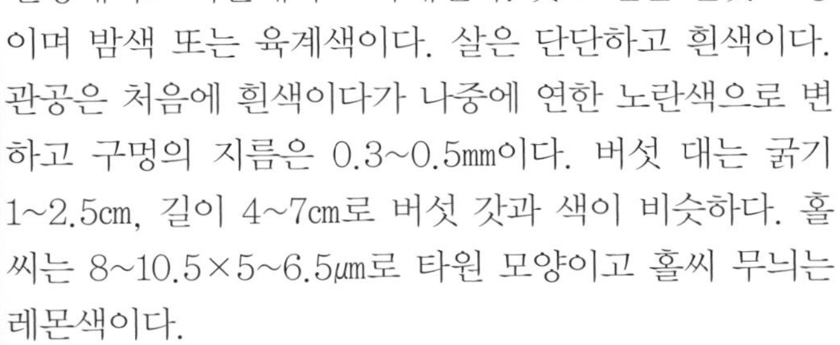

이며 밤색 또는 육계색이다. 살은 단단하고 흰색이다. 관공은 처음에 흰색이다가 나중에 연한 노란색으로 변하고 구멍의 지름은 0.3~0.5mm이다. 버섯 대는 굵기 1~2.5cm, 길이 4~7cm로 버섯 갓과 색이 비슷하다. 홀씨는 8~10.5×5~6.5μm로 타원 모양이고 홀씨 무늬는 레몬색이다.

약용, 식용여부

식용할 수 있다.
혈당저하 작용이 있다.

043 큰비단그물버섯

주름버섯목 그물버섯과의 버섯

Suillus grevillei (Klotzsch) Sing

분포지역

한국, 일본, 중국, 유럽, 북아메리카, 오스트레일리아

서식장소 / 자생지 낙엽수림의 땅

크기 버섯 갓 지름 4~15㎝, 버섯 대 굵기 1.5~2㎝, 길이 4~12㎝

생태와 특징

북한명은 꽃그물버섯이다. 여름에서 가을까지 낙엽수림의 땅에 무리를 지어 자란다. 버섯 갓은 지름 4~15㎝이고 처음에 둥근 산 모양이다가 나중에 편평한 산 모양으로 변하며 가운데가 파인 것도 있다. 갓 표면은 밋밋하고 끈적끈적한데 노란색 또는 적갈색의 아교질이 있다. 갓 표면의 색깔은 처음에 밤갈색 또는 황금빛 밤 갈색이다가 나중에 레몬 색 또는 누런 붉은색으로 변하며 가장자리에는 내피 막의 흔적이 남아 있다. 살은 촘촘하며 황금색 또는 레몬색이고 송진 냄새가 나기도 한다. 주름살은 바른주름살 또는 내린주름살이고 황금색이지만 흠집이 생기면 자주색 또는 갈색으로 변한다. 구멍은 각이 져 있다.

약용, 식용여부

식용으로 찌개 등의 요리에 어울리며, 과식하면 소화불량을 일으키고 사람에 따라 알레르기 반응(가려움증)을 일으킨다.

항산화, 혈당저하 작용이 있으며, 한방 관절약의 원료이다.

비단그물버섯

주름버섯목 그물버섯과의 버섯

Suillus luteus (L.) Rouss.

분포지역 한국 등 전세계

서식장소 / 자생지 소나무 숲의 땅

크기 버섯 갓 지름 5~14㎝, 버섯 대 길이 4~7㎝. 굵기 0.7~2㎝

생태와 특징

북한명은 진득그물버섯이다. 여름에서 가을까지 소나무 숲의 땅에 무리를 지어 자란다. 버섯 갓은 지름 5~14㎝로 둥근 산 모양이며 표면은 어두운 적갈색의 심한 점액 표피로 덮여 있지만 점차 색이 연해진다. 살은 흰색 또는 노란색으로 두껍고 부드럽다. 갓 아랫면은 처음에 흰색 또는 암자색의 내피 막으로 덮여 있고 버섯 대에 턱받이로 남게 되고, 버섯 대의 가장자리에 붙어 있다. 관은 노란색이다가 누런 갈색으로 변하며 구멍은 작고 둥글다. 버섯 대는 길이 4~7㎝. 굵기 0.7~2㎝로 턱받이의 윗부분은 노란색이며 작은 알맹이가 있고 아랫부분은 흰색 또는 갈색의 반점과 얼룩이 있다.

약용, 식용여부

식용할 수 있으나 사람에 따라 복통, 설사를 일으킬 수 있다. 항산화, 혈당저하 작용이 있으며, 한방 관절약의 원료이다.

045 솜귀신그물버섯(귀신그물버섯)

주름버섯목 귀신그물버섯과 귀신그물버섯속 버섯

Strobilomyces strobilaceus (Scop.) Berk.

분포지역

한국, 유럽, 북아메리카

서식장소/ 자생지

숲속의 땅 위

크기

갓 지름 3~12㎝, 자루 길이 5~15㎝, 자루 지름 5~15㎜

생태와 특징

여름부터 가을 사이에 숲속의 땅위에 무리지어 나며 공생생활을 한다. 균모의 지름은 3~12㎝이고, 반구형에서 둥근 산 모양을 거쳐서 편평한 모양으로 된다. 표면은 검은 자갈색 또는 흑색의 인편으로 덮여 있다. 균모의 아랫면은 백색의 피막으로 덮여 있으나 흑갈색으로 되고, 나중에 터져서 균모의 가장자리나 자루의 위쪽에 부착한다. 살은 두껍고 백색이지만, 공기에 닿으면 적색을 거쳐 흑색으로 된다. 관공은 바른관공 또는 홈파진관공으로 백색에서 흑색으로 되고, 구멍은 다각형이다. 자루의 길이는 5~15㎝, 굵기는 0.5~1.5㎝이고 표면은 흑갈색이며 뚜렷한 섬유 털로 덮여있다.

약용, 식용여부

식용과 약용으로 이용할 수가 있다.
외생균근을 형성하는 버섯이기 때문에 이용가능하다.

제주쓴맛그물버섯

주름버섯목 그물버섯과의 버섯

Tylopilus neofelleus Hongo

분포지역

한국, 일본, 뉴기니섬

서식장소 / 자생지 혼합림 속의 땅 위

크기

버섯 갓 지름 6~11cm, 버섯 대 굵기 1.5~2.5cm, 길이 6~11cm

생태와 특징

여름부터 가을까지 혼합림 속의 땅 위에 여기저기 흩어져 자라거나 무리를 지어 자란다. 버섯 갓은 지름 6~11cm이고 처음에 둥근 산 모양이다가 나중에 편평해진다. 갓 표면은 끈적거림이 없으며 벨벳과 비슷한 느낌이고 올리브색 또는 붉은빛을 띤 갈색이다. 살은 흰색이고 단단하며 두꺼운 편이다. 관은 처음에 흰색이다가 나중에 연한 붉은색으로 변하며 구멍은 다각형이다.

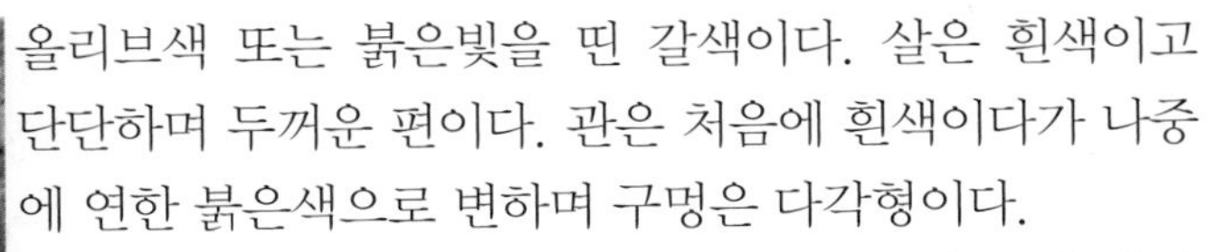

버섯 대는 굵기 1.5~2.5cm, 길이 6~11cm이고 밑 부분이 굵다. 버섯 대 표면은 버섯 갓과 색이 같고 윗부분에 그물눈 모양을 보이기도 한다. 홀씨는 7.5~9.5×3.5~4μm이고 방추형이나 타원형이다.

약용, 식용여부

식용가능하나 매우 쓰고, 항균작용이 있다.

047 망태말뚝버섯(망태버섯 개칭, 속 변경)

말뚝버섯과의 버섯

Dictyophora indusiata(Vent.)Fesv.(=Phallus indusiatus)

분포지역

한국(소백산, 가야산), 일본, 중국, 유럽, 북아메리카 등 전세계

서식장소 / 자생지

대나무 숲이나 잡목림의 땅

크기 버섯 대 높이 10~20㎝, 굵기 2~3㎝

생태와 특징

북한명은 분홍망태버섯이다. 여름에서 가을에 걸쳐 주로 대나무 숲이나 잡목림의 땅에 여기저기 흩어져 자라거나 한 개씩 자란다. 처음에는 땅속에 지름 3~5㎝의 흰색 뱀 알처럼 생긴 덩어리가 생기고 밑 부분에 다소 가지 친 긴 균사다발이 뿌리같이 붙어 있으며 점차 위쪽 부분이 터지면서 버섯이 솟아나온다. 버섯 대는 주머니에서 곧게 높이 10~20㎝, 굵기 2~3㎝로 뻗어 나오고 순백색이다. 버섯 대는 속이 비어 있고 수많은 다각형의 작은 방으로 되어 있다. 버섯 갓은 주름 잡힌 삿갓 모양을 이루고 강한 냄새가 나는 올리브색 또는 어두운 갈색의 점액질 홀씨로 뒤덮인다.

약용, 식용여부

식용할 수 있으며, 중국에서는 건조품을 죽손竹蓀이라 하여 진중한 식품으로 이용하고 있다.

새주둥이버섯

바구니버섯과의 버섯

Lysurus mokusin (L.:Pers.) Fr.

분포지역

한국, 북한(백두산), 일본, 중국, 타이완, 오스트레일리아

서식장소 / 자생지 숲 속이나 정원의 땅 위

크기 버섯 높이 5~12㎝, 굵기 1~1.5㎝

생태와 특징

초여름부터 가을까지 숲 속이나 정원의 땅 위에 무리를 지어 자라며 특히 불탄 자리에 많이 난다. 버섯은 높이가 5~12㎝이고 굵기는 1~1.5㎝이다. 성숙한 자실체는 4~6각기둥 모양이고 단면은 별 모양으로 연한 크림색이다. 자실체 위쪽은 버섯 대의 능선과 같은 수만큼의 팔이 각 모양으로 갈라지나 그 팔은 안쪽에 서로 붙어 있으며 끝은 하나로 뭉쳐진다. 팔의 내면은 홍색이며 그곳에 어두운 갈색인 점액처럼 생긴 기본체가 붙는다. 홀씨는 4~4.5×1.5~2㎛로 방추형이고 한쪽 끝이 조금 가늘며 연한 올리브색이다. 홀씨는 팔 내부의 점액에 섞여 있는데 이 점액이 곤충의 몸 등에 붙어 홀씨를 분산시켜 자기 종족을 퍼뜨리고 보존한다.

약용, 식용여부

독성이 없어 식용과 약용으로 이용된다.

049 말불버섯

담자균류 말불버섯과의 버섯

Lycoperdon perlatum Pers.

분포지역

한국(소백산, 지리산, 한라산) 등 세계 각지

서식장소 / 자생지

산야, 길가, 도회지의 공원

크기

자실체 높이 3~7㎝, 지름 2~5㎝

생태와 특징

여름에서 가을에 걸쳐 산야 · 길가 또는 도회지의 공원 같은 곳에서도 흔히 발생한다. 자실체 전체가 서양배 모양이고 상반부는 커져서 공 모양이 되며 높이 3~7㎝, 지름 2~5㎝이다. 어렸을 때는 흰색이나 점차 회갈색으로 되고 표면에는 끝이 황갈색인 사마귀 돌기로 뒤덮이며, 나중에는 떨어지기 쉽고 그물 모양의 자국이 남는다. 속살은 처음에는 흰색이며 탄력성 있는 스펀지처럼 생겼고 그 내 벽면에 홀씨가 생긴다. 자라면서 살이 노란색에서 회갈색으로 변하고 수분을 잃어 헌 솜뭉치 모양이 되며 나중에는 머리 끝부분에 작은 구멍이 생겨 홀씨가 먼지와 같이 공기 중에 흩어진다.

약용, 식용여부

어린 것은 식용한다. 항균작용이 있으며 한방에서는 감기, 기침, 편도선염, 출혈 등에 이용된다.

말뚝버섯

050

담자균류 말뚝버섯과의 버섯

Phallus impudicus L. var. impudicus

분포지역 한국(소백산, 한라산) 등 전세계

서식장소 / 자생지 임야, 정원, 길가, 대나무 숲

크기 버섯 갓 지름 4~5, 버섯 대 높이 10~15cm

생태와 특징

여름에서 가을에 걸쳐 임야 · 정원 · 길가, 또는 대나무 숲에서 한 개씩 자란다. 버섯 갓은 지름 4~5cm로 종 모양이고 어려서는 반지하생으로 흰색 알 모양이며 밑부분에는 뿌리와 같은 균사다발이 붙어 있다. 윗부분이 터져서 버섯이 솟아나온다. 버섯 대는 높이 10~15cm로 밑 부분이 굵고 윗부분이 가는 원통형 말뚝 모양이다. 버섯 대 표면은 순백색이다. 갓 전면에는 주름이 생겨 다각형의 그물 모양 돌기가 생기며 여기에 암녹갈색의 악취가 나는 점액이 붙는다. 이 점액은 자실층의 조직에서 유래된 것으로 수많은 포자가 들어 있으며 파리와 같은 곤충을 유인하여 포자 전파의 구실을 한다.

약용, 식용여부

알 모양의 어린 버섯은 식용한다. 암 환자의 보조 요법에 이용되며, 한방에서 류머티즘, 관절통에 도움이 된다고 하며, 식품 방부 기능이 있다.

051 모래밭버섯

담자균아문 그물버섯목 어리알버섯과 모래밭버섯속의 버섯

Pisolithus arhizus (Scop.) Rausch.

분포지역

전세계

서식장소/ 자생지

소나무 숲, 잡목림, 길가의 땅 위

크기

자실체 지름 3~10㎝,

생태와 특징

표피는 얇으며 백색에서 갈색이 되고, 성숙하면 표피의 윗부분이 붕괴되어 포자를 방출한다. 기본체는 초기에는 불규칙한 모양의 백색~황색~갈색의 작은 입자 덩어리로 구성되어 있으나, 차츰 윗부분에서부터 갈색의 분말상 포자가 된다. 작은 입자 덩어리는 지름 1~3㎜이다. 대는 없거나 짧으며, 기부에는 황갈색의 근상균사속이 있다. 포자는 지름 7.5~9㎛로 구형이며, 표면에는 침 모양의 돌기가 있고, 갈색이다. 봄~가을에 소나무 숲, 잡목림, 길가의 땅 위에 발생하는 균근성 버섯이다.

약용, 식용여부

어린 버섯은 식용하지만, 맛은 별로 없다. 색깔이 곱기 때문에 염색 원료로 사용된다. 혈전용해 작용이 있으며, 지혈, 소염의 효능이 있어 한방에서 기침, 상처치료에 이용된다.

덕다리버섯

담자균류 민주름버섯목 구멍장이버섯과의 버섯

Laetiporus sulphureus

분포지역 한국, 일본 등 북반구 온대지역

서식장소 / 자생지 침엽수 · 활엽수의 생목 또는 고목의 그루터기

크기 버섯 갓 나비 5~20㎝, 두께 1~2㎝

생태와 특징

북한명은 살조개버섯이다. 버섯 대는 거의 퇴화되어 침엽수 · 활엽수의 생목 또는 고목의 그루터기 등에 붙어서 발생한다. 버섯 갓은 부채꼴 또는 반원형으로 여러 개 중첩되어 30㎝ 내외의 버섯덩어리로 된다. 하나하나의 버섯 갓은 나비 5~20㎝, 두께 1~2㎝이고 표면은 오렌지색이며 뒷면은 선명한 노란색이다. 갓의 모양은 반원형 또는 부채형이고 육질(肉質)이다. 어렸을 때는 육질이고 살은 엷은 연주황색으로 탄력이 있으나 건조하면 흰색으로 되고 부서지기 쉽다.

약용, 식용여부

어린 것을 식용하는데, 닭고기와 같은 맛이 나기 때문에 외국에서는 '닭고기버섯' 이라고도 부른다. 생식하면 중독된다. 항종양, 항산화, 항균, 지방감소 작용이 있으며, 자양강장, 질병에 대한 저항력 증진에 도움이 된다. 중국에서는 암치료에도 이용된다.

053 연잎낙엽버섯

담자균류 주름버섯목 송이과의 버섯

Marasmius androsaceus

분포지역

한국, 유럽

서식장소 / 자생지

활엽수림의 토양 속

크기

자실체 크기 3~10㎝

생태와 특징

여름에서 가을까지 잡목림 속의 낙엽이나 말라 죽은 가지 위에 자란다. 버섯 갓은 지름 5~10㎜의 얇은 막질로서 처음에 반구 모양이다가 둥근 산 모양으로 변하고 나중에 편평해지며 가장자리가 뒤집힌다. 갓 표면은 건조할 때 붉은 갈색 또는 검은 갈색이며 자주색을 나타내기도 있는데, 털이 없고 방사상의 주름이 있다. 살은 흰색이다. 주름살은 바른주름살로 성기며 2갈래로 갈라지고 처음에 흰색이다가 나중에 살구 색으로 변한다. 버섯 대는 길이 3~6㎝로 실 모양이고 검은색 또는 검은빛을 띤 붉은 갈색이다. 버섯 대 속은 비어 있으며 균사다발이 있다. 홀씨는 7~9×3.5~4㎛로 달걀 모양이며 밋밋하고 홀씨 무늬는 흰색이다.

약용, 식용여부

식용과 약용할 수 있다.

회색깔때기버섯

송이과의 깔때기버섯속 버섯

Clitocybe nebularis(Batsch)P.Kumm.

분포지역

한국, 일본, 중국, 유럽 북반구 일대

서식장소/ 자생지

활엽수림. 혼합림 내 땅위

크기

갓 크기 6~15㎝, 자루길이 6~8 x 0.8~2.2㎝

생태와 특징

가을에 활엽수림, 혼합림 내 땅위에 군생한다. 갓의 크기는 6~15㎝ 정도이고, 자루길이 6~8 x 0.8~2.2㎝이다. 처음에는 반구형에서 평반구형으로 된다. 갓끝은 안쪽으로 말려있고 표면의 중앙이 약간 짙은 색이다. 주름살은 내린 형으로 빽빽하다. 자루는 백색-담황색이고 하부는 굵다.

약용, 식용여부

식용버섯이지만 완전히 익혀 먹지 않으면 중독되고, 체질에 따라 구토, 설사 등을 일으킨다. 항진균 작용이 있다.

붉은비단그물버섯

그물버섯과의 비단그물버섯속 버섯

Suillus pictus (Peck)A.H.Smith & Thiers

분포지역

한국, 일본, 중국, 북아메리카

서식장소/ 자생지 잣나무 밑의 땅

크기 균모 지름 5~10㎝, 자루 길이 3~8㎝, 굵기 0.8~1㎝

생태와 특징

가을에 잣나무 밑의 땅에 무리지어 나며 공생생활을 한다. 식용할 수가 있지만 독성분이 있다. 식물과 외생균근을 형성하는 버섯이기 때문에 이용가능하다. 균모의 지름은 5~10㎝이고, 둥근 산 모양이며 가장자리는 안쪽으로 말리나 나중에 편평하게 된다. 표면은 끈적거리지 않고 섬유질의 인편으로 덮여 있으며 적색 또는 적자색에서 갈색으로 된다. 살은 두껍고 크림색이며 상처를 입으면 연한 붉은색으로 된다. 관공은 내린주름관공으로 황색 또는 황갈색이며, 구멍은 방사상으로 늘어서 있다. 균모의 아래에 있는 연한 홍색의 내피막은 터져서 턱받이로 되거나 균모의 가장자리에 부착한다. 황금방망이버섯과 비슷하지만 잣나무 밑에 발생하고 상처를 받으면 적색으로 변하는 것으로 구분된다. 좀황금비단그물버섯이라고도 한다.

약용, 식용여부

식용버섯이나, 맛도 없고 벌레가 많아 식용으로 적당하지 않다.
혈전용해, 혈당저하작용이 있다.

털목이버섯

056

담자균류 목이목 목이과의 버섯

Auricularia polytricha (Mont.) Sacc. (=Hirneolina polytrica (분홍목이)).

분포지역

한국, 일본, 아시아, 남아메리카, 북아메리카

서식장소 / 자생지

활엽수의 죽은 나무 또는 썩은 나뭇가지

크기 버섯 갓 지름 3~6㎝, 두께 2~5㎜

생태와 특징

봄에서 가을까지 활엽수의 죽은 나무 또는 썩은 나뭇가지에 무리를 지어 자란다. 버섯 갓은 지름 3~6㎝, 두께 2~5㎜이고 귀처럼 생겼다. 버섯 갓이 습하면 아교질로 부드럽고 건조해지면 연골질로 되어 단단하다. 버섯 갓 표면에는 잿빛 흰색 또는 잿빛 갈색의 잔털이 있다. 갓 아랫면은 연한 갈색 또는 어두운 자줏빛 갈색이고 밋밋하지만, 자실 층이 있어 홀씨가 생기며 흰색 가루를 뿌린 것처럼 보인다. 홀씨는 크기 8~13×3~5㎛의 신장 모양이고 색이 없다. 홀씨 무늬는 흰색이다.

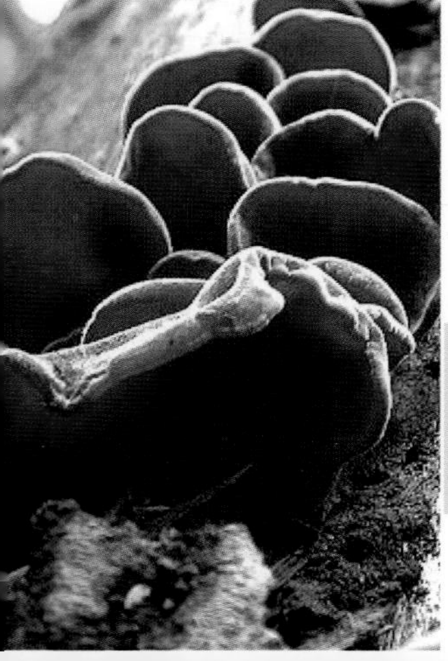

약용, 식용여부

식용할 수 있으나, 독성분도 일부 들어있다. 항알레르기, 항산화, 콜레스테롤 저하작용이 있으며, 한방에서는 산후허약, 관절통, 출혈 등에 도움이 된다고 한다.

057 콩버섯

자낭균류 콩버섯목 콩꼬투리버섯과의 버섯

Daldinia concentrica (Bolt.) Ces.et de Not.

분포지역

한국, 북한(백두산) 등 전세계

서식장소 / 자생지

죽은 활엽수

크기

자실체 지름 1~3㎝

생태와 특징

여름에서 가을까지 죽은 활엽수에 무리를 지어 자란다. 자실체는 지름 1~3㎝이고 반구 모양이지만 몇 개씩 모여서 서로 달라붙기도 한다. 자실체 표면은 검은 갈색 또는 검붉은색이고 나중에 홀씨가 터져 나와서 달라붙는다. 자실체 안쪽은 잿빛 갈색 또는 어두운 갈색 바탕에 가는 선이 있는 섬유질이며, 동심원적으로 늘어선 검은 고리무늬는 폭이 1㎜의 간격으로 되어 있다. 표층부는 검은색의 목탄질로 단단하고 자낭각이 배열해 있다. 자낭각은 긴 달걀 모양이며 자실체의 표면에서 입이 열려 있지만 입은 지름이 1㎜ 정도이고 튀어나오지 않았다. 홀씨는 크기 10~12×5~6㎛이고 어두운 갈색의 넓은 타원형이며 한쪽이 부풀어 있다.

약용, 식용여부

식용할 수 없다. 항균, 신경세포 보호 작용이 있다.

해면버섯

진정담자균강 민주름버섯목 구멍장이버섯과 해면버섯속

Phaeolus schweinitzii (Fr.) Pat.

분포지역

한국 등 북반구 온대 이북

서식장소/ 자생지

침엽수의 그루터기 또는 살아 있는 나무의 뿌리

크기 버섯갓 지름 20~30㎝, 두께 0.5~1㎝

생태와 특징

여름에서 가을까지 침엽수의 그루터기 또는 살아 있는 나무의 뿌리에서 자란다. 버섯갓은 지름 20~30㎝, 두께 0.5~1㎝이고 반원 모양 또는 부채 모양이다. 버섯갓 표면은 처음에 갈색빛을 띠는 황색이다가 나중에 붉은빛을 많이 띤 갈색 또는 어두은 갈색으로 변한다. 고리무늬가 뚜렷하지 않으며 부드러운 털로 덮여 있다. 살은 어두운 갈색이고 펠트질이지만 마르면 해면질로 되어 쉽게 부서진다.

갈색부후균으로 나무를 부패시키며 목재는 네모 모양으로 부서진다. 한국 등 북반구 온대 이북에 분포한다.

약용, 식용여부

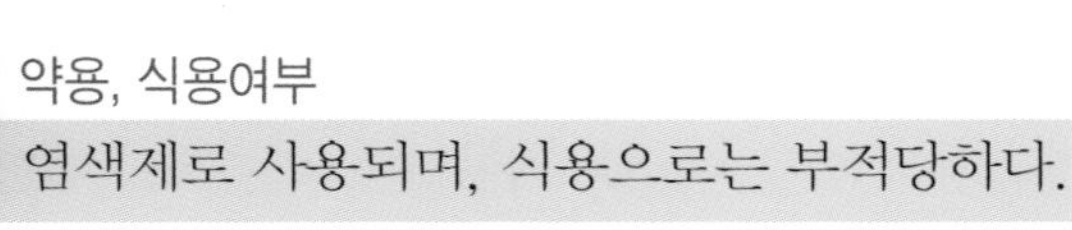

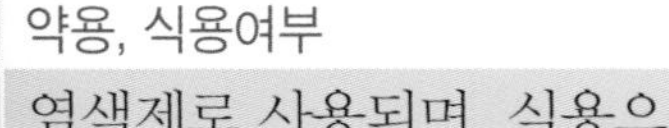

염색제로 사용되며, 식용으로는 부적당하다.

059 전나무끈적버섯아재비

끈적버섯과 전나무끈적버섯속

Cortinarius semisanguineus(Fr.) Gillet

분포지역

한국 등 북반구 온대이북에서 아한대

서식장소/ 자생지

침엽수림의 땅

크기 자실체 2.5~4㎝

생태와 특징

갓은 처음에 종형이다가 반반구형을 거쳐 거의 편평형이 되지만 갓 중앙에 흔히 커다란 배꼽이 있다. 갓 색깔은 황토색-적갈색이고 가장자리로 갈수록 색깔이 엷어진다. 갓 표면은 매끄러운 편이다. 살은 황백색에서 황토색이며 냄새는 별 특이한 것이 없고 맛은 다소 쓰기도 하다. 주름살은 대에 붙은형이고 빽빽하며 진한 녹슨 붉은색 또는 혈홍색이며 포자색은 녹슨 갈색이다. 대는 다소 아래 위의 굵기가 같고 담황색에서 갈색인데 인데 위쪽은 희고 기부는 약간 붉은색이며 표면은 가는 섬유상이다. 여름과 가을에 걸쳐 침엽수림이나 혼합림 땅위에, 특히 이끼 위에 단생, 산생 그룹으로 또는 다발로 돋는 균근균이다.

약용, 식용여부

독버섯일 가능성이 많아 식용할 수는 없지만, 훌륭한 천연 염색용 버섯이다.

갈황색미치광이버섯

담자균류 주름버섯목 끈적버섯과의 버섯

Gymnopilus spectabilis

분포지역 한국 등 거의 전세계

서식장소 / 자생지

활엽수 또는 드물게 침엽수의 살아 있는 나무 또는 죽은 나무

크기 갓 지름 5~15cm, 자루 길이 5~15cm, 굵기 0.6~3cm

생태와 특징

여름에서 가을까지 활엽수 또는 드물게 침엽수의 살아 있는 나무 또는 죽은 나무에서 모여서 자란다. 갓은 지름 5~15cm로 처음에 반구 모양이다가 둥근 산 모양으로 변했다가 거의 편평해진다. 갓 표면은 황금색 또는 갈등황색으로 작은 섬유무늬를 나타낸다. 살은 연한 노란색 또는 황토색이며 조직이 촘촘하며 쓴맛이 있다. 주름살은 바른주름살 또는 내린주름살로 노란색에서 밝은 녹이 슨 것 같은 색으로 변한다. 자루는 길이 5~15cm, 굵기 0.6~3cm로 뿌리부분은 부풀어 있고 윗부분에 연한 노란색 막질의 턱받이가 있다. 자루 표면은 갓보다 연한 색인데 섬유 모양이다.

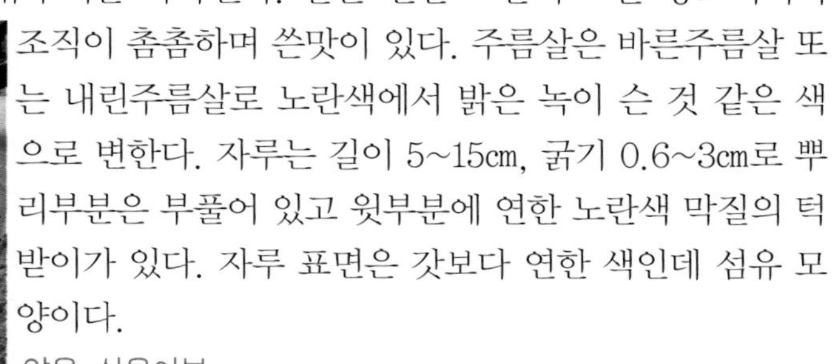

약용, 식용여부

독성이 있으며 신경계통을 자극하여 환각을 일으키는 독버섯이며 목재부후균으로 이용된다.

061 노란다발버섯

주름버섯목 독청버섯과 다발버섯속의 버섯
Hypholoma fasciculare(Huds.) P. Kumm.

분포지역

전세계

서식장소/ 자생지

활엽수, 침엽수의 죽은나무, 그루터기 등

크기

갓 지름 1~5㎝, 자루 길이 2~12㎝

생태와 특징

초봄에서 초겨울에 활엽수, 침엽수의 죽은나무, 그루터기 등에 속생한다. 갓은 지름 1~5㎝로 반구형~둥근산모양에서 호빵형을 거쳐 편평하게 되나 중앙부가 뾰족하다.

갓 표면은 습하고 매끄러우나 담~황색, 중앙부는 등갈색이며 주변부에 내피막 잔편이 거미집모양으로 붙으나 없어진다. 살은 황색이고 쓴맛이 있다. 주름살은 홈파진~올린주름살로 유황색이나 후에 올리브녹색에서 암자갈색으로 되며 밀생한다. 자루는 길이 2~12㎝로 균모와 같은색, 거미집모양의 고리가 있으나 곧 없어진다.

약용, 식용여부

아시아와 유럽에서 버섯중독 사망한 예가 있는 맹독버섯이다. 항종양, 항균, 혈당저하 작용이 있다.

이끼꽃버섯

담자균류 주름버섯목 벚꽃버섯과의 버섯.

Hygrocybe psittacina (Schaeff.:Fr.) Wunsche

분포지역

한국, 북반구 온대

서식장소/ 자생지 밭, 숲속의 땅

크기 갓 지름 1~3.5cm, 자루 길이 3~6cm, 굵기 1.5~4mm

생태와 특징

갓은 지름 1~3.5cm로 원추형에서 볼록편평형이 된다. 갓 표면은 처음에는 녹색의 두꺼운 점액층으로 덮여 있으나, 갓이 커짐에 따라 황록색, 갈색, 황색으로 변하고, 가장자리는 녹색선을 나타내며, 습할 때는 방사상 조선이 있다. 주름살은 완전붙은형~끝붙은형~올린형이고 성기며, 황색이다. 대는 3~6×0.2~0.4cm로 원통형이고, 표면은 처음에는 녹색의 점액으로 덮여 있으나 차츰 기부로부터 마르면서 담황색 바탕이 나타난다. 포자는 6~8×4~5μm로 타원형이며, 표면은 평활하고, 포자문은 백색이다. 여름~가을에 풀밭, 임지 내의 땅 위에 군생 또는 산생한다.

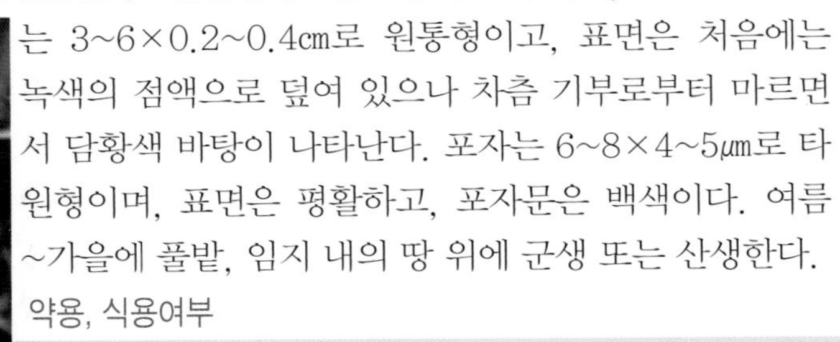

약용, 식용여부

전에는 식용으로 분류하였으나, 독성이 발견되어 현재는 독버섯으로 구분하고 있다. 약한 환각성 성분이 함유되어 있다.

063 화경버섯

주름버섯목 낙엽버섯과 화경버섯속의 버섯

Lampteromyces japonicus (=Omphalotus japonicus)

분포지역

한국(가야산, 지리산), 일본

서식장소/ 자생지

밤나무 · 참나무와 같은 활엽수의 죽은 나무와 썩은 가지

크기

갓 지름 10~25㎝, 버섯대 굵기 1.5~3㎝, 길이 1.5~2.5㎝

생태와 특징

북한명은 독느타리버섯이고 밤이 되면 주름 부분이 발광하여 환하게 비치기 때문에 달버섯이라고도 한다. 여름에서 가을까지 밤나무 · 참나무와 같은 활엽수의 죽은 나무와 썩은 가지 등에 다발로 겹쳐 자란다. 버섯갓은 지름 10~25㎝로 반달 모양 또는 신장 모양이고 어렸을 때는 황갈색으로 작은 비늘조각이 있다가 자갈색 또는 암갈색으로 변하며 납과 같은 윤기가 난다. 주름살은 내린주름살로 너비가 넓고 연한 노란색에서 흰색으로 변한다.

약용, 식용여부

독성분이 있어 먹으면 소화기 질환을 일으킨다. 옛날에는 궁중에서 사약재료로 이용하였다. 통증, 메스꺼움, 구통증이 나타나고, 눈앞에 나비가 날아다니는 현상이 나타난다고 한다. 항종양, 항균 작용이 있다.

흙무당버섯

담자균류 주름버섯목 무당버섯과의 버섯

Russula senecis Imai

분포지역

한국, 일본, 중국

서식장소 / 자생지 활엽수림 속의 땅

크기 버섯 갓 지름 5~10cm, 버섯 대 굵기 1~1.5cm, 길이 5~10cm

생태와 특징

북한명은 나도썩은내갓버섯이다. 여름에서 가을까지 활엽수림 속의 땅에 여기저기 흩어져 자라거나 무리를 지어 자란다. 버섯 갓은 지름이 5~10cm 이며 어릴 때 둥근 산 모양이다가 다 자라면 편평해지며 가운데가 파인다. 갓 표면은 황토빛 갈색이나 탁한 황토색이며 주름이 뚜렷하다. 살에서는 냄새가 약간 나면서 맛이 맵다. 주름살은 끝붙은주름살이고 황백색 또는 탁한 흰색이며 가장자리는 갈색 또는 흑갈색이다. 버섯 대는 굵기 1~1.5cm, 길이 5~10cm이고 표면이 탁한 노란색이며 갈색 또는 흑갈색의 반점이 작게 나 있다. 버섯 대 속은 비어 있다. 홀씨는 지름이 7.5~9㎛인 공 모양이고 색이 없으며 표면에 큰 가시와 날개처럼 생겨 볼록한 부분이 있다.

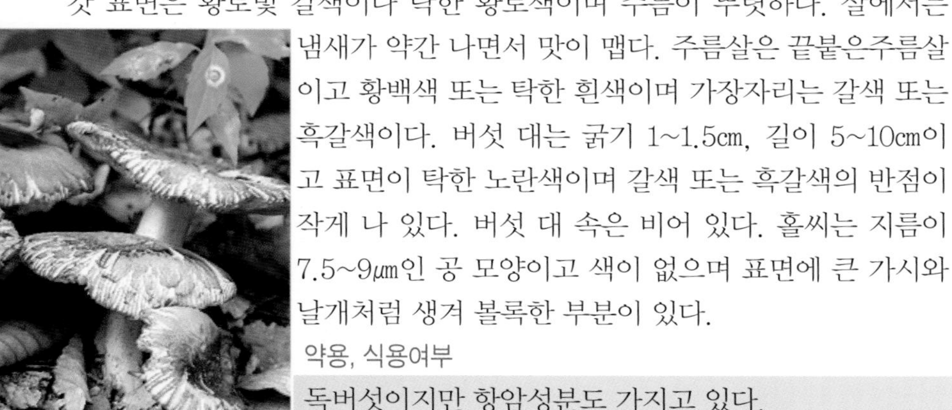

약용, 식용여부

독버섯이지만 항암성분도 가지고 있다.

065 은행잎버섯(은행잎우단버섯)

진정담자균강 주름버섯목 우단버섯과 우단버섯속

Tapinella panuoides (Batsch) E.-J. Gilbert (= Paxilus panuoides)

분포지역

한국, 중국, 일본, 유럽, 북미, 오스트레일리아, 아프리카

서식장소/ 자생지

소나무의 그루터기나 목조건물

크기

버섯갓 지름 2.5~10㎝

생태와 특징

여름부터 가을에 침엽수의 고목에 군생하는 갈색부후균이다. 갓은 반원형 또는 부채형, 심장형이고 털이 없으며 크기가 2.5~10㎝이다. 갓 표면은 담갈색~황갈색으로 처음에는 미세한 벨벳상의 털이 있으나 나중에는 탈락하여 평활하게 되고, 가장자리는 말린형이다. 주름살은 갓보다 진한 색이고 황색 또는 등황색으로 오래되면 올리브색을 띠며, 약간 밀생하고 방사상으로 배열하며 맥이 압축되어 불규칙하게 여러 번 갈라지고 측면에 분명한 세로줄무늬가 있다.

포자는 크기 4.5~6×3~3.4㎛이고, 원형 또는 약간 원주형이고, 포자문은 담갈색이다.

약용, 식용여부

독성분이 있어 위장장애를 일으킨다. 황산화, 신경세포 보호 작용이 있다.

좀은행잎버섯(좀우단버섯)

은행잎버섯과 은행잎버섯속의 버섯

Tapinella atrotomentosa (Batsch) ?utara

분포지역

한국, 일본, 유럽, 북아메리카

서식장소/ 자생지 침엽수의 죽은 나무 또는 그 근처의 땅

크기 버섯갓 지름 5~20cm, 버섯대 길이 3~12cm, 굵기 1~3cm

생태와 특징

북한명은 호랑나비버섯이다. 여름에서 가을까지 침엽수의 죽은 나무 또는 그 근처의 땅에 무리를 지어 자란다. 갓은 지름 5~20cm로 편평형을 거쳐 중앙이 오목해지며, 질기고 단단하다. 갓 표면은 매끄럽거나 가루모양의 연한 털이 있으며 녹슨갈색~흑갈색이고, 주변부는 담색이며 안쪽으로 감긴다. 살은 갯솜모양이고 백색~담황색, 먼지 냄새가 난다. 주름살은 바른~내린주름살로 크림갈색 황갈색이며 밀생하고 그물모양으로 연결된다. 자루는 길이 3~12cm로 편심성 또는 측생, 단단하며 표면에 흑갈색의 연한털이 있고 가근이 있다. 포자는 난형~타원형이고 매끄러우며 황색이다.

약용, 식용여부

독버섯으로 사람에 따라 알레르기성 중독을 일으킨다. 항종양 작용이 있다.

067 먼지버섯

담자균류 먼지버섯과의 버섯

Astraeus hygrometricus (Pers.) Morgan

분포지역

한국(가야산, 소백산, 속리산, 지리산, 한라산), 일본, 유럽, 북아메리카

서식장소 / 자생지

등산로의 땅 또는 무너진 낭떠러지

크기

버섯 갓 지름 2~3㎝

생태와 특징

여름부터 가을까지 등산로의 땅 또는 무너진 낭떠러지 등에 무리를 지어 자란다. 버섯 갓은 지름이 2~3㎝이며 처음에 편평하게 둥근 공모양으로 땅 속에 반 정도 묻혀 있다가 나중에는 두껍고 튼튼한 가죽질의 겉껍질이 위쪽에서 6~8조각으로 터져 바깥쪽으로 뒤집혀 별 모양이 된다. 각 조각은 건조하면 안쪽으로 말리고 습기를 빨아들이면 바깥쪽으로 뒤집힌다. 겉껍질의 바깥쪽 면은 흑갈색이고 안쪽 면은 흰색이며 가는 거북등무늬를 이룬다. 내피는 갈색의 얇은 주머니 모양으로 꼭대기에 구멍이 있어 다 자라면 갈색 홀씨가 먼지 모양으로 뿜어 나온다.

약용, 식용여부

식용할 수 없다. 면역 활성 작용이 있으며, 한방에서 외상출혈, 기관지염

주름찻잔버섯

담자균류 찻잔버섯과의 버섯

Cyathus striatus (Huds.) Willd.

분포지역

전세계

서식장소 / 자생지 썩은 나뭇가지나 낙엽이 쌓인 곳 또는 땅 위

크기 자실체 높이 1~1.5㎝, 나비 0.8~1.2㎝

생태와 특징

여름과 가을에 썩은 나뭇가지나 낙엽이 쌓인 곳 또는 땅 위에 무리를 지어 자란다. 처음에는 거꾸로 세운 달걀 모양이지만 나중에는 찻잔 모양으로 변한다. 자실체는 높이 1~1.5㎝, 나비 0.8~1.2㎝이며 겉껍질에는 갈색 털이 촘촘히 나 있다. 처음에는 찻잔 입이 흰 막으로 덮여 있으나 나중에는 터져서 속이 보인다. 세로줄이 명확하게 보이고 안쪽 면은 잿빛 또는 잿빛을 띤 갈색이다. 내부에는 지름 1.5~2㎜의 바둑돌과 같은 여러 개의 작은 알갱이가 있고 그 밑에 가는 실로 찻잔 밑바닥과 연결되어 있다.

약용, 식용여부

식용할 수 없다. 종영억제, 항균작용이 있으며, 한방에서는 위통, 소화불량에 도움이 된다고 한다.

069 좀주름찻잔버섯

담자균류 찻잔버섯과의 버섯

Cyathus stercoreus (Schwein.) De Toni

분포지역

한국(지리산, 한라산), 북한(백두산) 등 전세계

서식장소 / 자생지

부식질이 많은 땅

크기

자실체 지름 약 5㎜, 높이 약 1㎝

생태와 특징

여름에서 가을 사이에 부식질이 많은 땅에 무리를 지어 자란다. 자실체는 지름 약 5㎜, 높이 약 1㎝이며 가늘고 긴 찻잔 모양이다. 자실체 표면은 누런 갈색에서 잿빛 갈색으로 변하며 두꺼운 솜털이 촘촘히 나 있으나 나중에 없어지면서 밋밋해진다. 자실체 안쪽면은 남색이고 밋밋하다. 소외피의 지름은 1.5~2㎜의 바둑돌 모양이고 아랫면의 가운데에 가는 끈이 붙어 있다. 홀씨는 22~35×18~30㎛이고 공 모양에 가깝거나 넓은 달걀 모양이며 막이 두껍다. 홀씨 표면은 색이 없다.

약용, 식용여부

식용할 수 없다. 항산화작용이 있으며, 한방에서는 위통, 소화불량에 도움이 된다고 한다.

갈색공방귀버섯

담자균류 방귀버섯과의 버섯

Geastrum saccatum Fr.

분포지역

한국, 일본, 유럽 등

서식장소 / 자생지

숲 속 낙엽 위

크기

지름 1~1.5㎝

생태와 특징

여름부터 가을까지 숲 속 낙엽 위에 흩어져 자란다. 어릴 때에는 지름 1~1.5㎝의 공 모양으로 연한 갈색의 가는 털이 촘촘히 나 있다. 바깥 껍질

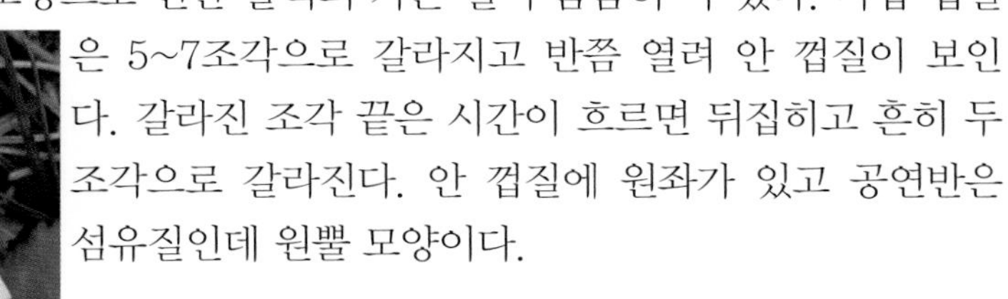

은 5~7조각으로 갈라지고 반쯤 열려 안 껍질이 보인다. 갈라진 조각 끝은 시간이 흐르면 뒤집히고 흔히 두 조각으로 갈라진다. 안 껍질에 원좌가 있고 공연반은 섬유질인데 원뿔 모양이다.

약용, 식용여부

식용할 수 없다. 항염증, 지혈작용이 있다.

071 황토색어리알버섯

담자균류 어리알버섯과의 버섯

Scleroderma citrinum Pers.

분포지역

한국, 일본, 유럽, 북아메리카, 아프리카, 오스트레일리아

서식장소 / 자생지

숲 속의 부식토

크기

자실체 지름 2~5㎝

생태와 특징

여름에서 가을까지 숲 속의 부식토에 무리를 지어 자란다. 자실체는 지름 2~5㎝이고 공처럼 생겼거나 편평하며 밑부분은 물결 모양이다. 각피는 두께가 2㎜이지만 마르면 수축해 1㎜ 이하로 변하며 황토색 또는 갈색이고 흠집이 생기면 분홍색으로 변한다. 자실체 표면에 생긴 균열은 튀어나와 있다. 버섯 대는 없다. 홀씨는 지름 8~11㎛의 공 모양이고 흑갈색 표면에 그물 모양의 돌기가 뚜렷하게 보인다. 한국, 일본, 유럽, 북아메리카, 아프리카, 오스트레일리아 등에 분포한다.

약용, 식용여부

독버섯으로 식용할 수 없다. 구토, 설사를 일으킨다. 한방에서는 소염작용이 있다고 한다.

동충하초(박쥐나방동충하초)

Ophiocordyceps sinensis(Berk.)G.H.Sung.

분포지역

중국

서식장소/ 자생지

고원지대

크기

생태와 특징

중국 시짱(西藏 · 티베트)자치구 나취(那曲)와 창두(昌都), 칭하이(青海)성 위수(玉樹)와 궈루오(果落) 등, 고원지대 해발 3000~6000m에서 발생한다. 중국산 동충하초로 불리는 박쥐나방 동충하초는 홍초, 황초, 백초로 나눈다. 홍초가 제일 고급이고 다음은 황초와 백초 순이다.

약용, 식용여부

식용할 수 없다. 약용이다.

073 벌동충하초

잠자리동충하초과 벌동충하초속의 버섯
Ophiocordyceps sphecocephala (Klotz.) G.

분포지역

한국, 일본, 중국, 유럽

서식장소/ 자생지

죽은 벌과 파리의 사체

크기

자실체의 머리크기 5×2~3㎜, 버섯대 높이 약 6㎝

생태와 특징

봄에서 가을까지 죽은 벌과 파리의 사체에 한 개씩 자란다. 자실체는 머리크기가 5×2~3㎜로 짧은 곤봉 모양이고 노란색이다. 버섯대는 높이 약 6㎝로 가늘고 구부러져 있으며 표면이 밋밋하다. 홀씨주머니 껍질 주위에 홈으로 된 그물 모양의 조직이 있고 진한 노란색 뚜껑이 있으며, 아주 작은 반점이 많이 있다. 홀씨주머니 껍질은 움푹 파여 있지만 머리 표면에 대하여 각이 져 있고, 부분적으로 서로 겹쳐져 있다.

홀씨주머니는 250×8㎛로 원통 모양이고 홀씨가 8개가 들어 있다. 홀씨는 8~15×1.5~2.5㎛로 좁은 타원형이며 표면이 색이 없고 밋밋하다. 한국, 일본, 중국, 유럽 등에 분포한다.

약용, 식용여부

식독불명이다(약용버섯으로 이용).

등갈색미로버섯(띠미로버섯)

담자균류 민주름버섯목 구멍장이버섯과의 버섯

Daedalea dickinsii(Beke.&Cooke) Yasuda

분포지역

아시아

서식장소/ 자생지

활엽수의 쓰러진 고목

크기 폭 3~7×20㎝, 두께 1~2.5㎝

생태와 특징

발생 여름과 가을에 활엽수의 쓰러진 고목에 발생하는 1년~다년생 버섯이다. 아시아에 분포한다.

자실체 폭은 3~7×20㎝, 두께는 1~2.5㎝로, 대가 없고 갓은 반원형이고, 표면은 털이 없으며 베이지색~담갈색이고, 표면은 매끄럽고 얕은 고리홈, 때로는 방사상의 가는 주름이 있으며 가장자리는 예리하다. 평평한 돌기를 갖고 있는 것도 있다. 조직은 담갈색이다. 자실층은 관공상이고 공구는 담갈색이며, 원형으로 소형으로 미로상이다. 포자의 크기는 3.5-5㎛로 무색의 구형이며 매끄럽다.

약용, 식용여부

항종양, 항돌연변이, 항균, 황산화작용이 있어 약용으로 사용된다.

꽃구름버섯

진정담자균강 민주름버섯목 꽃구름버섯과 꽃구름버섯속

Stereum hirsutum (Willd.:Fr.) S.F. Gray

분포지역

한국, 일본, 전세계

서식장소/ 자생지

죽은 활엽수 또는 표고 원목

크기

균모의 긴지름은 1~3㎝, 두께는 0.1㎝

생태와 특징

1년 내내 고목 또는 표고를 재배하는 원목에 무리지어 나며 부생생활을 한다. 균모의 긴지름은 1~3㎝, 두께는 0.1㎝로 크기가 일정하지 않으며 반배착생이다. 가죽질이고 질기다. 표면은 회백색 또는 회황색이며 흰털이 밀생하고 동심원상으로 늘어선 고리 무늬를 나타낸다. 아랫면의 자실층은 매끄러우며 오렌지 황색 또는 연한 황색에서 퇴색한다. 단면으로는 털의 층 아래에 얇은 회갈색의 피층이 있다.

약용, 식용여부

식용불명이며, 목재부후균으로 백색 부후를 일으켜서 목재에 피해를 주는 한편 쓸모없는 목재를 분해하여 자연에 이산화탄소와 물로 환원시킨다. 항균작용이 있으며, 한방에서는 기침, 관절통에 도움이 된다고 한다.

진노랑비늘버섯

주름버섯목 독청버섯과 비늘버섯속의 버섯

Pholiota alnicola (Fr.) Sing. var. alnicola (=Pholiota alnicola (Fr.) Sing.)

분포지역

한국, 일본, 유럽, 북미

서식장소/ 자생지 활엽수의 그루터기

크기 갓 크기 3~10㎝, 자루 길이 4~9㎝, 굵기 0.4~1.1㎝

생태와 특징

여름에서 가을까지 활엽수의 그루터기에 속생한다. 갓은 크기 3~10㎝로 반구형에서 편평형이 된다. 갓 표면은 평활하고 습할 때는 점성이 있으며 선황색~농황색 바탕에 때때로 적갈색 또는 황록색을 띤다. 살은 담황색이다. 주름살은 바른주름살로 밀생하고, 황색에서 황갈색이 된다. 자루는 길이 4~9㎝, 굵기 0.4~1.1㎝로 자루 표면은 황색이나 차츰 아래쪽으로 적갈색이 짙어지며 섬유상이다. 턱받이는 섬유질이고, 쉽게 탈락하며, 자루의 윗부분에 희미한 흔적이 남아 있다. 포자는 크기 8.1~10×5~5.9㎛이다. 타원형이며 표면에는 돌기가 있다. 포자문은 갈적색이다.

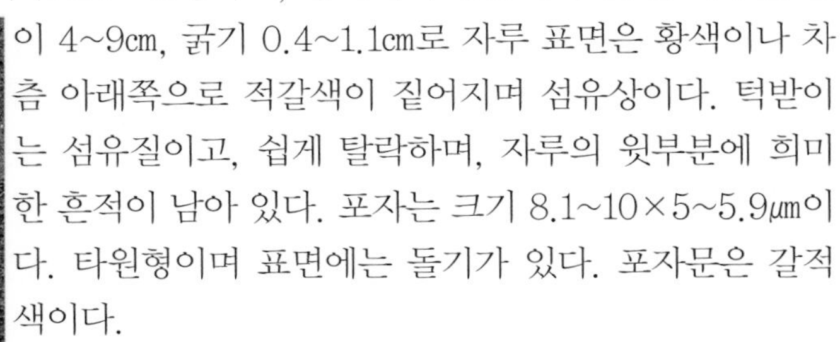

약용, 식용여부

식독불명이다. 항산화 작용이 있다.

077 목도리방귀버섯

담자균류 방귀버섯과의 버섯

Geastrum triplex (Jungh.) Fisch.

분포지역

한국(속리산, 지리산, 한라산), 일본, 유럽

서식장소 / 자생지 낙엽 속의 땅

크기 지름 3㎝ 정도

생태와 특징

가을에 낙엽 속의 땅에 무리를 지어 자란다. 공 모양이며 지름 3㎝ 정도의 어린 버섯은 위쪽에 뾰족한 입부리를 가지고 있다. 성숙됨에 따라 겉껍질은 꼭대기에서 기부로 반 정도 찢어져서 불가사리 팔 모양의 5~6개의 조각이 되어 목도리 모양이 된다. 속껍질은 편평한 공 모양인데 막질이고 겉껍질에 싸여 있으며 꼭대기에 1개의 구멍이 있다. 구멍 기부에 원형의 오목한 곳이 있고 속껍질 내부에 기부에서 약 1㎝ 높이로 돌출한 영구성인 기둥축이 있다. 겉껍질은 육질이고 적갈색이며, 속껍질은 회갈색에서 점차 적갈색을 띠게 되고 꼭대기 구멍이 터져 내장된 포자가 탄사(彈絲)와 함께 튀어나온다. 홀씨는 공 모양으로 사마귀점이 있고 연한 갈색이며, 탄사도 같은 색이고 홀씨보다 훨씬 굵다. 목도리 모양을 둘러싸고 있다.

약용, 식용여부

약용이지만 식용불명이다. 지혈, 해독 효능이 있어, 한방에서는 각종 염증, 외상출혈, 감기기침 등에 이용된다.

종떡다리버섯

담자균류 민주름버섯목 구멍버섯과의 버섯

분포지역

북한(백두산), 일본, 중국, 필리핀, 유럽, 북아메리카

서식장소 / 자생지

잎갈나무 등의 침엽수

크기 버섯 갓 3~8×5~15×5~15㎛

생태와 특징

일 년 내내 잎갈나무 등의 침엽수에 무리를 지어 자란다. 자실체는 나무질로 되어 있으며 버섯 대가 없다. 버섯 갓은 3~8×5~15×5~15㎛로 종 모양 또는 말발굽 모양이다. 버섯 갓 표면은 흰색, 연한 누른색, 회색빛을 띤 누른색 바탕에 연한 누른밤색의 반점이 있으며 밋밋하고 가는 세로릉과 얕은 둥근 홈이 있다. 살은 석면처럼 생겼고 맛이 쓰며 처음에 흰색이다가 나중에 누른색으로 변한다. 관공은 길이 약 1㎝이고 여러 개의 층으로 이루어져 있으며 흰색에서 연한 누른색으로 변한다. 공구는 4~5.5×2~3㎛이고 둥근 모양이다.

약용, 식용여부

약용할 수 있지만 식용불명이다.

079 복령

민주름버섯목 구멍장이버섯과의 버섯

Wolfiporia extensa (Peck) Ginns (=W. cocos (Wolf) Ryv. & Gilbn.,)

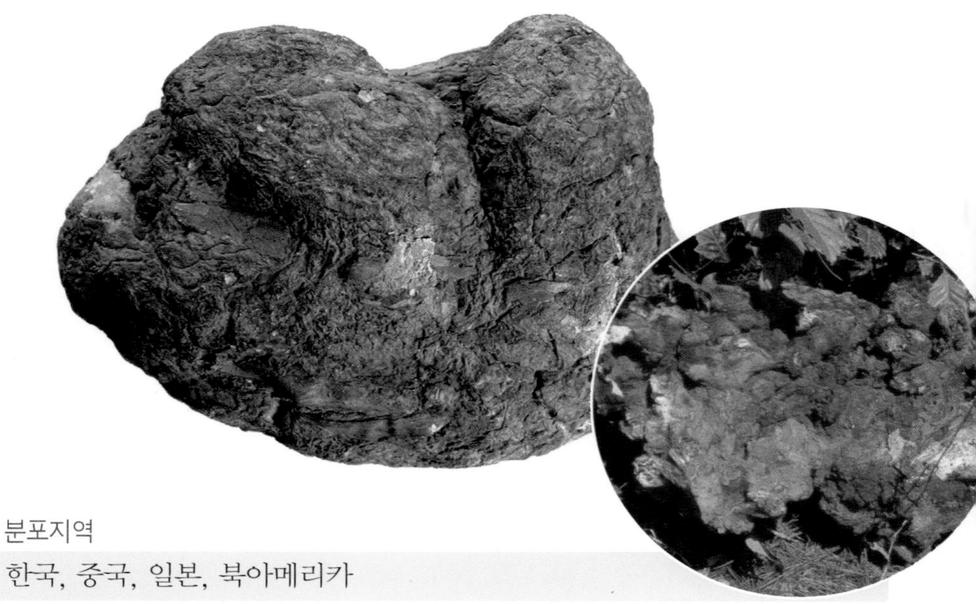

분포지역

한국, 중국, 일본, 북아메리카

서식장소 / 자생지

소나무 등의 나무뿌리

크기

균핵 크기 10~30㎝

생태와 특징

북한명은 솔뿌리혹버섯이다. 일 년 내내 땅속에서 소나무 등의 나무뿌리에 기생한다. 자실체는 전배착생이며 버섯 갓을 만들지 않고 전체가 흰색인데 관이 촘촘하다. 균핵(菌核)은 지하에 있는 소나무뿌리에 크기 10~30㎝로 형성되고 둥근 모양 또는 길쭉하거나 덩어리 모양이다. 버섯 갓 표면은 적갈색, 담갈색, 흑갈색으로 꺼칠꺼칠한 편이며, 때로는 근피(根皮)가 터져 있는 것도 있다. 살은 흰색이고 점차 담홍색으로 변한다. 흰색인 것을 백복령(白茯笭), 붉은색인 것을 적복령(赤茯笭)이라 한다. 또 복령 속에 소나무 뿌리가 꿰뚫고 있는 것을 복신(茯神)이라고 한다.

약용, 식용여부

모두 한약재로 강장, 이뇨, 진정 등에 효능이 있어 신장병, 방광염, 요도염에 이용한다.

5 정확한 자료가 없는 버섯 75가지

버들간고약버섯(한글 자료 없음)
Cytidia salicina(Fr.) Burt.

Otidea cochleata(Huds.) Fuckel(한국명 못 찾음)
Otidea cochleata(Huds.) Fuckel

Osteina obducta(Berk.) Donk(한국명 못찾음)
Osteina obducta(Berk.) Donk

Cantharellula umbonata(J.F.Gmel.) Singer
(한글 자료 없음.)
Cantharellula umbonata(J.F.Gmel.) Singer

Lepista flaccida(Sowerby) Pat.(한글 자료 없음)
Lepista flaccida (Sow ex Fr.) Pat.

Leucocortinarius bulbiger(Alb.&Schwein.) Singer
(한글자료없음)
Leucocortinarius bulbiger(Alb.&Schwein.) Singer

Pholiota flammans(Batsch) P.Kumm.
(한글 자료 없음)
Pholiota flammans (Fr.) Kummer

Calostoma cinnabarinum Corda(한글 자료 없음)
Cystoderma cinnabarinum (Seer.)

Cantharellula umbonata(J.F.Gmel.)Singer
(한글 자료 없음)
Cantharellula umbonata (Fr.) Singer

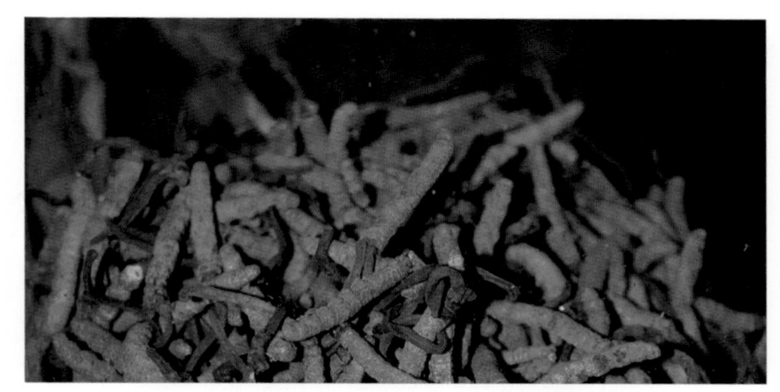

중국벌동충하초(박쥐나방동충하초)106
Ophiocordyceps sinensis(Berk.)G.H.Sung.

Poronidulus conchifer(Schwein.) Murrill
(구멍집버섯)(한글 자료 없음)
Poronidulus conchifer(Schwein.) Murrill

Chromosera cyanophylla(Fr.) Redhead
(한국미기록종)
Chromosera cyanophylla(Fr.) Redhead

Hebeloma sacchariolens Quel.(한글 자료없음.)

Hebeloma sacchariolens Quel.

Verpa conica(O.F.Mull.) Sw.(한국명 못 찾음)

Verpa conica(O.F.Mull.) Sw.

Verpa digitaliformis Pers.(한글 자료 없음)

Verpa digitaliformis Pers.

Bankera violascens(Alb.&Schwein.) Pouzar
(자료 없음.)

Ramaria mairei Donk
(라일락분기산호버섯, 자료 없음.)

Pistillaria petasitidis S. Imai(자료 없음.)

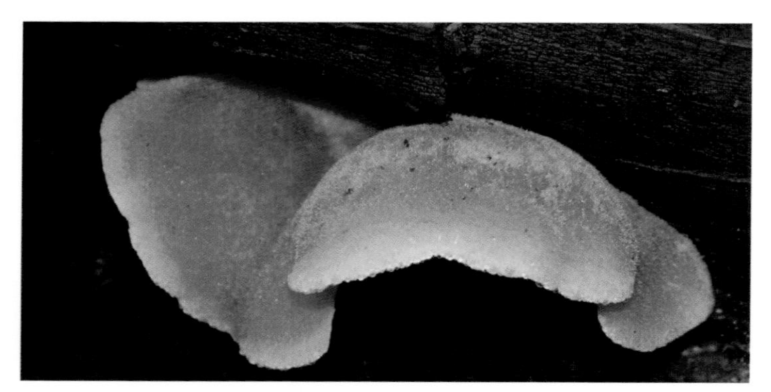

Gloeostereum incarnatum S. Ito&S.Imai
유이(자료 없음)

Agaricus perratus Schulzer(자료 없음.)

Amylolepiota lignicola(P.Karst.) Harmaja
(자료 없음.)

Campanella tristis(G.Stev.) Segedn(자료 없음.)

Chroogomphus purpurascens(Lj.N.Vassiljeva)M.M.Nazarova (자료 없음.)

Gymnopus aquosus(Bull.) Antonin&Noordel. (자료 없음.)

Hemimycena candida(Bres.) Singer
(새끼애주름버섯속)(자료없음)

Hemistropharia albocrenulata(Peck) Jacobsson&E.Larss.(자료 없음.)

Hypsizygus ulmarius(Bull.)Redhead
(한글 자료 없음)느티만버섯

Lentinus cyathiformis(Schaeff.) Bres.(자료 없음.)

Lentinus suavissimus Fr.(자료 없음.)

Lepiota erminea(Fr.) Gillet(자료 없음.)

Macrolepiota excoriata(Schaeff.) Wasser
(한글 자료 없음)

Marasmilellus enodis Singer(자료 없음.)

Melanoleuca brevipes(Bull.) Pat.(자료 없음)

Omphalina lilaceorosea Svrcek&Kubicka
(자료 없음.)

Panellus edulis Y.C.Dai, Niemela&G.F.Qin
(자료 없음.)

Pleurotus calyptratus(Lindblad) Sacc.
(외국의 느타리버섯)(자료 없음.)

Panus adhaerens(Alb.&Schwein.:Fr.) Corner
(자료 없음.)

Pluteus chrysophaeus(Schaeff.) Quel.
(꾀꼬리난버섯)(자료 없음)

Panus giganteus(Berk.) Corner(자료 없음.)

Physalacria lateriparies X.He&F.Z.Xue
(자료 없음.)

Pholiota populnea (Pers.) Kuyper & Tjall.-Beuk.
(자료 없음.)

Rhodophyllus aborticus(Berk.et Curt.) Sing.
(자료없음.)

Pleuroflammula flammea(Murrill) Singer(자료 없음.)

Russula aurea Pers.(한글 자료 없음)

Russula paludosa Britzelm.(한글 자료 없음)

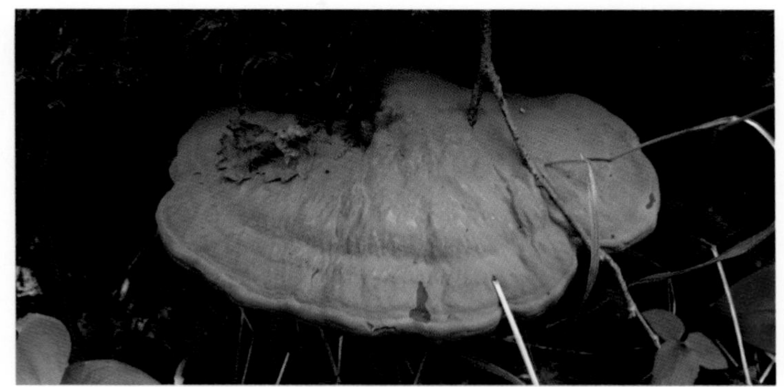

481과 동일 Ganoderma tsugae Murrill.
(쓰가불로초).

Tremella aurantialba Bandoni&M.Zang
(금이(金耳)버섯)(자료

Sparassis latifolia Y.C.Dai&Zh.Wang.(자료 없음.)

Chroogomphus purpurascens(Lj.N.Vassiljeva)M.M.Nazarova.
(자료 없음.)

Tricholoma mongolicum S. Imai(자료 없음.)

Panellus edulis Y.C.Dai, Niemela&G.F.Qin
(자료 없음.)